HITE 6.0
培养体系

HITE 6.0全称厚溥信息技术工程师培养体系第6版，是武汉厚溥企业集团推出的"厚溥信息技术工程师培养体系"，其宗旨是培养适合企业需求的IT工程师，该体系被国家工业和信息化部人才交流中心鉴定为国家级计算机人才评定体系，凡通过HITE课程学习成绩合格的学生将获得国家工业和信息化部颁发的"全国计算机专业人才证书"，该体系教材由清华大学出版社全面出版。

HITE 6.0是厚溥最新的职业教育课程体系，该职业体系旨在培养移动互联网开发工程师、智能应用开发工程师、企业信息化应用工程师、网络营销技术工程师等。它的独特之处在于每年都要根据技术的发展进行课程的更新。在确定HITE课程体系之前，厚溥技术中心专业研究员在IT领域和一些非IT公司中进行了广泛的行业调查，以了解他们在目前和将来的工作中会用到的数据库系统、前端开发工具和软件包等应用程序，每个产品系列均以培养符合企业需求的软件工程师为目标而设计。在设计之前，研究员对IT行业的岗位序列做了充分的调研，包括研究从业人员技术方向、项目经验和职业素质等方面的需求，通过对面向学生的自身特点、行业需求与现状以及实施等方面的详细分析，结合厚溥对软件人才培养模式的认知，按照软件专业总体定位要求，进行软件专业产品课程体系设计。该体系集应用软件知识和多领域的实践项目于一体，着重培养学生的熟练度、规范性、集成和项目能力，从而达到预定的培养目标。整个体系基于ECDIO工程教育课程体系开发技术，可以全面提升学生的价值和学习体验。

U0252940

一、移动互联网开发工程师

在移动终端市场竞争下，为赢得更多用户的青睐，许多移动互联网企业将目光瞄准在应用程序创新上。如何开发出用户喜欢，并能带来巨大利润的应用软件，成为企业思考的问题，然而这一切都需要移动互联网开发工程师来实现。移动互联网开发工程师成为求职市场的宠儿，不仅薪资待遇高，福利好，更有着广阔的发展前景，倍受企业重视。

移动互联网企业对Android和Java开发工程师需求如下：

已选条件：	Java(职位名)	Android(职位名)
共计职位：	共51014条职位	共18469条职位

1. 职业规划发展路线

Android				
★	★★	★★★	★★★★	★★★★★
初级Android开发工程师	Android开发工程师	高级Android开发工程师	Android开发经理	移动开发技术总监
Java				
★	★★	★★★	★★★★	★★★★★
初级Java开发工程师	Java开发工程师	高级Java开发工程师	Java开发经理	技术总监

2. 素质能力提升路径

1 大学生	2 大学生活	3 学习习惯	4 职业目标	5 沟通表达	6 自我管理
12 准职业人	11 职业路线	10 求职技能	9 就业意识	8 融入团队	7 形象礼仪

3. 专业技能提升路径

1 大学生	2 计算机基础	3 编程基础	4 软件工程	5 数据库	6 网站技术
12 准职业人	11 产品规划	10 项目技能	9 高级应用	8 APP开发	7 基础应用

4. 项目介绍

(1) 酒店点餐助手

(2) 音乐播放器

二、智能应用开发工程师

随着物联网技术的高速发展，我们生活的整个社会智能化程度将越来越高。在不久的将来，物联网技术必将引起我国社会信息的重大变革，与社会相关的各类应用将显著提升整个社会的信息化和智能化水平，进一步增强服务社会的能力，从而不断提升我国的综合竞争力。智能应用开发工程师未来将成为热门岗位。

智能应用企业每天对.NET开发工程师需求约15957个需求岗位(数据来自51job)：

已选条件：	.NET(职位名)
共计职位：	共15957条职位

1. 职业规划发展路线

★	★★	★★★	★★★★	★★★★★
初级.NET 开发工程师	.NET 开发工程师	高级.NET 开发工程师	.NET 开发经理	技术总监
★	★★	★★★	★★★★	★★★★★
初级 开发工程师	智能应用 开发工程师	高级 开发工程师	开发经理	技术总监

2. 素质能力提升路径

1 大学生	2 大学生活	3 学习习惯	4 职业目标	5 沟通表达	6 自我管理
12 准职业人	11 职业路线	10 求职技能	9 就业意识	8 融入团队	7 形象礼仪

3. 专业技能提升路径

1 大学生	2 计算机基础	3 编程基础	4 软件工程	5 数据库	6 网站技术
12 准职业人	11 产品规划	10 项目技能	9 高级应用	8 智能开发	7 基础应用

4. 项目介绍

(1) 酒店管理系统

(2) 学生在线学习系统

三、企业信息化应用工程师

当前，世界各国信息化快速发展，信息技术的应用促进了全球资源的优化配置和发展模式创新，互联网对政治、经济、社会和文化的影响更加深刻，围绕信息获取、利用和控制的国际竞争日趋激烈。企业信息化是经济信息化的重要组成部分。

IT企业每天对企业信息化应用工程师需求约11248个需求岗位（数据来自51job）：

已选条件：	ERP实施(职位名)
共计职位：	共11248条职位

1. 职业规划发展路线

初级实施工程师	实施工程师	高级实施工程师	实施总监
信息化专员	信息化主管	信息化经理	信息化总监

2. 素质能力提升路径

1 大学生	2 大学生活	3 学习习惯	4 职业目标	5 沟通表达	6 自我管理
12 准职业人	11 职业路线	10 求职技能	9 就业意识	8 融入团队	7 形象礼仪

3. 专业技能提升路径

1 大学生	2 计算机基础	3 编程基础	4 软件工程	5 数据库	6 网站技术
12 准职业人	11 产品规划	10 项目技能	9 高级应用	8 实施技能	7 基础应用

4. 项目介绍

(1) 金蝶K3

(2) 用友U8

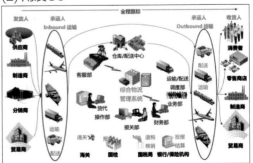

四、网络营销技术工程师

在信息网络时代，网络技术的发展和应用改变了信息的分配和接收方式，改变了人们生活、工作、学习、合作和交流的环境，企业也必须积极利用新技术变革企业经营理念、经营组织、经营方式和经营方法，搭上技术发展的快车，促进企业飞速发展。网络营销是适应网络技术发展与信息网络时代社会变革的新生事物，必将成为跨世纪的营销策略。

互联网企业每天对网络营销工程师需求约47956个需求岗位(数据来自51job)：

已选条件：	网络推广SEO(职位名)
共计职位：	共47956条职位

1. 职业规划发展路线

网络推广专员	网络推广主管	网络推广经理	网络推广总监
网络运营专员	网络运营主管	网络运营经理	网络运营总监

2. 素质能力提升路径

1 大学生	2 大学生活	3 学习习惯	4 职业目标	5 沟通表达	6 自我管理
12 准职业人	11 职业路线	10 求职技能	9 就业意识	8 融入团队	7 形象礼仪

3. 专业技能提升路径

1 大学生	2 计算机基础	3 编程基础	4 网站建设	5 数据库	6 网站技术
12 准职业人	11 产品规划	10 项目实战	9 电商运营	8 网络推广	7 网站SEO

4. 项目介绍

(1) 品牌手表营销网站

(2) 影院销售网站

HITE 6.0 移动互联网开发工程师

工信部国家级计算机人才评定体系

使用 Java 实现面向对象程序设计

武汉厚溥教育科技有限公司　编著

清华大学出版社
北京

内 容 简 介

本书按照高等院校、高职高专计算机课程基本要求,以案例驱动的形式来组织内容,突出计算机课程的实践性特点。本书共包含 13 个单元:类和对象,继承与多态,包、抽象类和接口,Java 常用类,集合框架和泛型,异常和错误调试,I/O 流,多线程,Java 网络编程,反射,JDBC 基础知识,JDBC 高级知识,JDBC 应用实战。

本书内容安排合理,层次清晰,通俗易懂,实例丰富,突出理论和实践的结合,可作为各类高等院校、高职高专及培训机构的教材,也可供广大程序设计人员参考。

本书封面贴有清华大学出版社防伪标签,无标签者不得销售。
版权所有,侵权必究。举报:010-62782989,beiqinquan@tup.tsinghua.edu.cn。

图书在版编目(CIP)数据

使用 Java 实现面向对象程序设计 / 武汉厚溥教育科技有限公司 编著. —北京:清华大学出版社,2019 (2025.1重印)

(HITE 6.0 软件开发与应用工程师)

ISBN 978-7-302-52659-9

Ⅰ.①使… Ⅱ.①武… Ⅲ.①JAVA 语言-程序设计 Ⅳ.①TP312.8

中国版本图书馆 CIP 数据核字(2019)第 053308 号

责任编辑: 刘金喜
封面设计: 贾银龙
版式设计: 孔祥峰
责任校对: 成凤进
责任印制: 沈 露

出版发行: 清华大学出版社
网　　址: https://www.tup.com.cn, https://www.wqxuetang.com
地　　址: 北京清华大学学研大厦 A 座　　**邮　编:** 100084
社 总 机: 010-83470000　　**邮　购:** 010-62786544
投稿与读者服务: 010-62776969, c-service@tup.tsinghua.edu.cn
质 量 反 馈: 010-62772015, zhiliang@tup.tsinghua.edu.cn
印 装 者: 三河市铭诚印务有限公司
经　　销: 全国新华书店
开　　本: 185mm×260mm　　**印　张:** 27.5　　**插　页:** 2　　**字　数:** 652 千字
版　　次: 2019 年 4 月第 1 版　　**印　次:** 2025 年 1 月第 8 次印刷
定　　价: 89.00 元

产品编号:082680-02

主　编：

　　翁高飞　　唐永平

副主编：

　　黄　玮　　张烈超　　梁　镇　　韦　霞

委　员：

　　张青青　　梁日荣　　徐　向　　杨　锦
　　杨　洋　　叶　翔　　钟龙怀　　李　伟

主　审：

　　王　超　　张卫婷

　　Java是一种可以撰写跨平台应用软件的面向对象的程序设计语言，是由Sun Microsystems公司于1995年5月推出的Java程序设计语言和Java平台(即Java SE、Java EE、Java ME)的总称。Java 技术具有卓越的通用性、高效性、平台移植性和安全性，广泛应用于个人PC、数据中心、游戏控制台、科学超级计算机、移动电话和互联网，同时拥有全球最大的开发者专业社群。在全球云计算和移动互联网的产业环境下，Java更具备了显著优势和广阔前景。

　　本书是"工信部国家级计算机人才评定体系"中的一本专业教材。"工信部国家级计算机人才评定体系"是由武汉厚溥教育科技有限公司开发，以培养符合企业需求的软件工程师为目标的 IT 职业教育体系。在开发该体系之前，我们对 IT 行业的岗位序列做了充分调研，包括研究从业人员技术方向、项目经验和职业素质等方面的需求，通过对所面向学生的特点、行业需求的现状以及实施等方面的详细分析，结合我公司对软件人才培养模式的认知，按照软件专业总体定位要求，进行软件专业产品课程体系设计。该体系集应用软件知识和多领域的实践项目于一体，着重培养学生的熟练度、规范性、集成和项目能力，从而达到预定的培养目标。

　　本书共包含 13 个单元：类和对象，继承与多态，包、抽象类和接口，Java 常用类，集合框架和泛型，异常和错误调试，I/O 流，多线程，Java 网络编程，反射，JDBC 基础知识，JDBC 高级知识，JDBC 应用实战。

　　我们对本书的编写体系做了精心的设计，按照"理论学习—知识总结—上机操作—课后习题"这一思路进行编排。"理论学习"部分描述通过案例要达到的学习目标与涉及的相关知识点，使学习目标更加明确；"知识总结"部分概括案例所涉及的知识点，使知识点完整系统地呈现；"上机操作"部分对案例进行详尽分析，通过完整的步骤帮助读者快速掌握该案例的操作方法；"课后习题"部分帮助读者理解章节的知识点。本书在内容编写方面，力求细致全面；在文字叙述方面，注意言简意赅、重点突出；在案例选取方面，强调案例的针对性和实用性。

　　本书凝聚了编者多年来的教学经验和成果，可作为各类高等院校、高职高专及培训机构的教材，也可供广大程序设计人员参考。

本书由武汉厚溥教育科技有限公司编著，由翁高飞、唐永平、黄玮、张烈超、梁镇、韦霞等多名企业实战项目经理编写。本书编者长期从事项目开发和教学实施，对当前高校的教学情况非常熟悉，在编写过程中充分考虑到不同学生的特点和需求，加强了项目实战方面的教学。本书编写过程中，得到了武汉厚溥教育科技有限公司各级领导的大力支持，在此对他们表示衷心的感谢。

参与本书编写的人员还有：咸阳职业技术学院张青青，贵州装备制造职业学院梁日荣、徐向、杨锦、杨洋、叶翔、钟龙怀，武汉厚溥教育科技有限公司李伟等。

限于编写时间和编者的水平，书中难免存在不足之处，希望广大读者批评指正。

服务邮箱：wkservice@vip.163.com。

编　者

2018 年 10 月

目 录

单元一 类和对象 ……………………… 1
1.1 面向对象编程 …………………… 2
1.2 类的定义 ………………………… 2
1.2.1 类的声明 ………………… 3
1.2.2 类的属性 ………………… 3
1.2.3 类的行为 ………………… 4
1.3 对象的创建 ……………………… 5
1.3.1 使用关键字 new 创建对象 …… 5
1.3.2 通过对象访问属性和行为 …… 6
1.3.3 属性的默认值 ……………… 8
1.4 构造方法 ………………………… 10
1.4.1 无参数的构造方法 ………… 10
1.4.2 带参数的构造方法 ………… 12
1.5 方法重载 ………………………… 15
1.6 this 关键字 ……………………… 16
1.7 static 关键字 …………………… 17
1.7.1 静态变量 …………………… 18
1.7.2 静态方法 …………………… 19
1.7.3 静态代码块 ………………… 20
1.7.4 单例模式 …………………… 20
1.8 内部类 …………………………… 21
1.8.1 成员内部类 ………………… 22
1.8.2 静态内部类 ………………… 23
1.8.3 局部内部类 ………………… 24
【单元小结】 ………………………… 25
【单元自测】 ………………………… 25

【上机实战】 ……………………………… 26
【拓展作业】 ……………………………… 30

单元二 继承与多态 …………………… 31
2.1 继承 ……………………………… 32
2.1.1 什么是继承 ………………… 32
2.1.2 为什么要继承 ……………… 33
2.1.3 使用继承 …………………… 34
2.1.4 方法覆盖 …………………… 36
2.1.5 super 关键字 ……………… 37
2.2 多态 ……………………………… 41
2.2.1 多态概述 …………………… 41
2.2.2 对象的类型转换 …………… 43
2.2.3 Object 类 ………………… 45
2.2.4 匿名内部类 ………………… 47
【单元小结】 ………………………… 50
【单元自测】 ………………………… 50
【上机实战】 ………………………… 50
【拓展作业】 ………………………… 58

单元三 包、抽象类和接口 …………… 59
3.1 包 ………………………………… 60
3.1.1 创建包 ……………………… 60
3.1.2 使用包 ……………………… 62
3.2 抽象类 …………………………… 63
3.3 接口 ……………………………… 67
3.3.1 接口的概念 ………………… 68
3.3.2 接口的用法 ………………… 68

  3.3.3 接口与抽象类 ·············· 71
 3.4 访问修饰符 ···················· 73
  3.4.1 类(接口)的访问修饰符 ····· 73
  3.4.2 方法及属性的访问修饰符 ··· 74
  3.4.3 final 修饰符 ·············· 78
  3.4.4 封装 ······················ 81
 【单元小结】··························· 83
 【单元自测】··························· 83
 【上机实战】··························· 85
 【拓展作业】··························· 90
 【指导学习 I：面向接口编程】······ 90

单元四 Java 常用类 ··············· 93
 4.1 概述 ······························ 94
 4.2 包装类 ···························· 95
 4.3 Integer 类 ························ 96
  4.3.1 属性 ······················ 96
  4.3.2 构造方法 ·················· 96
  4.3.3 方法介绍 ·················· 97
 4.4 Character 类 ····················· 98
  4.4.1 属性 ······················ 98
  4.4.2 构造方法 ·················· 98
  4.4.3 方法 ······················ 98
 4.5 String 类 ························ 101
  4.5.1 构造方法 ················ 101
  4.5.2 方法 ···················· 102
  4.5.3 字符串的不变性 ········· 105
 4.6 StringBuffer 类 ················ 106
  4.6.1 构造方法 ················ 106
  4.6.2 方法 ···················· 106
 4.7 Random 类 ······················ 110
  4.7.1 构造方法 ················ 111
  4.7.2 方法 ···················· 111
  4.7.3 关于 Random 类的说明 ····· 111
 4.8 Date 类 ·························· 113
  4.8.1 构造方法 ················ 113
  4.8.2 方法 ···················· 113
 4.9 Calendar 类 ···················· 114

  4.9.1 字段 ···················· 115
  4.9.2 方法 ···················· 115
 4.10 SimpleDateFormat 类 ······· 117
 4.11 Math 类 ······················· 119
 4.12 System 类 ····················· 120
  4.12.1 属性 ··················· 120
  4.12.2 方法 ··················· 120
 【单元小结】·························· 122
 【单元自测】·························· 122
 【上机实战】·························· 123
 【拓展作业】·························· 128

单元五 集合框架和泛型 ··········· 129
 5.1 集合概述及 Collection 接口 ··· 130
  5.1.1 集合概述 ················ 130
  5.1.2 Collection 接口 ········· 131
  5.1.3 Iterator 接口 ··········· 133
 5.2 List 接口 ························ 135
  5.2.1 ArrayList 类 ············ 135
  5.2.2 LinkedList 类 ··········· 139
 5.3 Set 接口 ························· 142
 5.4 Map 接口 ························ 145
 5.5 工具类 ·························· 148
  5.5.1 Collections 类 ·········· 148
  5.5.2 Arrays 类 ··············· 151
 5.6 泛型 ···························· 152
  5.6.1 泛型程序设计的应用 ····· 152
  5.6.2 泛型类的定义 ··········· 153
  5.6.3 泛型方法 ················ 154
  5.6.4 类型变量的限定 ········· 154
  5.6.5 常见问题 ················ 155
  5.6.6 通配符类型 ············· 156
 【单元小结】·························· 157
 【单元自测】·························· 157
 【上机实战】·························· 158
 【拓展作业】·························· 168

单元六 异常和错误调试 ··········· 169
 6.1 异常概述 ······················· 170

目 录

6.2 异常的处理 …………………… 172
    6.2.1 try-catch 结构 …………… 173
    6.2.2 多重 catch 块 …………… 175
    6.2.3 嵌套 try-catch …………… 177
    6.2.4 抛出异常 ………………… 179
    6.2.5 自定义异常 ……………… 180
6.3 使用 finally 关键字回收
    资源 ………………………… 182
6.4 运行时异常和非运行时
    异常 ………………………… 184
    6.4.1 运行时异常 ……………… 185
    6.4.2 非运行时异常 …………… 186
6.5 异常使用原则 ……………… 187
【单元小结】…………………… 187
【单元自测】…………………… 188
【上机实战】…………………… 188
【拓展作业】…………………… 194

单元七 I/O 流 ……………………… 195

7.1 流的概述 …………………… 196
7.2 File 类 ……………………… 198
7.3 字节流 ……………………… 203
    7.3.1 FileInputStream ………… 203
    7.3.2 FileOutputStream ……… 206
7.4 字符流 ……………………… 208
    7.4.1 BufferedReader ………… 208
    7.4.2 BufferedWriter …………… 210
7.5 其他流 ……………………… 212
    7.5.1 转换流 InputStreamReader
        和 OutputStreamWriter …… 213
    7.5.2 打印流 PrintWriter ……… 216
    7.5.3 序列流
        SequenceInputStream ……… 217
【单元小结】…………………… 219
【单元自测】…………………… 219
【上机实战】…………………… 219
【拓展作业】…………………… 228
【指导学习 II：三层架构】……… 229

单元八 多线程 …………………… 233

8.1 线程概述 …………………… 234
    8.1.1 进程 ……………………… 234
    8.1.2 线程 ……………………… 235
8.2 线程创建 …………………… 235
    8.2.1 继承 Thread 类创建
        多线程 …………………… 236
    8.2.2 实现 Runnable 接口创建
        多线程 …………………… 237
    8.2.3 后台线程 ………………… 238
8.3 线程生命周期 ……………… 239
8.4 线程的控制 ………………… 240
    8.4.1 判断线程状态 …………… 241
    8.4.2 线程优先级 ……………… 241
    8.4.3 线程中断 ………………… 243
8.5 线程的同步 ………………… 247
8.6 线程的死锁 ………………… 250
【单元小结】…………………… 251
【单元自测】…………………… 252
【上机实战】…………………… 252
【拓展作业】…………………… 255

单元九 Java 网络编程 …………… 257

9.1 网络概述 …………………… 258
    9.1.1 计算机网络基础 ………… 258
    9.1.2 网络通信协议 …………… 259
    9.1.3 IP 地址和端口 …………… 261
9.2 URL 及其应用 ……………… 262
9.3 InetAddress 及其应用 ……… 264
9.4 使用 TCP 协议的 Socket
    编程 ………………………… 265
    9.4.1 单向通信 ………………… 266
    9.4.2 双向通信 ………………… 269
    9.4.3 使用多线程实现多客户端
        通信 ……………………… 272
9.5 数据报通信(UDP) ………… 277
    9.5.1 UDP 网络通信 …………… 278
    9.5.2 UDP 数据广播 …………… 282

| 【单元小结】 284
| 【单元自测】 285
| 【上机实战】 285
| 【拓展作业】 288

单元十 反射 289

10.1 反射的概念 290
- 10.1.1 反射概述 290
- 10.1.2 反射的使用场景 291

10.2 Java 反射 API 291
- 10.2.1 反射核心类——Class类 291
- 10.2.2 反射辅助类——Method 类 296
- 10.2.3 反射辅助类——Field 类 298
- 10.2.4 反射辅助类——Constructor 类 300

10.3 反编译 301
- 【单元小结】 305
- 【单元自测】 305
- 【上机实战】 306
- 【拓展作业】 308

单元十一 JDBC 基础知识 309

11.1 JDBC 概述 310
- 11.1.1 JDBC API 311
- 11.1.2 使用直连操作数据库 314

11.2 SQL 攻击 320
- 11.2.1 什么是 SQL 攻击 320
- 11.2.2 防止 SQL 攻击 323

11.3 完成注册功能 325
- 【单元小结】 328
- 【单元自测】 328
- 【上机实战】 329
- 【拓展作业】 332

单元十二 JDBC 高级知识 333

12.1 带参数的 PreparedStatement 334

12.2 事务处理 338
12.3 批处理 340
12.4 调用存储过程 341
12.5 使用 properties 文件 343
- 【单元小结】 346
- 【单元自测】 346
- 【上机实战】 346
- 【拓展作业】 351

单元十三 JDBC 应用实战 353

13.1 数据库部分 354
13.2 逻辑实现 356
- 13.2.1 分析 356
- 13.2.2 分离数据库连接信息 DBHelper 357
- 13.2.3 提供基础操作的父类 BaseDAO 358
- 13.2.4 用于封装数据的 Mail 实体类 360
- 13.2.5 继承了 BaseDAO 的 MailDAO 类 360
- 13.2.6 继承了 BaseDAO 的 UsersDAO 类 362
- 13.2.7 给显示层 MailService 类提供数据 363

13.3 功能测试 365
- 13.3.1 测试发送邮件功能 365
- 13.3.2 测试显示邮件功能 366
- 【单元自测】 367
- 【上机实战】 367

测试 I 运行时异常和检查异常 395

测试 II 设计模式之"装饰器"模式 401

测试 III ODBC数据源的创建及使用 413

测试 IV JDBC 性能大比拼 417

单元一 类和对象

课程目标

- ▶ 学习如何声明类和创建对象
- ▶ 学习构造方法的使用
- ▶ 了解方法重载
- ▶ 掌握 this 和 static 关键字的使用
- ▶ 了解内部类

 简 介

本单元将分析如何让程序贴近于现实，讨论哪些编写程序的方法有助于我们编写更高效的程序。

1.1 面向对象编程

面向对象编程(Object Oriented Programming，OOP)是将现实生活中的概念通过程序进行模拟，其中有两个最重要的概念：对象、类。所有现实世界中存在的具体事物都是对象，如一个人、一台计算机、一个房间等。对象具有属性和行为，例如，人的属性包括年龄、体重等，行为包括走路、吃饭、说话等。

对象是指某个具体事物，而同一类事物有其共性，前面提到的属性和行为就是其共性。例如，所有的人都有身高、体重等基本特征，也都具有吃、喝、玩、乐等这些共性。为更好地描述一类事物，我们对这些共性进行归纳，就形成了类，这个过程我们称为"抽象"。如图 1-1 所示是对汽车进行了抽象，提取出所有汽车具有的属性和行为。

图 1-1 汽车通用的属性与行为

我们对类和对象已经有了一些模糊的概念，但这和编程有什么关系呢？与以前的编程方式有什么不同呢？以前的编程方式是面向过程，每个具体功能都需要我们去进行具体的实现，而面向对象的思路则不同，我们需要完成某个功能，只需要向对象发送一个"命令"，而具体怎么完成功能，是由该对象所属的类去定义的。例如，要完成"计算机开机"这个功能，面向过程的设计要求我们先把计算机设计并生产出来，而每次"打开计算机"，都需要重复这个过程，但不是每个用户在使用计算机前都能先生产一台计算机的。而面向对象编程完成这个功能，用户是不需要关心计算机的生产过程的，计算机的设计由"类"完成，我们只需要对某台计算机，也就是计算机"类"的一个对象发送一个"开机"指令就可以了，具体计算机设计则完全不用关心，显然这更符合现实情况。

1.2 类的定义

面向对象编程的基本元素是类，类确定了对象的形式和行为，类是一个模板，用于创建同一类型的对象，那么到底如何通过代码来表示类呢？下面来学习类的创建过程。

1.2.1 类的声明

在Java中定义一个类使用关键字class，一个合法的标识符和一对表示程序体的大括号，语法如下：

```
class <classname>{
    <body of the class>
}
```

其中，class 是创建类所使用的关键字。<classname>代表类的名称，类名是一个名词，采用大小写混合的方式，每个单词的首字母大写。<body of the class>包含属性和方法的声明。

下面以人类为例，看看如何写一个"人"的class，代码如下。

```
public class Person {
}
```

也许理解类的最重要的事情就是它定义了一种新的数据类型。一旦定义后，就可以用这种新类型来创建该类型的对象。这样，类就是对象的模板(template)，而对象就是类的一个实例(instance)。

这就是一个完整的类的声明，当然，Person 类并没有定义属性和方法，它是"面目全非"的，既没有身高、性别、年龄等属性，也没有吃、喝、玩、乐等行为，当然，目前也不能做任何事。确切地说，其实"类"不具备做事的功能，事情由类来定义，但事情是由对象来做的，这就好像我们时常听到"张三去跳舞了"，但是从没有哪个人说"人类去跳舞了"，这就是对象与类的区别。类是虚拟的，对象才是实实在在的，但对象是由类这个模板产生的。

好了，明白类的定义格式以后，我们来给类添加对应的属性和行为。

1.2.2 类的属性

我们说过使用类来反映现实生活中一类具有共性的物体，如人类、电器类、家具类等，在 Java 中把这些共性称为"属性"。那到底该如何使用代码来描述这些属性呢？

每种属性都有自己的数据类型，如年龄就一定是整数型，没有人的年龄是 35.78 岁，而身高如果以米为单位则是浮点型，毕竟我们不可能都是 1 米、2 米、3 米，而性别则通常用字符或字符串去表示。

下面来看看如何使用变量来表示这些"属性"，我们对"人类"进行完善，添加一些常见属性：

```
public class Person {
    String name;      //姓名
    int age;          //年龄
```

```
        String sex;        //性别
        String address;    //地址
}
```

上述内容只不过是在前面声明的类中加上一些变量而已。我们已经学会了如何在class中声明属性，在后面的学习中，还会继续学习如何使用它们。

这样，"人类"就具有了姓名、年龄、性别、地址等属性，对于一个人来说，一旦被创造出来，就具有了这些特征。

1.2.3　类的行为

学完了属性，我们知道了如何反映物体的特性，现在想让对象来帮我们做一些具体的事情。还是以人类为例，想想人都能做什么事情呢？每个人都会吃饭、睡觉、行走……显然这些行为是每个人都会做的。前面学习了如何在class中声明"属性"，现在来学习如何声明这些"行为"。"行为"是完成某个具体的动作，所以我们用方法来表示行为，如示例1.1。

示例1.1：

```
/**
 * 测试：人类定义
 * @author hopeful
 *
 */
public class Person {
    String name;       //姓名
    int age;           //年龄
    String sex;        //性别
    String address;    //地址
    /*方法：吃饭*/
    void eat() {
        System.out.println("我会吃饭 ");
    }
    /*方法：跑步*/
    void run() {
        System.out.println("我会跑步 ");
    }
}
```

声明"行为"其实就是在类当中声明方法。

现在我们学会了如何声明一个带有"属性"和"行为"的具体类，属性用变量来表示，行为用方法来表示。总结人类格式定义如下：

```
人类{
    姓名;          //属性
```

```
    年龄;          //属性
    性别;          //属性
    地址;          //属性
    吃饭{……}      //方法
    跑步{……}      //方法
}
```

要注意，到此为止，虽然类已经比较完善了，但自始至终并未真正产生一个能做事的对象来，我们只是把所有人的公共特点、行为通过类的形式归纳抽象了出来。那我们到底该怎么使用这个类呢？该如何通过这个类，产生一个具有姓名、年龄等属性，可以吃饭、跑步的对象来呢？

1.3 对象的创建

类的声明是对某一类事物的描述，是一种抽象概念，要想使用类，需要生成该类的对象，就好比我们要使用计算机，不可能使用设计图纸帮我们工作，而是需要某一台真正的计算机。设计图纸就是类，而大家使用的计算机则是该"类"计算机的一个对象。所以学完了类的声明，接下来我们来学习如何创建类的对象。

1.3.1 使用关键字 new 创建对象

创建对象可以使用关键字 new，语法如下：

```
Person p;
p = new Person();
```

这句简单的代码就是使用关键字 new 来创建一个 Person 类的对象，而对象的"名字"就叫作"p"，是对该对象的一个引用，也就是在学习数据类型的时候提到的引用数据类型。注意 new 关键字的作用，new 实际上是在分配内存空间，用于存放 p 这个对象。

我们可通过一个简单的比喻来理解。生成一个"人类"对象就好比一个新 baby 的降生，第一句代码实际上只是表示"我们要生一个 baby，名字已经起好了，叫 p"，第二句才是真正的 baby 降生(内存分配)。那要是这个 baby 正在出生的时候起名字呢？我们通常会采取下面这种声明方式：

```
Person p = new Person();
```

与我们前面学习的基本变量声明类似，只不过是声明的变量类型是自定义的类型而已，而且需要采取 new 关键字，对比一下：

```
Person p = new Person();
int    i =  0;
```

1.3.2 通过对象访问属性和行为

创建对象后,该如何使用它呢?属性和行为又有什么用处呢?看一看示例1.2。

示例1.2:

```java
/**
 * 测试:人类定义
 * @author hopeful
 *
 */
class Person {
    String name;            //姓名
    int age;                //年龄
    String sex;             //性别
    String address;         //地址
    /*方法:吃饭*/
    void eat() {
        System.out.println("我会吃饭  ");
    }
    /*方法:跑步*/
    void run() {
        System.out.println("我会跑步  ");
    }
    /*main 方法*/
    public static void main(String[] args) {
        //定义 Person 对象 p
        Person p ;
        p = new Person();
        //给 p 这个人起名,定义年龄等属性值
        p.name = "张小燕";
        p.age = 18;
        p.sex = "女";
        p.address = "武汉徐东";
        //调用对象 p 的属性及方法
        System.out.println(p.name + "说:");
        System.out.println("我叫"+p.name);
        System.out.println("性别:"+p.sex);
        System.out.println("我今年"+p.age+"岁");
        System.out.println("我住在"+p.address);
        p.eat();
        p.run();
    }
}
```

运行结果如图1-2所示。

图1-2 人类测试1

在上例中,除了main()方法内的内容,我们对Person类做出了定义,有4个属性2个方法。而在main()方法内,首先生成一个Person类对象p,进而通过p对象对这些属性及方法进行赋值和调用。可以看到,不管是对属性进行赋值或者使用,还是对方法的调用,格式都是一样的,即由对象打点后跟属性或方法来使用,如赋值采用"p.age = 18",调用采取"p.eat()",等等。

上例中属性和方法都是在main()方法内才被调用的,其实,我们可以更灵活一点,从而完成更强大的功能,如示例1.3所示。

示例1.3:

```java
/**
 * 测试:人类定义
 * @author hopeful
 *
 */
class Person {
    String name;             //姓名
    int age;                 //年龄
    String sex;              //性别
    String address;          //地址
    /*方法:吃饭*/
    void eat() {
        System.out.println("我会吃饭 ");
    }
    /*方法:跑步*/
    void run() {
        System.out.println("我会跑步 ");
    }
    /*做自我介绍*/
    void introduce(){
       System.out.println(name + "说: ");
       System.out.println("我叫"+name);
       System.out.println("性别: "+sex);
       System.out.println("我今年"+age+"岁");
       //根据年龄的不同决定住所的不同
       if(age<=0){
          address = "北京,有事你等我";
```

```
        }else if(age<100){
            address = "武汉,有事你Call我";
        }else{
            address = "上海,有事来找我";
        }
        System.out.println("我在"+address);
        eat();
        run();
    }
    /*main 方法*/
    public static void main(String[] args) {
        //定义 Person 对象 p
        Person p ;
        p = new Person();
        //给 p 这个人起名字,定义年龄等属性值
        p.name = "张小燕";
        p.age = 18;
        p.sex = "女";
        //让 p 做自我介绍
        p.introduce();
    }
}
```

运行后效果如图 1-3 所示。

图 1-3　人类测试 2

在 introduce()方法中,使用了 name、address 等属性,注意在该方法内是直接使用,因定义时并不存在任何对象,所以不能写为如 p.name、p.eat()等。而在 main()方法运行时,我们创建了 p 对象,并给姓名、年龄、性别三个属性赋了值,此时调用 introduce 方法 p.introduce(),introduce()方法内的姓名、年龄等属性会自动指定为 p 对象的对应属性。

1.3.3　属性的默认值

定义类的属性后,在使用过程中,如果没有给这些属性赋值,JVM 系统将自动为这些属性赋默认值。

示例 1.4：

```
/**
```

```java
 * 默认值测试
 * @author hopeful
 *
 */
public class DefaultValue {
    int i;
    float f;
    double d;
    char c;
    boolean b;
    String s;
    /*输出这些属性的值*/
    void test(){
        System.out.println("i = " + i);
        System.out.println("f = " + f);
        System.out.println("d = " + d);
        System.out.println("c = " + c);
        System.out.println("b = " + b);
        System.out.println("s = " + s);
    }
    public static void main(String[] args) {
        /*创建对象*/
        DefaultValue d = new DefaultValue();
        /*调用方法*/
        d.test();
    }
}
```

运行程序，输出结果如图 1-4 所示。

图 1-4　默认值测试

可以看到，数值类型的初始值为 0，对于 char 类型，其值为"\u0000"，显示为空字符，boolean 类型的初始值为 false，而引用类型(如 String)的初始值为 null。通常情况下，对于基本数据类型成员变量，JVM 会根据相应的数据类型初始化默认值，如 int 数据类型的默认值是0，即使不再初始化它们也能正常使用，只是初始数值可能不是我们所期望的数值而已。但引用数据类型(如 String)的初始默认值是 null，当试图操作该引用数据类型所指向的对象时，会造成运行时错误。

在编程过程中，虽然说每一个类的属性均有默认值，但是为了避免错误，我们应当在使用这些属性之前,对每一个属性进行手工赋值。

1.4 构造方法

上节提到,可以采用 new 关键字来创建对象,例如:

```
Person  p;
p = new Person();
```

其中,"Person p;"指的是声明一个类型为"Person"的对象 p,注意仅仅是声明,并未真正让这个 p 诞生,第二句话才是生产 p 的过程,new 关键字用于分配内存空间来安置 p 对象。但是,new 后面的"Person()"是什么?我们可以知道它是一个方法,但它是一个什么样的方法呢?而且,观察程序,我们发现并未定义过这么一个方法,且奇怪的是,方法名和类名是相同的,那它是从何而来的?这就是本节要讨论的问题。

其实,"Person()"方法叫作构造方法,构造方法其实就是生产对象的方法、方式。而"new Person()"的意思是,通过"Person()"这个构造方法所指定的方式来生产一个人类对象。"Person()"构造方法由系统自动生成,所以我们才得以使用。构造方法既然也是一个方法,那么就像前面我们学过的那样,也能接受不同的参数。首先来看看无参数的构造方法,即默认构造方法。

1.4.1 无参数的构造方法

对于一个类,如果我们不自定义构造方法,那么程序会自动构建无参数构造方法,如示例 1.5 所示。

示例 1.5:

```java
/**
 * 狗狗类,默认构造方法
 * @author hopeful
 *
 */
public class Dog {
    String name;
    void shout(){
        System.out.println(name+":汪汪……");
    }
    public static void main(String[] args) {
        Dog dog = new Dog();
        dog.name = "旺财";
        dog.shout();
    }
}
```

程序中并未定义 Dog()方法，但在 main()方法内依然可以调用，从而创建 Dog 对象。这其中的原因就是编译器完成了默认构造方法的创建，即：

```java
/**
 * 狗狗类，默认构造方法
 * @author hopeful
 *
 */
public class Dog {
    String name;
    //默认构造方法，由系统自动添加
Dog(){}

    void shout(){
        System.out.println(name+":汪汪......");
    }
    public static void main(String[] args) {
        Dog dog = new Dog();
        dog.name = "旺财";
        dog.shout();
    }
}
```

可以看到，构造方法的名称与类名一样，而且构造方法没有返回值；另外，当类中已经创建了构造方法时，编译器就不再为类自动创建构造方法。

编译器自动创建的构造方法为空方法，当然，我们自定义构造方法时，可以更灵活地运用。例如，我们经常使用构造方法来完成属性的初始化，以避免在生成对象后出现大量的赋值语句。代码如示例 1.6 所示。

示例 1.6：

```java
/**
 * 狗狗类，默认构造方法
 * @author hopeful
 *
 */
public class Dog {
    String name;
    Dog(){
        System.out.println("构造方法被调用。");
        name = "旺财";
    }
    void shout(){
        System.out.println(name+":汪汪......");
    }
    public static void main(String[] args) {
        Dog dog = new Dog();
```

```
        dog.shout();
    }
}
```

运行程序，结果如图1-5所示。

图1-5　默认构造方法

本程序使用自定义无参数构造方法来完成属性的初始化，使得一只狗一出生就有了"旺财"的名字，另外，仔细观察结果会发现，构造方法的确是在创建对象时被调用。请注意构造方法与普通方法的区别。

但是这也存在一个问题，即每次我们创建对象时，初始化代码总是重复执行一样的内容。例如上例，每次创建的Dog对象，名字均为"旺财"，有没有办法能够实现在创建对象的同时，自由指定属性的值呢？答案是肯定的，下面我们进一步来看一看带参数的构造方法。

1.4.2　带参数的构造方法

前面学习了无参数的构造方法，既然叫方法，那构造方法能不能像一般方法那样带参数呢？答案是肯定的，带参数的构造方法可以更灵活地让我们给属性赋值。现在把示例1.6修改为如示例1.7所示的代码。

示例1.7：

```
/**
 * 带参数的构造方法
 * @author hopeful
 *
 */
public class ParamDog {
    String name;
    //构造方法，接受一个字符串参数
    ParamDog(String dogName){
        System.out.println("构造方法被调用。");
        //把参数值赋值给name属性
        name = dogName;
    }
    void shout(){
        System.out.println(name+":汪汪……");
```

```
    }
    public static void main(String[] args) {
        //调用带参数的构造方法生成小狗旺财
        ParamDog dog = new ParamDog("旺财");
        dog.shout();
        //调用带参数的构造方法生成小狗来福
        ParamDog dog1 = new ParamDog("来福");
        dog1.shout();
    }
}
```

运行程序，结果如图 1-6 所示。

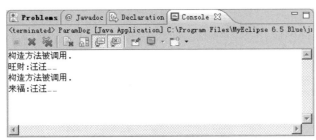

图 1-6　带参数的构造方法

在程序中，我们定义了一个带字符串参数的构造方法，构造方法内把字符串参数的值赋给类属性 name。main()方法中，创建了两个对象，分别传递不同的参数值，由此得到两个不同名字的小狗对象。很显然，这要比示例 1.6 更灵活。

前面讲到，构造方法其实是生产对象时所采取的方式，有了构造方法，就能依照此构造方法生产对象。而且各位已经知道，如果没有在类中显式地声明构造方法，那么编译器会自动生成一个默认的无参数的空构造方法。那么，对于上例，在类中已经声明了一个带参数构造方法的情况下，编译器还会不会自动生成无参数的默认构造方法呢？我们一起来验证这个问题。为了便于说明问题，我们把程序简化，如示例 1.8 所示。

示例 1.8：

```
/**
 * 带参数的构造方法
 * @author hopeful
 *
 */
public class ParamDog {
    String name;
    ParamDog(String dogName){
        //把参数值赋值给 name 属性
        name = dogName;
    }
    public static void main(String[] args) {
        //调用带参数的构造方法生成小狗旺财
```

```java
        ParamDog dog = new ParamDog("旺财");
        //尝试调用无参数构造方法
        ParamDog dog1 = new ParamDog();//1
    }
}
```

可以发现标记为1的位置，IDE标出了红色下画线，报告错误为"the constructor ParamDog() is undefined"，即名为"ParamDog()"的构造方法没有定义，不能使用。由此可见，一旦用户编写了自定义的构造方法，编译器将不再为类生成默认构造方法，所以用户不能再使用默认无参构造方法来创建对象。

如果用户某些时候既想使用有参数的构造方法生成对象，又希望能使用无参数的构造方法生成对象，该怎么办呢？其实各位想一想，这就像工厂开辟一条新的生产线一样，把新的生产方法加入工厂不就行了。所以，对于这个问题，就非常简单了，只需要手工把无参构造方法加入就可以了，如示例1.9所示。

示例1.9：

```java
/**
 * 带参数的构造方法
 * @author hopeful
 *
 */
public class ParamDog {
    String name;
    //无参构造方法
    ParamDog(){
    }
    //有参构造方法
    ParamDog(String dogName){
        //把参数值赋值给 name 属性
        name = dogName;
    }
    public static void main(String[] args) {
        //调用带参数的构造方法生成小狗旺财
        ParamDog dog = new ParamDog("旺财");
        //尝试调用无参数构造方法
        ParamDog dog1 = new ParamDog();
    }
}
```

大家看，ParamDog类出现了两个构造方法，分别是无参数的和有参数的。这两个构造方法均可以被调用产生对象，但是，它们显然是两种不同的对象生成方式，从上面的示例中大家可以发现，构造方法用于初始化成员属性，通过new调用构造方法来初始化对象。当没有创建无参构造方法时，系统会自动创建一个无参的构造方法；当创建了构造方法，系统就不再帮我们创建构造方法了，此时调用构造方法，就需要使用自己创建的构造方法。

另外注意，这两个构造方法除了参数列表不同，其他均相同。Java 将这种结构称为重载(overload)。

1.5 方法重载

一个类中可以有多个构造方法，方法名相同，参数列表不同，这叫构造方法的重载。事实上，不单单只有构造方法能重载，对于普通方法来说，也一样能构成重载。事实上，重载的方法由于其参数列表的不同，根本上就是不同的方法；重载的方法除了名称相同外，与普通方法并无区别。如果你以前从来没有使用过一种允许方法重载的语言，这个概念最初可能有点奇怪，但是你将看到，方法重载是 Java 最激动人心和最有用的特性之一，代码如示例 1.10 所示。

示例 1.10：

```java
/**
 * 方法重载
 * @author hopeful
 *  Human 类
 */
public class Human {
    String hName;
    //无参构造方法
    Human(){
        System.out.println("创建人类对象，默认姓名为路人甲！");
        hName = "路人甲";
    }
    //带参数构造方法
    Human(String name){
        System.out.println("创建人类对象，由调用者自行指定姓名！");
        hName = name;
    }
    //吃饭，无参
    void eat(){
        System.out.println(hName + "说：我使用筷子吃饭！");
    }
    //吃饭，可以指定工具
    void eat(String tool){
        System.out.println(hName + "说：我使用"+tool+"吃饭！");
    }
}
/**
 * 测试类
 * @author hopeful
 *
```

```
 */
public class HumanTest {
    public static void main(String[] args) {
        //使用无参构造方法创建人类对象,并调用无参 eat()方法
        Human h1 = new Human();
        h1.eat();
        //使用了另一条生产线,并指定吃饭工具
        Human h2 = new Human("Jack");
        h2.eat("刀和叉");
    }
}
```

运行程序,结果如图 1-7 所示。

图 1-7 方法重载

方法重载是让类以统一方式处理不同类型数据的一种手段,其表现为多个同名函数同时存在,具有不同的参数个数/类型。重载是类中多态性的一种表现。

调用方法时通过传递给它们的不同参数个数和参数类型来决定具体使用哪个方法,这就是多态性。重载的时候,方法名要一样,但参数类型和个数不一样,返回值类型可以相同也可以不相同,但无法以返回值类型作为是不是重载方法的区分标准。

1.6 this 关键字

先看看这段代码:

```
/**
 * Person
 *
 * @author hopeful
 *
 */
public class Person {
    String name;

    Person(String name) {
        name = name;        // 1
    }
```

```java
    void says(String content) {
        System.out.println(name + ": " + content);        // 2
    }

    public static void main(String[] args) {
        Person p1 = new Person("Tom");
        p1.says("byebye");
        Person p2 = new Person("God");
        p2.says("goodluck");
    }
}
```

运行这个程序，会输出"Tom: byebye"吗？当然不会，问题出在标记为 1 的位置。"name=name"，在此的两个 name 其实均为参数中的 name，并没有给类的属性 name 赋值，所以程序中的 name 其实一直为 null。为解决这个问题，我们只需要将标记 1 的代码改为"this.name = name"即可。那么 this 是什么呢？

this 关键字的含义：可以为调用了其方法的对象生成相应句柄。也就是说，哪个对象调用了方法，这个方法内的 this 指的就是哪个对象。

可能大家还有疑惑，那么我们来想一想，对于程序中的 p1、p2 对象，它们均调用了 says() 方法，但编译器是怎样知道你要调用哪个对象的 says() 方法呢？其实，为了能用简便的、面向对象的语法来书写代码，即"将消息发给对象"，编译器为我们完成了一些幕后工作，其中的秘密就是将准备操作的对象的引用传递给方法 says()。所以前述的两个方法调用就变成下面的形式。

```
Test.says(p1, "byebye");      //对应 p1.says()
Test.says(p2, "goodluck");    //对应 p2.says()
```

当然，这是内部的表达形式，我们并不能这样书写表达式，并试图让编译器接受它。但是，通过它可理解幕后到底发生了什么事情。

这样一来，当执行 p1.says() 时，其中的 name 指的就是 p1.name；执行 p2.says() 时，其中的 name 指的就是 p2.name。由此可以推测，says() 方法中的 name 的完整写法就是"this.name"。为说明这个问题，我们把标记 2 处的 name 改为"this.name"，重新运行程序将发现，与改前没有任何区别。

1.7 static 关键字

可将每个方法的类型设置为 static(静态的)，这是有原因的，通常情况下，类成员必须通过类的对象访问，有时你希望定义一个类成员，使它的使用完全独立于该类的任何对象，不必借助特定实例。在成员的声明前面加上关键字 static 就能创建这样的成员。如果一个成员被声明为 static，它就能在其类的任何对象创建之前被访问，而不必引用任何对象。你可将方法和变量都声明为 static，所以有了 static 关键字，我们就不必创建对象，可直接使用类名来调用静态方法。

static 成员的最常见例子是 main()，因为在程序开始执行时必须调用 main()，所以它被声明为 static。声明为 static 的变量实质上就是全局变量。当声明一个对象时，并不产生 static 变量的拷贝，而是该类所有的实例变量共用同一个 static 变量。

声明为 static 的方法有以下几条限制。

- 它们仅能调用其他 static 方法。
- 它们只能访问 static 数据。
- 它们不能以任何方式引用 this 或 super(关键字 super 与继承有关，在下一单元中描述)。

1.7.1 静态变量

通常，我们可通过一个类创建多个对象，每个对象都有自己独立的成员，但是，在某些时候，我们希望一个类的所有对象共享一个成员，这个时候我们就需要使用 static 关键字来进行修饰了。Java 中被 static 关键字修饰的成员称为静态成员或类成员，属于整个类，也就是被类的所有对象所共享，静态成员可通过类名直接访问，也可通过类对象进行访问，推荐大家使用类名直接调用，那样更加方便简洁。

首先我们来看一下静态变量是如何定义和使用的。代码如示例 1.11 所示

示例 1.11：

```java
//静态变量的定义和使用
public class StaticVar {
    //使用关键字 static 修饰的变量称为静态变量
    static String name = "hope";
    public static void main(String[] args) {
        //1. 通过类名直接访问静态变量，推荐使用
        System.out.println("通过类名调用 name :"+StaticVar.name);
        //2. 通过创建对象来调用静态变量，不推荐使用
        StaticVar sv = new StaticVar();
        System.out.println("通过创建对象调用 name :"+sv.name);
    }
}
```

运行程序结果如图 1-8 所示。

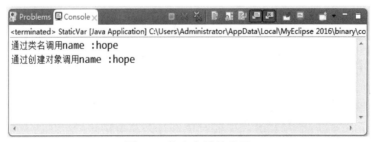

图 1-8 静态变量的使用

我们创建了一个名为 name 的静态变量，并赋值为"hope"，在主方法中既可以通过创建对象来访问该静态变量，也可以使用类名直接访问静态变量，在运行效果中都得到了准确的结果，不过，我们推荐大家使用类名直接访问静态变量。

1.7.2 静态方法

与静态变量一样，大家也可以使用 static 关键字修饰方法，这样的方法称为静态方法或类方法，大家经常使用的 main()方法就是静态方法。下面我们来看一下静态方法的定义和使用，如示例 1.12 所示。

示例 1.12：

```java
//静态方法的定义和使用
public class StaticMethod {
    //使用 static 关键字修饰方法，称为静态方法或类方法
    public static void show(){
        System.out.println("武汉厚溥欢迎你....");
    }
    //普通方法
    public void test(){
        System.out.println("你好....");
    }
    public static void main(String[] args) {
        //在 main()方法中，可以直接调用静态方法
        show();
        //只有通过创建对象才能调用普通方法
        StaticMethod sm = new StaticMethod();
        sm.test();
    }
}
```

运行结果如图 1-9 所示。

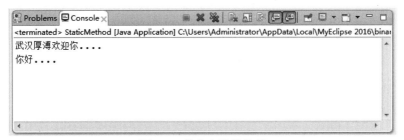

图 1-9　静态方法的使用

对于静态方法，在 main()方法中，我们可以直接调用，但是对于普通方法，如果想要访问，就必须通过创建对象才能进行调用。

1.7.3 静态代码块

在 Java 中，使用"{}"括起来的代码称为代码块，代码块分为四类，分别是普通代码块、构造代码块、静态代码块及同步代码块，本节我们先来了解静态代码块的定义和使用，使用 static{}括起来的代码块片段称为静态代码块，静态代码块在第一次加载类时执行，只执行一次，静态代码块优先于构造代码块执行。代码如示例 1.13 所示。

示例 1.13：

```java
//静态代码块的定义和使用
public class StaticBlock {
    String name = "hope";
    //使用 static 关键字修饰的代码块称为静态代码块
    static{
        System.out.println("我是静态代码块，我只执行一次....");
    }
    public static void main(String[] args){
        System.out.println("静态代码块的使用...");
        //创建一个对象并访问普通变量
        StaticBlock sb = new StaticBlock();
        System.out.println("普通变量："+sb.name);
    }
}
```

运行代码，结果如图 1-10 所示。

图 1-10 静态代码块的创建和使用

静态代码块随着类的加载而执行，并且只执行一次，可在一个类中定义多个静态代码块。

1.7.4 单例模式

大家都知道我们可基于一个类创建多个对象，但有时为了保证在 Java 应用程序中，一个类只有一个实例存在，我们需要使用 Java 设计模式中的单例模式。此模式可节省内存，因为限制了实例个数，有利于 Java 垃圾回收，单例模式具有以下特点。

- 单例类只能有一个实例。
- 单例类必须自行创建唯一实例。
- 单例类必须给其他所有对象提供这一实例。

下面介绍饿汉式和懒汉式单例模式，如示例 1.14 所示。

示例 1.14：

```java
//饿汉式
public class Single {
    //创建一个私有的、静态的类对象并初始化
    private static Single s = new Single();
    //私有构造方法
    private Single(){}
    //提供一个公有的静态方法获取该对象
    private static Single getInstance(){
        return s;
    }
}
//懒汉式
class Single2{
    //创建一个私有的、静态的类变量，初始值为null
    private static Single2 s = null;
    //私有构造方法
    private Single2(){}
    //提供一个公有的静态方法，当变量为null时，创建一个对象并返回
    public static Single2 getInstance(){
        if(s == null){
            s = new Single2();
        }
        return s;
    }
}
```

当类加载时，饿汉式完成单例的初始化，保证执行 getInstance 时，单例已经存在，而懒汉式只有当调用 getInstance 时，才去初始化相应的单例。

饿汉式在创建类时就实例化一个静态对象。不管之后是否使用这个单例，都占据一定内存，而且第一次调用的速度更快，因为资源已经初始化过了。

懒汉式会延迟加载，在第一次使用单例时才会实例化对象，性能稍差。

1.8 内部类

将一个类定义在另一个类的内部，称为内部类，也就是类定义的位置发生了变化。前面讲过，可以在一个类中定义成员变量和成员方法。而在类中定义的类，根据位置可称为成员内部类；定义在方法中的类称为局部内部类，当成员内部类被static关键字修饰时，就

是静态内部类了。

1.8.1 成员内部类

定义在另一个类(外部类)的内部，而且与成员方法和属性平级的类叫成员内部类，相当于外部类的非静态方法。代码如示例 1.15 所示。

示例 1.15：

```java
//成员内部类：定义在另一个类(外部类)的内部，而且与成员方法和属性平级的类
public class InnerClassTest {
    int num = 10;
    public void show(){
        System.out.println("外部类方法...");
    }
    //成员内部类
    class Inner{
        //内部类的方法
        public void print(){
            //内部类访问外部类的成员变量
            System.out.println("内部类访问外部类变量 num: "+num);
        }
    }
    public static void main(String[] args) {
        //创建成员内部类对象
        Inner in = new InnerClassTest().new Inner();
        //通过内部类对象访问内部类方法
        in.print();
    }
}
```

运行程序，结果如图 1-11 所示。

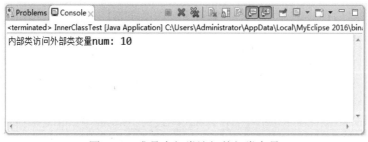

图 1-11　成员内部类访问外部类变量

可以看到，在成员内部类的方法中可直接访问外部类的任意成员，当将外部类成员声明为 private 时，其他类就不能访问该成员了，但内部类仍可访问。创建内部类的对象的格式是：外部类名.内部类名　内部类对象=new 外部类名().new 内部类名()；而且成员内部

类中不能存在任何 static 变量或方法。

1.8.2 静态内部类

如果一个内部类中包含静态成员，则必须将该内部类声明为静态内部类。成员内部类在编译完成后会隐含地保存一个引用，此引用指向创建它的外部类，但静态内部类却没有这样的引用，也就意味着静态内部类的创建不需要依赖于外部类，可以直接创建。静态内部类不可以访问外部类的非静态成员变量和方法。代码如示例 1.16 所示。

示例 1.16：

```java
//静态内部类
public class StaticInnerClass {
    public static String name = "hope";
    public int age;
    //静态内部类
    static class Inner{
        //静态内部类中的静态成员
        public static String innerName = "inner";
        public void display(){
            //访问外部类的静态成员变量和方法
            System.out.println("外部类的静态变量 name :"+name);
        }
    }
    public void display(){
        //外部类直接访问静态内部类的静态成员
        System.out.println(Inner.innerName);
        //静态内部类可直接创建实例，而不必依赖于外部类
        new Inner().display();
    }
    public static void main(String[] args) {
        StaticInnerClass si = new StaticInnerClass();
        si.display();
    }
}
```

运行程序，结果如图 1-12 所示。

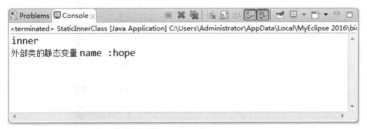

图 1-12 静态内部类的运行效果

外部类可直接访问静态内部类的静态成员，静态内部类不用像成员内部类那样依附于外部类来创建，可以直接创建实例。

1.8.3 局部内部类

定义在代码块、方法体、作用域(用"{}"花括号括起来的代码片段)内的类称为局部内部类。局部内部类可访问作用域内的局部变量，而且该局部变量用 final 来修饰，如示例 1.17 所示。

示例 1.17：

```java
//局部内部类：定义在代码块、方法体、作用域(用"{}"花括号括起来的代码片段)内的类
public class LocalInner {
    int num = 5;
    public void show(final int y){
        final int x = 8;
        //在方法体中定义局部内部类
        class Inner{
            public void test(){
                System.out.println("访问外部类变量:"+LocalInner.this.num);
                System.out.println("x = "+x);
                System.out.println("y = "+y);
            }
        }
        //访问内部类中的 test()方法
        new Inner().test();
    }
    public static void main(String[] args) {
        //访问 show()方法，并给参数赋值 10
        new LocalInner().show(10);
    }
}
```

运行程序，结果如图 1-13 所示。

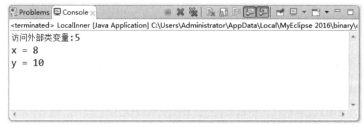

图 1-13　局部内部类访问方式

在定义局部内部类时不能使用 public、private、static 来修饰，也不能在外部类中创建局部内部类的实例，只能在包含局部内部类的方法中创建该局部内部类的实例对象。局部

内部类访问包含它的方法中的变量时，变量需要使用 final 来修饰。

通过对内部类的了解，大家会发现内部类有很多作用，首先它可以更好地隐藏信息，其次，内部类可访问外部类的任意元素，最后最重要的是，可通过内部类和接口实现多重继承。

【单元小结】

- 面向对象编程的基本概念。
- 类和对象的概念及基本用法。
- 构造方法及方法重载。
- 关键字 this、static 的用法。
- 成员内部类、静态内部类、局部内部类的使用。

【单元自测】

1. 类中可以包含下列哪些成员？(　　)
   A. 变量　　　　　　　　　　B. 构造方法
   C. System.out.println( );　　D. 方法
2. 使用(　　)关键字修饰方法后，该方法不需要对象就可以调用。
   A. this　　　　　　　　　　B. public
   C. static　　　　　　　　　 D. void
3. 方法重载必须满足的条件包括(　　)。
   A. 方法名相同　　　　　　　B. 方法名不同
   C. 参数列表不同　　　　　　D. 返回值不同
4. 观察以下代码，运行后，输出结果为(　　)。

```java
public class Qcb90 {
    int a;
    int b;
    public void f() {
        a = 0;
        b = 0;
        int[] c = { 0 };
        g(b, c);
        System.out.println(a + " " + b + " " + c[0] + " ");
    }
    public void g(int b, int[] c) {
        a = 1;
        b = 1;
        c[0] = 1;
    }
```

```
        public static void main(String args[]) {
            Qcb90 obj = new Qcb90();
            obj.f();
        }
    }
```

    A. 程序发生错误   B. 0　0　0
    C. 0　0　1   D. 0　1　0
    E. 1　0　0   F. 1　0　1

5. 观察以下代码，请推测，在下画线处可放入的代码有(　　)。

```
public class ConstOver{
    public ConstOver(int x, int y, int z){}
    _____
}
```

    A. ConstOver(){}
    B. protected int ConstOver(){}
    C. private ConstOver(int z, int y, byte x){}
    D. public void ConstOver(byte x, byte y, byte z){}
    E. public Object ConstOver(int x, int y, int z){}

【上机实战】

上机目标

- 熟悉面向对象基本语法
- 熟悉构造方法及方法重载

上机练习

◆ 第一阶段 ◆

练习1：创建 Pencil(铅笔)类

【问题描述】

    铅笔类中有厂家名称、笔芯颜色等属性，笔芯默认颜色为黑色，当然，厂家也可以自定义生产任意颜色的铅笔。

【问题分析】

    本练习主要是练习类的属性和行为的声明，带参数的构造方法的使用，以及如何通过对象访问属性和行为。

【参考步骤】

(1) 创建 Pencil 类。

(2) 完善代码,加入颜色属性。

(3) 加入写(write())方法。

```java
/**
 * 铅笔类
 * @author hopeful
 *
 */
public class Pencil {
    /**笔芯颜色*/
    String color;
    /**默认构造方法*/
    public Pencil(){
        color = "black";
    }
    /**带参数的构造方法*/
    public Pencil(String pencilColor){
        color = pencilColor;
    }
    /**写*/
    public void write(){
        System.out.println("使用"+color+"色彩的铅笔书写! ");
    }
    public static void main(String[] args) {
        //创建黑色铅笔
        Pencil pencil1 = new Pencil();
        pencil1.write();
        //创建红色铅笔
        Pencil pencil2 = new Pencil("red");
        pencil2.write();
    }
}
```

运行代码,结果如图 1-14 所示。

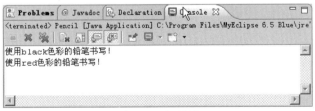

图 1-14　铅笔类

练习2：设计人类，并完成自我介绍的功能

【问题描述】

编写人类代码，指出人类有哪些常见特征，哪些常见行为，并通过产生对象来调用这些属性和行为。

【问题分析】

列举人类属性及行为，在测试类中生成人类对象，调用人类方法即可。

【参考步骤】

(1) 编写人类：Person。
(2) 添加属性和方法。
(3) 在测试类中产生 Person 类对象，并调用 Person 类的方法。

```java
/**
 * 人类
 *
 * @author hopeful
 *
 */
public class Person {
    String name;
    int age;
    String hand;
    String head;
    String foot;
    //构造方法
    public Person(){
    }
    //构造方法
    public Person(String name, int age, String hand, String head, String foot) {
        this.name = name;
        this.age = age;
        this.hand = hand;
        this.head = head;
        this.foot = foot;
    }
    //自我介绍
    public void speak() {
        System.out.println("my name is " + name);
        System.out.println("I'm " + age);
        System.out.println("I'm a " + head + " head," + hand + " hand," + foot  + " foot person!");
    }
}
测试类：
/**
```

```
 * 测试类
 * @author hopeful
 *
 */
public class Test {
    public static void main(String[] args) {
        Person person = new Person("Bei.Liu",28,"long","big","short");
        person.speak();
    }
}
```

运行测试类，结果如图 1-15 所示。

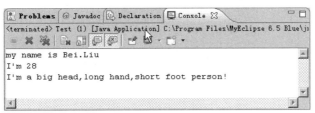

图 1-15　人类完成自我介绍

◆ **第二阶段** ◆

练习 3：计算立体盒子体积

【问题描述】

定义一个盒子类 Box，指定盒子的长宽高后，输出该盒子的体积。

【问题分析】

盒子的体积为长×宽×高，所以对于一个盒子来说，长、宽、高是最基本的三个属性。另外，为得到体积，我们还需要定义一个体积(volumn)属性，该属性的值由盒子类的求体积方法(getVolumn)得到，该方法计算长宽高的乘积，把结果赋值给体积属性。

当然，我们也可以不定义 volumn 属性，而让 getVolumn()方法将体积结果返回给调用者。

【参考步骤】

(1) 创建 Box 类。

(2) 定义 width、height、depth 属性，定义 volumn 属性。

(3) 重写 Box 类的构造方法，接收长、宽、高三个参数。

(4) 定义 getVolumn()方法，计算体积。

(5) 创建 Box 对象，调用 getVolumn()方法，输出体积。

练习 4：计算圆柱体体积

【问题描述】

修改练习 1 中的 Box，重写 getVolumn()方法，使其能计算圆柱体的体积。

【问题分析】

圆柱体的体积为 π×半径平方×高，所以 getVolumn()方法只需要接收两个参数即可，这样 Box 类就存在两个重载的 getVolumn()方法。

【参考步骤】

对 Box 类添加一个带两个参数的 getVolumn()方法，计算圆柱体体积，返回结果。

【拓展作业】

1. 声明一个 Polygon 类，写两个方法 printRec(int height,int width)和 printTri(int height)，分别用"*"打印长方形和三角形。通过类对象调用这两个方法打印相应的形状。

2. 声明一个 Compare 类，有三个变量 num1、num2、num3，使用构造方法对这几个变量赋值，再写 3 个方法：max()、min()、avg()，分别用来求 3 个变量的最大值、最小值、平均值。调用这 3 个方法，显示相应的结果。

3. 声明一个 Worker 类，有姓名、工资、工号、部门等属性，使用带参数的构造方法进行初始化，写一个 display()方法来显示工人的信息。

4. 声明一个User类，属性包括用户名、用户密码、用户权限。使用带参数的构造方法给用户名和密码赋值，写一个login()方法实现登录功能。login()方法需要实现以下功能：如果初始化时，用户名为"admin"，用户密码为"123456"，则显示登录成功，并使用户权限为"administrator"；如果用户名为"guest"，密码为"guest"，则显示该用户登录成功，权限为"user"，否则提示用户登录失败。

单元二

继承与多态

课程目标

- ▶ 理解继承及其用法
- ▶ 理解多态
- ▶ 掌握 super 关键字的用法
- ▶ 掌握 final 关键字的用法
- ▶ 理解匿名内部类的用法

 简 介

在上一单元中,我们学习了面向对象编程的初级知识,即如何编写类及构造方法,如何创建对象并调用方法。另外,我们还学习了对构造方法及普通方法进行重载,大大提高了程序的灵活性,而这一切都发生于类内部。某些情况下,我们需要对类与类之间的关系进行思考,要站在更高一层,对它们的关系进行设计,而不是拘囿于类内的方法和属性的定义,这就是本单元希望达到的目的。本单元以现实生活中的实例,为大家描述面向对象的重要特征"继承"的概念,介绍 super 关键字,描述类覆盖的特征,以及我们在什么情况下应该使用继承。本单元将带领大家进入面向对象的殿堂。

2.1 继承

继承是面向对象非常重要的特点之一,用好继承能使程序具有更好的可扩充性,减少程序的代码量,下面先来分析什么是继承。

2.1.1 什么是继承

我们经常会看到路面上跑着由东风公司研发的卡车、轿车,但你知道它们都是以相同的生产方式生产出来的吗?事实的确如此,它们的生产工艺完全相同,只是一些安全部件,以及动力、环保等零件不同罢了。工人把最新研究的小排量发动机放到生产线上,再加上一些特有的安全设施及环保技术,就生产出东风雪铁龙;使用大排量发动机,加上翻斗及其相关设备便生产出东风货车。

为什么能用相同的生产线生产出轿车、卡车呢?大家会发现,无论是生产轿车,还是卡车,首先它们都是车,都有车轮、发动机、底盘、方向盘,这是所有车的共同特点。不同的是,轿车安全装置更多一些,环保设备更多一些,更舒适一些;而卡车动力更大一些,载重更多一些,并且具有翻斗。

当设计生产线软件的时候,我们可以先考虑设计一个统一的车模,车模具有所有汽车的共有属性,如车轮、发动机、底盘、方向盘等,这样生产出来的汽车是一辆非常普通的汽车。如果想要生产更高级一点的汽车,如赛车,需要重新制定车模吗?当然不需要,只需要修改原有车模就可以了,把发动机、底盘等属性加以强化,而其他部位不必发生变化便可以直接使用;如果生产卡车,则只需要在原有车模的基础上,扩充一个属性,即翻斗就可以了。继承示意如图 2-1 所示。

我们可以看到,这是明显的父与子之间的关系,首先有车模(父),其次对车模进行扩充完善,保留一些功能,加强或新增一些功能(子),这就是日常生活中的继承。

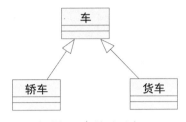

图 2-1 继承示意

其实,大家在生活中,经常可以看到这样的继承现象。例如草食动物和肉食动物均是对动物的扩充,男人和女人均是对人类的扩充,笔记本电脑及个人 PC 均是对计算机的扩充等。子类别既承接了父类别具有的特性,也拥有自身特有的属性。

继承是一种由已有的类创建新类的机制。利用继承,我们可以先创建一个共有属性的一般类,再根据该一般类创建具有特殊属性的新类,新类继承一般类的状态和行为,并根据需要增加自己新的状态和行为。由继承得到的类称为子类或派生类,被继承的类称为父类、基类或超类。Java 不支持多重继承,子类只能有一个父类。

2.1.2 为什么要继承

明白了继承,我们可以通过设计一定的程序,来完成子类别与父类别之间的定义与对象的创建。拿汽车来做示例,假如我们直接定义轿车与卡车,代码如示例 2.1 所示。

示例 2.1:

```java
/**
 * 轿车
 * @author hopeful
 *
 */
public class Saloon_car {
    String engine;          //引擎
    String Wheel;           //车轮
    String airbag;          //安全气囊
    public void run() {
        //定义车跑动的行为
    }
}
/**
 * 卡车
 * @author hopeful
 *
 */
public class Truck {
    String engine;          //引擎
    String Wheel;           //车轮
```

```
        String carport;           //货舱
        public void run() {
            //定义车跑动的行为
        }
}
```

大家会发现什么？这两个类有很多重复的属性与行为，这不仅带来了代码的繁杂，产生大量冗余代码，而且更重要的是，程序变得难以驾驭，我们很难对程序进行更新。如果市场农用车销售很好，生产线需要改造生产农用车，那么又需要编写第三个类——Tractor。如此，每当生产线扩充，我们就需要单独编写另一个类，并在新类中重复编写原来类中的代码，造成代码冗余。如果某一天国家规定，所有汽车必须装载尾气再处理系统，那么，我们还需要对所有的类逐个添加这项功能，这显然太麻烦了。

如何解决这些问题呢？答案就是使用继承。

2.1.3 使用继承

继承使用的关键字是 extends。

首先，可定义一个父类——Car，再定义轿车、卡车类，它们拥有父类 Car 的所有特征，再加上自己独有的特性，形成 Saloon_car、Truck。代码如示例 2.2 所示。

示例 2.2：

```
/**
 * 汽车类
 *
 * @author hopeful
 *
 */
public class Car {
    String engine;              //引擎
    String Wheel;               //车轮
    //……其他属性
    public void run() {
        // 定义车跑动的行为
        System.out.println("汽车在奔跑！");
    }
}
/**
 * 轿车
 * @author hopeful
 *
 */
public class Saloon_car extends Car{
    String airbag;              //安全气囊
}
```

```java
/**
 * 卡车
 * @author hopeful
 *
 */
public class Truck extends Car {
    String carport;            //货舱
}
```

上例中，轿车类和卡车类继承后，就拥有了汽车类中定义的所有属性和方法。我们可通过程序来测试这一点。

```java
/**
 * 对汽车、轿车和卡车进行测试
 * @author hopeful
 *
 */
public class CarTest {
    public static void main(String[] args) {
        //产生普通汽车
        Car car = new Car();
        car.engine = "奇瑞 ACTECO";
        car.Wheel = "邓禄普 GRANDTREK ST30";
        car.run();

        //定义轿车
        Saloon_car saloonCar = new Saloon_car();
        saloonCar.engine = "宝马 530D";
        saloonCar.Wheel = "米其林 Energy MXV8";
        saloonCar.airbag = "配套气囊";
        saloonCar.run();

        //定义卡车
        Truck truck = new Truck();
        truck.engine = "GM Cl500";
        truck.Wheel = "固特异 Assurance";
        truck.carport = "20T";
        truck.run();
    }
}
```

可以看到，轿车、汽车和卡车均可以创建自己的对象，并调用run()方法。不同的是，由于轿车类和卡车类对汽车类进行了扩展，所以它们拥有更多属性，这就是继承的妙用了。把公共属性和行为提取出来放在父类，由子类扩充父类来实现更多特性，这样就节约了很多代码，程序变得更简洁，而且容易扩充。例如，我们在 Car 类中添加一个新方法 clean，内部实现清理汽车尾气的功能，那么，轿车、卡车也将拥有这个方法。

运行程序，结果如图 2-2 所示。

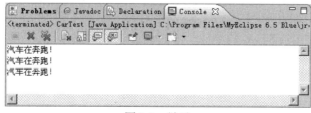

图 2-2　继承

2.1.4　方法覆盖

观察图 2-2 中的结果会发现，不管是普通汽车，还是卡车和轿车，它们的运转都是一样的，结果均输出"汽车在奔跑！"，这是不恰当的。按道理来说，卡车和轿车的运转应该有自己的独立方式，不应当和普通汽车保持一致。也就是说，子类需要对父类的 run() 方法加以改进，变成子类自己的 run() 方法，这就需要在子类中重新编写 run() 方法，覆盖父类的 run() 方法，这种做法在 Java 中叫作方法的覆盖(override)，又称方法重写。代码如示例 2.3 所示。

示例 2.3：

```java
/**
 * 汽车类
 *
 * @author hopeful
 *
 */
public class Car {
    String engine;           //引擎
    String Wheel;            //车轮
    //……其他属性
    public void run() {
        // 定义车跑动的行为
        System.out.println("汽车在奔跑！");
    }
}
/**
 * 轿车
 * @author hopeful
 *
 */
public class Saloon_car extends Car{
    String airbag;           //安全气囊
    public void run() {
        // 定义轿车
```

```java
            System.out.println("轿车在高速路上奔驰！");
        }
    }
    /**
     * 卡车
     * @author hopeful
     *
     */
    public class Truck extends Car {
        String carport;              //货舱
        public void run() {
            // 定义卡车
            System.out.println("卡车在工地上忙碌！");
        }
    }
```

再次运行程序，这时结果就正常了，汽车、轿车、卡车分别以自己的方式在奔跑。方法覆盖要求：子类方法和父类方法同名，且参数相同。

要注意重载和重写的区别，重载既可以发生于一个类，也可以发生于子类与父类之间(子类继承父类方法，同时完成方法重载)，而重写，只能是子类重写父类方法。

2.1.5 super 关键字

在讲解构造方法的章节，我们提到了 this 关键字。this 关键字用于表示类的对象自身，在使用中，所有未指明调用者的属性和方法的前面均由 JVM 自动加上 this，表示调用者自身。学完继承后，我们注意到一个问题，在某些时候，子类需要调用父类的某些方法，如示例 2.4 所示。

示例 2.4：

```java
    /**
     * 计算器
     *
     * @author hopeful
     *
     */
    public class Calculator {
        public void play() {
            System.out.println("完成四则运算功能！");
            this.print();
        }

        public void print() {
            System.out.println("显示结果！");
        }
```

使用Java实现面向对象程序设计

```java
}
/**
 * 计算机
 *
 * @author hopeful
 *
 */
public class Computer extends Calculator {

    public void play() {
        System.out.println("完成四则运算功能！");
        this.print();
        System.out.println("完成娱乐功能！");
        this.print();
    }
    public static void main(String[] args) {
        Computer c= new Computer();
        c.play();
    }
}
```

在 Calculator(计算器)类中，定义了 play()方法实现四则运算功能。子类 Computer(计算机)中，重写了父类的 play()方法，并在其中实现了四则运算功能，而且多实现了一个娱乐功能。其中的 print()方法由于继承关系可以直接使用(当然可以省去 this)。那么现在问题来了，我们知道，不管是计算器，还是计算机，它们在四则运算功能上是一样的，所以没必要让计算机类重新实现一遍，完全可以直接使用父类已完成的功能，这样不仅使代码简洁，更重要的是便于程序的更新。

可能有同学会选择这么做：

```java
/**
 * 计算机
 * @author hopeful
 *
 */
public class Computer extends Calculator{
    public void computerCalc(){
        this.play();
        System.out.println("完成娱乐功能！");
        this.print();
    }
}
```

这种做法是在 Computer 类内重新定义一个新方法 computerCalc()，因为 Computer 类继承了 Calculator 类，所以可以直接在其中调用 play()方法。

虽然这种做法没有任何问题，但是不便于程序的阅读。若想在重写的同时能调用父类的对应方法，该如何实现呢？答案就是 super 关键字。

super 关键字引用当前对象的直接父类中的属性和方法(用来访问直接父类中被隐藏的属性和方法，经常在基类与派生类中有相同属性和方法定义时使用)。

修改 Computer 类如下。

```java
/**
 * 计算机
 *
 * @author hopeful
 *
 */
public class Computer extends Calculator {

    public void play() {
        //System.out.println("完成四则运算功能！");
        //this.print();
        super.play();          //调用父类的同名 play()方法
        System.out.println("完成娱乐功能！");
        this.print();
    }
    public static void main(String[] args) {
        Computer c= new Computer();
        c.play();
    }
}
```

运行程序，发现结果与修改前是一样的，可见 super 关键字的功用绝非一般。

除了调用父类同名方法外，super 还广泛地运用于构造方法内，如示例 2.5 所示。

示例 2.5：

```java
/**
 * 计算器类
 * @author hopeful
 *
 */
public class Calculator {
    Calculator(){
        System.out.println("产生计算器！");
    }
}
/**
 * 计算机类
 * @author hopeful
 *
 */
public class Computer extends Calculator{
    Computer(){
```

```
            System.out.println("产生计算机！");
        }
    }
    /**
     * 测试类
     * @author hopeful
     *
     */
    public class Test {
        public static void main(String[] args) {
            Computer comp = new Computer();
        }
    }
```

运行程序，结果如图 2-3 所示。

图 2-3 构造方法

匪夷所思，在调用计算机类构造方法的同时，却也调用了计算器类的构造方法，其实，这也是 super 关键字的原因。在子类的构造方法内，存在一个 super()用于调用父类的默认构造方法。其实 Computer 类的完整写法如下。

```
/**
 * 计算机类
 * @author hopeful
 *
 */
public class Computer extends Calculator{
    Computer(){
        super();            //由系统自动生成，代表父类默认的构造方法
        System.out.println("产生计算机！");
    }
}
```

发挥一下想象力,既然系统自动生成了 super()方法,那我们能不能自己自由书写 super()呢？答案是肯定的，只不过要遵循如下原则。

- super 要放在第一行。
- super 所指引的构造方法在父类中必须要有。

代码如示例 2.6 所示。

示例 2.6：

```
/**
```

```java
 * 雇员类
 * @author hopeful
 *
 */
public class Employee {
    String name;
    public Employee(String name) {
        this.name = name;
    }
}
/**
 * 经理类
 * @author hopeful
 *
 */
public class Manager extends Employee {
    String department;

    public Manager(String name, String department) {
        super(name);
        this.department = department;
    }
}
```

在 Manager 类中，不需要再次书写"this.name = name"，而只需要把 name 参数通过 super()方法传递给父类的对应构造方法，由父类完成该参数的初始化即可。

2.2 多态

2.2.1 多态概述

多态指的是同一个行为具有多个不同表现形式和形态的能力。多态就像是一个接口一样，使用不同的实例就会执行不同的操作，例如，同样是水的成分，有液态水及固态水(也就是冰)等多种形态；同样是二氧化碳，存在气态及液态等多种形态；同样是猫科动物，有猫和老虎等不同表现形式。

Java 中实现多态的三个必要条件如下。
- 继承：在多态中必须存在有继承关系的子类和父类。
- 重写：子类对父类中某些方法进行重新定义，在调用这些方法时就会调用子类的方法。
- 向上转型：在多态中需要将子类的引用赋给父类对象，只有这样该引用才能够具备调用父类的方法和子类方法的能力。

只有满足了以上三个条件,才能在同一继承结构中使用同样的逻辑去处理不同的对象,从而实现不同的表现形式。

一个父类可以有多个子类,而在子类中也可以重写父类的方法,每个子类里重写的代码不一样,表现形式也就不同了。如果用父类的变量引用不同的子类对象,在调用相同的方法时得到的结果和表现形式就不一样,这就是多态,相同的消息(也就是调用相同的方法)会有不同的结果,如示例 2.7 所示。

示例 2.7:

Car 类、Saloon_car 类、Truck 类同示例 2.3,现重新编写测试类,对这三个类进行测试。

```java
/**
 * 汽车测试类
 * @author hopeful
 *
 */
public class CarTest1 {
    /*对汽车及其子类进行测试,接收汽车对象*/
    public void test(Car car){
        car.run();
    }
    public static void main(String[] args) {
        CarTest1 ct = new CarTest1();
        Car car ;
        //产生普通汽车
        car = new Car();
        ct.test(car);

        //产生轿车
        car = new Saloon_car();
        ct.test(car);

        //产生卡车
        car = new Truck();
        ct.test(car);
    }
}
```

运行程序,结果如图 2-4 所示。

图 2-4　多态

可以看到，同样是 Car 类的对象，既可以是汽车，也可以是卡车，还可以是轿车，父类句柄可以接收子类对象。在调用 test()方法时，传递的都是 Car 类的对象，但是输出什么样的结果取决于该父类句柄所绑定(指向)的到底是什么对象，这就是多态性的外在体现，在 Java 中通常叫作 "run-time binding(运行时绑定)"。运行时绑定的目的就是在代码运行的时候能够判断对象的类型，它能使程序变得可扩展而不需要重新编译已存在的代码。

还要注意一点，由父类引用创建的对象，只能调用子类从父类继承的方法(当然包含重写的方法)，不能调用自己扩展的方法。就像我们说"豹子是动物"(向上转型)，也可说"豹子会奔跑"(调用从父类继承的方法)，而不能说"动物是豹子"(向下转型)，也不能说"动物会爬树"(向上转型的对象不能调用子类对象扩展的方法)。

2.2.2 对象的类型转换

对象类型转换分为向上转型和向下转型(强制对象转型)，向上转型是子类对象向父类对象转型的过程，如"猫类转型为动物"；向下转型是强制转型，是父类对象强制转换为子类对象。对象类型转换和基础数据类型转换是类似的，byte 类型可自动转换为 int 类型(向上转型)，int 类型也可强制转换为 byte 类型(向下转型)。

不过向上转型后，子对象独有的方法将不可访问，例如，猫类继承动物类，当把猫向上转型为动物时，则此时的猫不再是猫，把它当成动物看待，猫独有的方法和属性也就不可见了。简单来说就是向上转型后，只能识别父对象中的属性和方法。可通过"instanceof"来判断引用变量所指向的对象是否属于某个类。例如，有一个动物类，猫类继承动物类，通过"引用变量 instanceof 类名"即"猫类对象引用 Cat c，c instanceof Animal"来表达"对象 c 是一种动物吗？"如果返回值为 true，则都是可以转换为类对象的。

Java 中由于继承和向上转型，子类可以非常自然地转换成父类，但父类转换成子类则需要强制转换，因为子类拥有比父类更多的属性和方法，所以父类转换为子类也就需要强制类型转换了，也就是向下转型。强制转换需要在待转换对象前加上目标类型，如将某动物 a 转换为猫 Cat，为 Cat c = (Cat)a;，即将动物强制转换为猫了。

代码如示例 2.8 所示。

示例 2.8：

```
//多态的使用
//定义一个父类 Animal
class Animal{
  public String name;
  Animal(String name){
    this.name = name;
  }
  public void sing(){
    System.out.println("animal sing....");
  }
}
```

```java
class Cat extends Animal{
    public String color;
    //构造方法，初始化成员变量
    Cat(String name,String color) {
        super(name);
        this.color = color;
    }
    //重写父类的方法
    public void sing(){
        System.out.println("我叫"+name+"，我是"+color+"，我在 sing.....");
    }
}
class Dog extends Anima{
    public String color;
    //构造方法，初始化成员变量
    Dog(String name,String color) {
        super(name);
        this.color = color;
    }
    //重写父类方法
    public void sing(){
        System.out.println("我叫"+name+"，我是"+color+"，我在 sing....");
    }
}
public class DuoTaiTest {
    public static void main(String[] args) {
        //父类引用变量a 指向子类对象 Cat，此时向上转型
        Animal a =   new Cat("加菲猫","白色");
        //使用父类引用a 引用被重写的方法 sing()，执行是动态绑定到 Cat 的 sing()
        a.sing();
        Animal a1 = new Dog("机器狗","黄色");
        a1.sing();
        //创建父类对象指向子类对象
        Animal a2 = new Cat("机器猫","黑色");
        //强制把父类引用 a2 转换为子类对象
        Cat c = (Cat)a2;
        c.sing();
    }
}
```

运行程序，结果如图 2-5 所示。

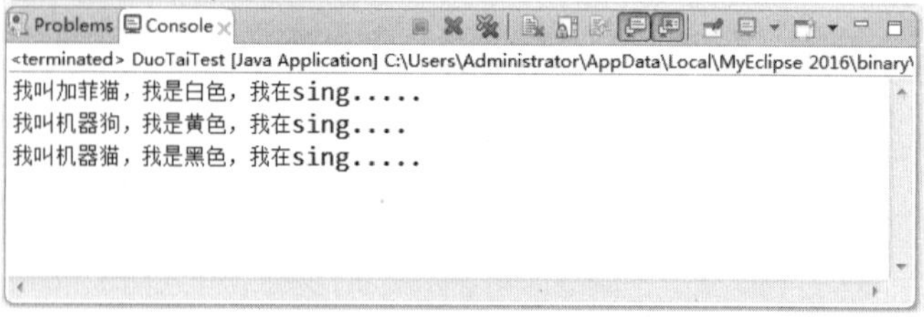

图 2-5　多态的类型转换

上例使用了 Animal a2 = new Cat("机器猫","黑色");，我们先用类型的构造方法构造出一个对象，这个 Cat 对象实例也就确定了，通过 Java 中的继承、向上转型关系使用父类类型引用它，此时我们使用功能较弱的类型引用了功能较强的对象，Cat 对象实例就被向上转型为 a2，但是 Cat 对象实例在内存中的本质还是 Cat 类型，只是能力临时弱化而已。若想把它的能力强化，强制转换回来即可。Cat c = (Cat)a2;，此时 a2 的引用仍然是 Animal 类型，只是将它的能力加强了，然后转交给 c 引用，Cat 对象实例在 c 变量的引用下，可访问子类的全部功能。

如果使用的是 Animal a = new Animal("动物爸爸"); Cat c = (Cat)a;，当运行程序时，系统会报错，抛出 ClassCastException 异常信息(异常会在后续单元中详细介绍)。

总之，在继承中，子类可自动转换为父类，但父类强转为子类时，只有当引用类型指向的是子类对象时，才能转换成功，否则无法转换。

2.2.3 Object 类

Java 世界中，任意一个类均直接或间接由一个类演绎而来，这个类就是 Object 类。Object 是类层次结构的根类，每个类都使用 Object 作为超类。所以，每个类都具有 Object 类所定义的特征，那么 Object 类有哪些特征呢？表 2-1 列出了部分功能。

表 2-1 Object 类的功能

方法	描述
toString()	返回该对象的字符串表示。通常，toString()方法会返回一个"以文本方式表示"的对象的字符串。结果应简明易懂。建议所有子类都重写此方法
hashCode()	返回该对象的哈希码值。 hashCode()的常规协定是： ● 在 Java 应用程序执行期间，在同一对象上多次调用 hashCode()方法时，必须一致地返回相同的整数，前提是对象上 equals 比较中所用的信息没有被修改。从某一应用程序的一次执行到同一应用程序的另一次执行，该整数无须保持一致 ● 如果根据 equals(Object)方法，两个对象是相等的，那么在两个对象中的每个对象上调用 hashCode()方法都必须生成相同的整数结果
equals()	指示某个其他对象是否与此对象"相等"。Object 类的 equals()方法实现了任何对象之间的非空引用值 x 和 y，当且仅当 x 和 y 引用同一个对象时，此方法才返回 true

其中，equals()方法在前面已通过String类使用过，在平时的应用中，如果一个类看起来没有继承任意一个类，那么它默认就是继承了Object类。当然，我们可以明确地写上"extends Object"，也可以重写Object类中的方法，以供特定环境应用。代码如示例 2.9 所示。

示例 2.9：

```
//根类 Object
class Person{
    public String name;
```

```java
    public int age;
    public Person(String name, int age) {
        this.name = name;
        this.age = age;
    }
    //重写 hashCode()方法
    @Override
    public int hashCode() {
        return this.name.hashCode()+this.age;
    }
    //重写 equals()方法
    @Override
    public boolean equals(Object obj) {
        Person p = null;
        //类型转换
        if(obj instanceof Person)
            p = (Person)obj;
        //判断 name 属性，当两个对象的属性完全相等时返回 true，否则返回 false
        if(this.name.equals(p.name))
            return true;
        return false;
    }
}
public class ObjectTest {
    public static void main(String[] args) {
        //分别创建四个对象，定义相同的姓名和不同的姓名，然后进行比较
        Person p1 = new Person("张三", 18);
        Person p2 = new Person("张三", 20);
        //比较相同姓名的两个对象
        System.out.println(p1.equals(p2));
        Person p3 = new Person("王五", 18);
        Person p4 = new Person("李四", 20);
        System.out.println(p3.equals(p4));
    }
}
```

运行程序，结果如图 2-6 所示。

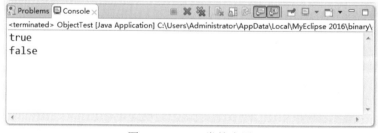

图 2-6　Object 类的应用

从图中可以发现，当 name 相同的两个对象进行比较时，返回的是 true，当 name 不同时返回的是 false。这是由于我们重写的 Person 类中重写了 hashCode()方法和 equals()方法，在 equals()方法中，首先通过 instanceof 判断比较的对象是否属于 Person 类，如果属于，就进行强转，转换为 person 对象。然后判断 name 属性是否相同，如果相同，就返回 true，否则返回 false；因此该对象的判断只与 name 属性有关，与 age 无关。

2.2.4 匿名内部类

匿名内部类就是没有名称的内部类，因为没有名称，所以匿名内部类一般只能使用一次，通常用来简化代码的编写。在使用匿名内部类前，必须继承一个父类或实现一个接口，而且最多只能继承一个父类或实现一个接口。

通常情况下，我们使用 new 创建一个对象时小括号后面跟的是分号，分号标志着该语句结束了，但匿名内部类是小括号后跟大括号，大括号中是使用 new 创建对象的具体实现。大家都知道，一个抽象类是不能直接使用 new 创建的，必须先有实现类才行。示例 2.10 所示是匿名内部类的几种具体实现方式。

示例 2.10：

```java
package com.hope.classTest;
//匿名内部类：就是没有名称的内部类
//实体类
class Person{
    public void eat(){
        System.out.println("要吃饭");
    }
}
class Student extends Person{
    public void eat(){
        System.out.println("吃妈妈做的饭");
    }
}
//抽象类：用 abstract 修饰的类是抽象类，不能被实例化，必须被实体类继承，实现其方法
abstract class Animal{
    public abstract void bark();
}
class Dog extends Animal{
    public void bark() {
        System.out.println("汪汪叫...");
    }
}
//接口。必须通过普通类实现
interface Sportable{
    public abstract void sport();
}
```

```java
public class NoNameTest {
    public static void main(String[] args) {
        //1. 匿名内部类
        //主要针对不能直接创建对象的抽象类和接口
        Student stu=new Student();
        System.out.println(stu.getClass());
        //1.1 通过实体类创建匿名内部类对象
        //相当于创建该类的一个子类对象
        Person p=new Person(){
            public void eat(){
                System.out.println("要吃爸爸做的饭");
            }
        };
        p.eat();
        System.out.println(p.getClass());
        Dog dog=new Dog();
        dog.bark();
        //1.2 通过抽象类创建匿名内部类对象
        //相当于定义该抽象类的一个子类对象，并重写抽象类中的所有抽象方法
        Animal an=new Animal(){
            public void bark(){
                System.out.println("汪汪汪...");
            }
        };
        an.bark();
        //返回的是包名加类名
        System.out.println(an.getClass());
        //1.3 通过接口创建匿名内部类对象
        //相当于定义该接口的一个实现类对象，并重写接口中的所有抽象方法
        Sportable s=new Sportable(){
            public void sport(){
                System.out.println("打篮球");
            }
        };
        s.sport();
        System.out.println(s.getClass());

    }
}
```

运行程序，结果如图 2-7 所示。

在示例 2.10 中，我们分别创建了普通类、抽象类和接口(关于抽象类和接口的详情，见第三单元)，分别通过实体类创建匿名内部类，通过抽象类创建匿名内部类，通过接口创建匿名内部类对象。在创建内部类时，需要实现一个接口或继承一个父类，这里直接实现了父类中的方法，大家也可以直接实现匿名内部类独有的方法，如示例 2.11 所示。

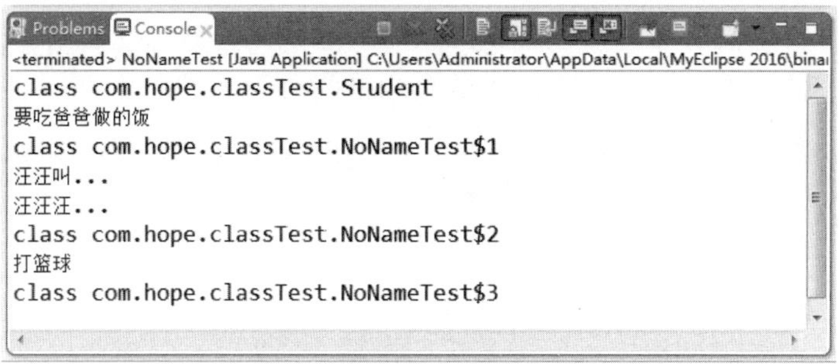

```
Problems  Console
<terminated> NoNameTest [Java Application] C:\Users\Administrator\AppData\Local\MyEclipse 2016\bin
class com.hope.classTest.Student
要吃爸爸做的饭
class com.hope.classTest.NoNameTest$1
汪汪叫...
汪汪汪...
class com.hope.classTest.NoNameTest$2
打篮球
class com.hope.classTest.NoNameTest$3
```

图 2-7　匿名内部类的用法

示例 2.11：

```
package com.hope.classTest;
//调用匿名内部类中独有的方法
public class NoNameTest2 {
    public static void main(String[] args) {
        new Person1() {
            //匿名内部类独有的方法
            public void say(){
                System.out.println("匿名内部类独有的方法！！！");
            }
            //实现接口中的方法
            @Override
            public void speak() {
                System.out.println("实现接口中的方法！！！");
            }
        }.say();      //直接调用匿名内部类独有的方法
    }
}
//接口用 interface 修饰，不能创建实例对象，必须由实现类来实现接口中的方法
interface Person1{
//定义接口中的方法，在匿名内部类中实现该方法
    public void speak();
}
```

运行程序，结果如图 2-8 所示。

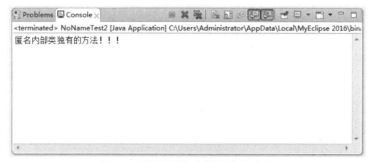

图 2-8　调用匿名内部类中的方法

由于匿名内部类中没有名称，也就无法采用对象调用方式，这时可通过以下格式独自调用匿名内部类中的方法：new 类名(){}.匿名内部类独有方法();。

【单元小结】

- Object 是 Java 中其他所有类的父类。
- 使用 extends 关键字可继承父类产生一个新的子类。
- 子类可以拥有与父类同名但功能不同的方法，即覆盖父类方法。
- 多态的概念、多态的前提、类型的转换。
- 子类可通过 super 关键字获得父类的方法。
- final 关键字可以限定对象、变量、方法、类，使它们不能被修改。
- 匿名内部类的应用。

【单元自测】

1. 所有类都继承于(　　)类。
   A. Object　　　　B. String　　　　C. Exception　　　　D. Servlet
2. 可使变量值不能改变的关键字是(　　)。
   A. final　　　　B. static　　　　C. native　　　　D. finally
3. 继承的关键字是(　　)。
   A. implements　　B. return　　　　C. extends　　　　D. extend
4. 子类与父类方法的定义完全相同，但方法的实现却不同，这采用了(　　)。
   A. 重载　　　　B. 实现　　　　C. 覆盖　　　　D. 再造
5. String a=new String("张山");
   String b= new String("张山");
   我们想判断 a 对象与 b 对象的值是否相等，采用(　　)方法。
   A. a==b　　　　B. a.equals=b　　C. a=b　　　　D. a.equals(b)

【上机实战】

上机目标

- 继承的使用
- 方法重写
- super 关键字及 final 关键字的使用

上机练习

◆ 第一阶段 ◆

练习1：模拟电器类

【问题描述】

有一个工厂正在进行信息化改造。公司是生产电器的厂商，产品种类非常丰富，包括电炉、电视机、空调三类产品，现在要开发一个仿真软件，在这个软件中需要记录三种电器的颜色、重量。但对于电炉，我们需要模拟出电炉的制热过程；对于电视机，我们需要模拟出成像过程；对于电冰箱，我们需要模拟出它的制冷过程。要求程序充分考虑可扩展性，日后可模拟更多其他电器产品。

注：在每个方法中将该方法需要实现的具体功能用中文描述即可。

【问题分析】

题目中所涉及的电炉、电视机、空调都属于电器，这里可考虑定义一个父类——电器。而它们都有颜色、重量这些特征，所以我们可以把这些共有特征统一放入电器类中，再在各个子类中加入各自的特点，这样程序就具有很好的可扩充性了。

【参考步骤】

(1) 编写电器类——Wiring.java。

```java
/**
 * 电器类
 * @author hopeful
 *
 */
public class Wiring {
    private String color;     //颜色，private 代表私有，即只有本类才可以使用
    private int weight;       //重量
    //获得颜色
    public String getColor() {
        return color;
    }
    //设置颜色
    public void setColor(String clr) {
        color = clr;
    }
    //获得重量
    public int getWeight() {
        return weight;
    }
    //设置重量
    public void setWeight(int wit) {
```

```
            weight = wit;
        }
//工作
    public void work(){
        System.out.println("开始工作");
    }
}
```

(2) 编写电炉类——ElectricCooker.java。

```
/**
 * 电炉类
 * @author hopeful
 *
 */
public class ElectricCooker extends Wiring {
    /**加热*/
    public void work() {
        System.out.println("用电能发热");
    }
}
```

(3) 编写电视机类——TvSet.java。

```
/**
 * 电视类
 * @author hopeful
 *
 */
public class TvSet extends Wiring {
    /**成像*/
    public void work() {
        System.out.println("用显像管产生图像");
    }
}
```

(4) 编写电冰箱类——Fridge.java。

```
/**
 * 冰箱类
 * @author hopeful
 *
 */
public class Fridge extends Wiring {
    /**冰箱制冷*/
    public void work() {
        System.out.println("用氟利昂制冷");
    }
}
```

(5) 编写测试类。

```java
/**
 * 电器测试类
 * @author hopeful
 *
 */
public class Test {
    public static void main(String[] args) {

        Wiring wir;
        //产生电炉
        wir = new ElectricCooker();
        wir.setColor("white");
        wir.setWeight(15);
        wir.work();
        //产生电视
        wir = new TvSet();
        wir.setColor("black");
        wir.setWeight(30);
        wir.work();
        //产生冰箱
        wir = new Fridge();
        wir.setColor("red");
        wir.setWeight(50);
        wir.work();
    }
}
```

运行程序，结果如图 2-9 所示。

图 2-9　电器类测试结果

练习 2：模拟计算机

【问题描述】

我们经常用到微型计算机，它由包括内存、显示器、CPU 等在内的 13 个部件组成。我们现在只考虑内存、显示器、CPU 三个主要部件，内存有容量、插口类型属性；显示器有大小、类型、颜色属性；CPU 有频率、厂家属性。我们要实现四个类，分别表示计算机、内存、显示器、CPU，需要充分考虑程序的灵活性，例如，如果计算机作为服务器就可能不需要显示器。

【问题分析】

内存、显示器、CPU 都是计算机的一部分，是一个聚合关系，它们之间并不存在继承关系。希望大家在此情况下不要滥用继承。

【参考步骤】

(1) 编写内存类。

```java
/**
 * 内存
 *
 * @author hopeful
 *
 */
public class EmsMemory {
    //容量
    private float capability;
    //插口
    private String faucet;

    public float getCapability() {
        return capability;
    }

    public void setCapability(float cap) {
        capability = cap;
    }

    public String getFaucet() {
        return faucet;
    }

    public void setFaucet(String fc) {
        faucet = fc;
    }
}
```

(2) 编写显示器类。

```java
/**
 * 显示器
 * @author hopeful
 *
 */
public class Display {
    private float size;
    private String color;
    private String type;
```

```java
        public float getSize() {
            return size;
        }

        public void setSize(float s) {
            size = s;
        }

        public String getType() {
            return type;
        }

        public void setType(String tp) {
            type = tp;
        }

        public String getColor() {
            return color;
        }

        public void setColor(String clr) {
            color = clr;
        }
}
```

(3) 编写 CPU 类。

```java
/**
 * CPU 类
 * @author hopeful
 *
 */
public class Cpu {
    //厂家
    private String manufacturer;
    //频率
    private String frequency;

    public String getManufacturer() {
        return manufacturer;
    }

    public void setManufacturer(String mf) {
        manufacturer = mf;
    }

    public String getFrequency() {
```

```java
            return frequency;
        }

        public void setFrequency(String fq) {
            frequency = fq;
        }
}
```

(4) 编写 Computer 类。

```java
/**
 * 计算机组装
 *
 * @author hopeful
 *
 */
public class Computer {
    private EmsMemory em ;
    private Display dp ;
    private Cpu cpu ;

    public void work() {
        System.out.println("开启计算机");
        //调用内存、显示器、CPU 等部件协同工作
    }

    public EmsMemory getEm() {
        return em;
    }

    public void setEm(EmsMemory em) {
        this.em = em;
    }

    public Display getDp() {
        return dp;
    }

    public void setDp(Display dp) {
        this.dp = dp;
    }

    public Cpu getCpu() {
        return cpu;
    }

    public void setCpu(Cpu cpu) {
        this.cpu = cpu;
```

            }
        }

(5) 编写测试类。

```java
/**
 * 测试计算机
 * @author hopeful
 *
 */
public class Test {
    public static void main(String[] args) {
        //创建部件
        Cpu cpu = new Cpu();
        cpu.setFrequency("2.8");
        cpu.setManufacturer("AMD");
        Display display = new Display();
        //...对显示器属性进行初始化
        EmsMemory emm = new EmsMemory();
        //...对内存属性进行初始化

        //创建计算机
        Computer computer = new Computer();
        //安装部件
        computer.setCpu(cpu);
        computer.setDp(display);
        computer.setEm(emm);
        //工作
        computer.work();
    }
}
```

◆ 第二阶段 ◆

练习3：对工厂进行升级

【问题描述】

练习1中提到的制造电器的工厂对电视机的生产方式进行了改造,抛弃了原有的工艺,全部采用液晶成像技术,信息化软件也随之修改。于是,我们要设计一个新类——液晶电视,请大家予以实现。

【问题分析】

- 液晶电视仍具有电视的所有特征。
- 仅成像技术一个方法的实现不同。
- 可采用方法重写。

练习 4：2D 与 3D

【问题描述】

平面上的一个点包含 x 与 y 两个坐标，而空间中的一个点包含 x、y、z 三个坐标。请设计程序，结合继承与 super 关键字的用法，描述平面上的一个点与空间中的一个点。

【问题分析】

可以先设计类，定义平面上的一个点，该类具有两个属性 x 与 y，通过构造方法为 x 与 y 赋值，并通过 getPos() 方法打印出这个点的坐标信息。当设计空间中的一个点的类时，只需要继承平面点类，扩展一个 z 属性，并通过 super 关键字在构造方法中为 x、y、z 赋值，通过重写 getPos() 方法，来打印出 x、y、z 属性值。

【拓展作业】

1. 在某公司中，雇员有两个类别：普通雇员与经理。现设计人力资源管理系统，其中：普通雇员有姓名、出生年份、聘用日期、岗位、薪水等属性，有打卡、上班、下班等方法；而经理除了具有普通雇员所有的属性和方法外，还具有岗位级别属性，具有跟下属谈话、招聘新雇员、辞退雇员等方法。

请设计雇员类与经理类，并通过建立雇员与经理对象，调用雇员与经理类的方法，实现雇员打卡上班、下班等功能，以及经理谈话、招聘新雇员、辞退雇员等功能。

注：谈话、招聘、辞退等功能需要接收雇员对象作为参数，并描述与谁谈话、招聘谁及辞退谁。

2. 汽车由品牌、发动机、车轮、方向盘组成，其中：品牌固定为东风；发动机有排量属性，具有启动发动机和关闭发动机的功能；车轮有品牌属性，有充气功能；方向盘有材质属性，有旋转控制方向的功能。请根据以上描述组装并启动汽车。

单元三
包、抽象类和接口

 课程目标

- ▶ 掌握包的使用
- ▶ 掌握 public、protected、private 及默认修饰符的使用
- ▶ 掌握抽象类的使用
- ▶ 掌握接口的用法
- ▶ 掌握 final 关键字的使用

 **简 介**

上一单元我们对继承与多态做了详细讨论，它们经常出现于方法与方法之间、类和类之间，有助于我们划分类功能。其实，在 Java 中，为避免类名冲突，提高程序效率和扩展性，还提供了包、抽象类及接口等多种强大的工具。本单元介绍如何保障类与类之间不产生冲突的单元——包，接下来介绍如何控制类及类中方法的访问，另外，介绍抽象类、接口等一些面向抽象编程的非常重要的概念。本单元的重点在于面向接口编程的理解。

3.1 包

现在，大家能不能创建多个名称一样的类呢？当然是不可以的。但包的出现，就解决了这个问题，包以分层方式保存并被明确地引入新的类定义，由此将类名空间划分为更多易管理的块。包(package)是类的容器，用来保存划分的类名空间。例如，一个包允许你创建一个名为 List 的类,可以把它保存在你自己的包中而不必考虑和其他地方的某个名为 List 的类相冲突。

这与 Windows 下的文件夹相似，很显然，在同一个文件夹中，我们是不可以创建多个同名文件的，但若这些同名文件位于不同的文件夹，就不会相互冲突，因为它们的路径是不同的。

3.1.1 创建包

创建一个包是很简单的：只要在 Java 源文件的开头添加一个 package 命令即可。该文件中定义的任何类将属于指定的包。package 语句定义了一个存储类的名称空间。如果省略 package 语句，类名将被输入一个默认的没有名称的包(这就是为什么在以前不必担心包的相关问题的原因)。尽管默认包对于简短示例程序很好用，但对于实际应用程序来说，由于类名很多，管理不便，它是不适当的。多数情况下，需要为自己的代码定义一个包。

下面是 package 声明的通用形式。

package pkg;

这里，pkg 是包名。例如，以下声明创建一个名为 mypackage 的包。

package mypackage;

Java 用文件系统目录来存储包。例如，任何声明的 mypackage 中的类的.class 文件都存储在 mypackage 目录中。这是很重要的，必须记住，目录名必须和包名严格匹配。

多个文件可包含相同的 package 声明。package 声明仅指定了文件中定义的文件属于哪一个包，它不拒绝其他文件成为相同包的一部分。多数实际的包伸展到很多文件。

用户可创建包层次。为此,只要将每个包名与它的上层包名用点号"."分隔开就可以了。一个多级包的声明的通用形式如下。

```
package pkg1[.pkg2[.pkg3]];
```

包层次一定要在 Java 开发系统的文件系统中有所反映。例如,一个由下面语句定义的包:

```
package java.awt.image;
```

需要在 Windows 文件系统的 java\awt\image(UNIX 为 java/awt/image,Macintosh 为 java:awt:image)中分别保存。一定要仔细选用包名,不能在没有对保存类的目录重命名的情况下重命名一个包,如示例 3.1 所示。

示例 3.1:

```java
package com.hopeful.bookstore;

/**
 * 书籍
 *
 * @author hopeful
 *
 */
public class Book {
    private String name;
    private float price;
    private String author;
    public String getName() {
        return name;
    }
    public void setName(String name) {
        this.name = name;
    }
    public float getPrice() {
        return price;
    }
    public void setPrice(float price) {
        this.price = price;
    }
    public String getAuthor() {
        return author;
    }
    public void setAuthor(String author) {
        this.author = author;
    }
}
```

```java
package com.hopeful.bookstore;
/**
 * 出版商
 * @author hopeful
 *
 */
public class Publisher {
    private String name;
    private String tel;
    public String getName() {
        return name;
    }
    public void setName(String name) {
        this.name = name;
    }
    public String getTel() {
        return tel;
    }
    public void setTel(String tel) {
        this.tel = tel;
    }
}
```

在Eclipse内建立好如上两个类后保存，找到工程所在的目录，将发现不仅类文件以目录样式存在，编译后的class字节码文件也自动放在相应目录中，如图3-1和图3-2所示。

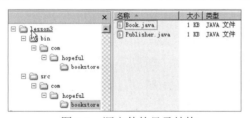

图 3-1 源文件的目录结构

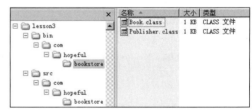

图 3-2 class 文件的目录结构

3.1.2 使用包

另一个包中的类调用 com.hopeful.bookstore 中的类时，必须使用 import 关键字，并指出被引用类所在的包路径。导入分为只导入一个类及导入该包下所有类两种情形。如果不导入包，就需要写出类的完整路径，代码如下所示。

```java
/**该类位于 com.hopeful.demo 包中*/
package com.hopeful.demo;
/** 引入所需的类 */
import com.hopeful.bookstore.Book;
/** 导入包内所有类 */
import java.util.*;
```

```
public class Test {
    /** 导入所需类后,可以直接使用*/
    Book book = new Book();
    /** 如果没有导入包,要写出完整路径*/
com.hopeful.bookstore.Publisher pub1 =
new com.hopeful.bookstore.Publisher();
    /** 由于已经导入 util 包,所以 util 包内的所有类均可直接使用*/
    Vector v = new Vector();
    List list = new ArrayList();
}
```

3.2 抽象类

看电影的时候经常会看到这类镜头：士兵们浴血沙场，一位老兵重伤将要殒命，众人围上来痛哭，老兵左手拉着女儿，右手拉着一个年轻小伙；接下来会说什么？大家猜到了吧，要么是"你们要替我报仇"，要么对小伙说："好好照顾她！"现在就来思考这两个问题，这是老者的两个愿望，对于老者来说他实现了这两个愿望了吗？没有，他希望晚辈能够实现；如果晚辈实现不了呢？可能当年的小伙临终前也会拉着未来的某小伙说："替你爷爷报仇！"

这是电影中我们常看到的镜头，当然，还有很多情况不是老者完成不了，而是他根本不想完成。不管如何，总之一句话，老者没有实现这些愿望，如图 3-3 所示。

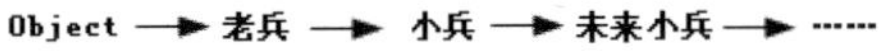

Object ➡ 老兵 ➡ 小兵 ➡ 未来小兵 ➡ ……

图 3-3 士兵完成愿望

在 Java 中，有时我们也会遇到这种情况，例如我们设计一个图形类 Shape(父类)，其中有一个求面积的方法 getArea()，但是对于不同的图形(子类)来说，求面积的过程并不一样，这该怎么办呢？

可能有的同学会说，既然各种图形求面积的方法不一样，那干脆父类不定义求面积方法，交由子类定义不就行了？其实，这不是一个好办法，我们已经学过继承了，我们知道，对于子类扩充的方法，父类引用的子类对象将无法使用，也就是说，假如 Shape 类引用了子类对象，那么该子类对象将无法调用 getArea()方法，这就降低了程序的灵活性。那么怎样才能让父类不实现 getArea()方法，又能让 Shape 引用的子类对象能使用 getArea()方法呢？这就要用抽象类来解决，我们需要在父类中把该方法写为抽象方法(虚方法)，即不提供该方法的具体实现，交由子类实现。

要把一个方法写为抽象方法，需要在方法前加上 abstract 关键字，且方法没有方法体。如果某类中有方法是抽象方法，那么这个类是抽象类。代码如示例 3.2 所示。

示例 3.2：

```java
package com.hopeful.lesson3;

/**
 * 图形类
 *
 * @author hopeful
 *
 */
public abstract class Shape {
    public String shapeName;

    /** 默认构造方法 */
    public Shape() {
    }

    /** 参数化构造方法 */
    public Shape(String shapeName) {
        this.shapeName = shapeName;
    }

    /** 抽象方法：求面积 */
    public abstract double getArea();

    /** 已实现方法：介绍 */
    public void showShape() {
        System.out.println("正在操作的图形为：" + shapeName);
    }
}
package com.hopeful.lesson3;

/**
 * 长方形
 *
 * @author hopeful
 *
 */
public class Rectangle extends Shape {

    public double width;
    public double length;

    /** 默认构造方法 */
    public Rectangle() {
    }
```

```java
    /** 参数化构造方法 */
    public Rectangle(String shapeName, double width, double length) {
        super(shapeName);
        this.width = width;
        this.length = length;
    }

    /** 实现父类抽象方法：求长方形面积 */
    public double getArea() {
        System.out.println("长方形面积为：" + width * length);
        return width * length;
    }
}
package com.hopeful.lesson3;

/**
 * 圆环
 *
 * @author hopeful
 *
 */
public class Circle extends Shape {
    public double radius;//半径
    public static final double PI = 3.14;

    /** 默认构造方法 */
    public Circle() {
    }

    /** 参数化构造方法 */
    public Circle(String shapeName, double radius) {
        super(shapeName);
        this.radius = radius;
    }

    /** 圆环面积 */
    public double getArea() {
        System.out.println("圆环面积为：" + PI * radius * radius);
        return PI * radius * radius;
    }
}
```

示例中，Shape 类被定义为抽象类，其中有 getArea()抽象方法。Rectangle 类继承 Shape 类，实现了父类的抽象方法。Circle 类也继承 Shape 类，实现了 getArea()方法。

如果子类没有实现父类的抽象方法，那么子类也是抽象的，类前要加 abstract。

```java
package com.hopeful.lesson3;
```

```java
/**
 * 三角形
 * @author hopeful
 *
 */
public abstract class Triangle extends Shape {
    public double border;
    public double height;

    /** 默认构造方法 */
    public Triangle() {
    }

    /** 参数化构造方法 */
    public Triangle(String shapeName, double border, double height) {
        super(shapeName);
        this.border = border;
        this.height = height;
    }
    //抽象方法未实现
    //public abstract double getArea();
}
```

抽象类要注意以下几点。
- 如果一个类是一个 abstract 类的子类,它必须具体实现父类的 abstract()方法,否则子类也是抽象类。
- 如果一个类中含有 abstract 方法,那么这个类必须用 abstract 来修饰(abstract 类也可以没有 abstract 方法)。
- 一个 abstract 类只关心它的子类是否具有某种功能,并不关心功能的具体行为,功能的具体行为由子类负责实现,所以抽象类可以实现类型隐藏。
- 由于抽象类具有未实现的方法,所以不能创建对象,但可引用子类对象。
- 不能定义一个既是 final 又是 abstract 的类,因为这是自相矛盾的。final 类代表类不能被继承,而 abstract 类代表此抽象类需要子类继承来实现抽象方法。

现对以上类进行测试。

```java
package com.hopeful.lesson3;

/**
 * 对以上图形进行测试
 *
 * @author hopeful
 *
 */
public class ShapeTest {
```

```java
    public static void main(String[] args) {
        //不能创建 Shape 抽象类与 Triangle 抽象类对象
        //长方形
        Shape shape;
        shape = new Rectangle("长方形", 3, 4);
        shape.showShape();
        shape.getArea();
        //圆环
        shape = new Circle("圆环", 10);
        shape.showShape();
        shape.getArea();
    }
}
```

运行程序结果如图 3-4 所示。

图 3-4　Shape 抽象类引用子类对象

3.3　接口

面向对象的特点主要概括为抽象性、继承性、封装性和多态性。

- 抽象性：指对现实世界中某一类实体或事件进行抽象，从中提取共同信息，找出共同规律，反过来又把它们集中在一个集合中，定义为所设计目标系统中的对象。
- 继承性：新的对象类由继承原有对象类的某些特性或全部特性而产生出来，派生类可以直接继承基类的共性，也可发展自己的个性。继承性简化了对新的对象类的设计。
- 封装性：指对象的使用者通过预先定义的接口关联到某一对象的服务和数据时，不必知道这些服务是如何实现的。即用户使用对象时不必知道对象内部的运行细节。这样，以前所开发的系统中已使用的对象能在新系统中重新采用，减少了新系统中分析、设计和编程的工作量，同时实现了信息隐藏。
- 多态性：指不同类型的对象可以对相同的激励做出适当的不同响应的能力。多态性丰富了对象的内容，扩大了对象的适应性，改变了对象单一继承的关系。

大家知道，抽象类是从多个类中抽象出来的模板，如果将这种抽象进行得更为彻底，则可提炼出一种更特殊的"抽象类"——接口(interface)。接口中不能包含普通方法，这与抽象类不同，在接口中，所有方法都必须是抽象的。接口概念就建立在封装的基础之上，而接口的继承、多态以及接口在实际开发中的普遍应用,足以让其集Java面向对象特点为一体。

3.3.1 接口的概念

很多同学都有U盘,平时学习时将U盘与计算机上的USB接口连接,点开U盘所在文件夹即可对U盘中的内容进行查阅,非常方便。但大家想过没有,U盘的品牌、容量各不相同,为什么计算机能够识别,并且都能提供一个或多个盘符,供用户操作呢?其实,这就是接口的应用了。

对于USB接口来说,只需要规定任何一个U盘连接时,必须实现读和写的功能,而不需要关注U盘是哪家厂商制造的,容量是多少。它需要关注的是,对于任意一款U盘来说,是否满足USB接口定义的规范,如果是就能识别与操作它。由此可见,能正常使用的U盘必然实现了USB接口制定的规范。

让规范和实现相分离,就是使用接口的主要目的,更进一步说,有了接口,可使软件系统中各组件之间面向接口耦合,这是一种松耦合的设计,为系统提供更好的可扩展性和可维护性。可以说,接口使得即插即用在程序中成为可能。因此,接口定义的是多个类共同的行为规范,这些行为是与外部交流的通道,这就意味着接口通常定义一组公用的未实现的方法。

3.3.2 接口的用法

与之前学过的普通类与抽象类不同,接口使用的关键字不再是class(确切地说,接口只是一个规范,不再是一个有具体功能实现的类)。定义一个接口需要使用interface关键字,接口的定义语法如下。

```
[public] interface 接口名 [extends 父接口名]{
    类型 常量字段名 = 值;
    …
    返回类型 方法名(参数列表);
    …
}
```

可见在大多数情况下,接口的定义和类的定义是类似的,但接口具有如下特点。
- 接口的成员列表只能包含方法(其实是没有实现的抽象方法)及常量(public static final),而且常量必须在接口中定义的时候就初始化。
- 接口的所有成员默认都是public,不再允许使用其他修饰符。
- 接口没有构造方法,也就是说,接口和抽象类一样不能创建自己的对象,但是它们均可引用实现类(或子类)对象。
- 接口可以继承接口,与类不同的是,接口继承其他接口时,是可以多继承的。

示例3.3创建了一个USB接口及两个实现类。

示例 3.3：

```java
package com.hopeful.usb;
/**
 * USB 接口
 * @author hopeful
 *
 */
public interface USB {
    /**读*/
    public void read();
    /**写*/
    public void write();
}
package com.hopeful.usb;
/**
 * 金士顿 U 盘
 * @author hopeful
 *
 */
public class Kingston implements USB {
    public void read() {
        System.out.println("金士顿 U 盘正在读取信息!");
    }
    public void write() {
        System.out.println("金士顿 U 盘正在写入信息！");
    }
}
package com.hopeful.usb;
/**
 * 苹果 mp3
 * @author hopeful
 *
 */
public class Apple implements USB {
    public void read() {
        System.out.println("苹果 mp3 正在读取信息!");
    }
    public void write() {
        System.out.println("苹果 mp3 正在写入信息!");
    }
}
```

对于 USB 接口来说，其中有两个抽象方法 read()和 write()，注意这两个方法由于被放置在接口中，所以不需要再声明为 abstract 即已为抽象方法。Kingston 类和 Apple 类分别实现了接口，实现了其中的抽象方法。为了生产这些产品，我们继续编写代码，创建一个简单的工厂类。

```java
package com.hopeful.usb;
/**
 * USB 生产厂，可生产 U 盘、mp3 等元件
 * @author hopeful
 *
 */
public class UsbFactory {
    /**
     * 生产
     */
    public static USB createUsb(String type){
        USB usb ;
        if("kingston".equals(type)){
            usb = new Kingston();
        }else if("apple".equals(type)){
            usb = new Apple();
        }else{
            usb = null;
            //报告错误
        }
        return usb;
    }
}
```

在 UsbFactory 类中，静态方法 createUsb()通过接收并对比字符串参数 type 的值，来决定创建什么样的 USB 兼容元件。如果传递过来的是"kingston"，则创建金士顿 U 盘；如果传递的是"apple"，则创建苹果 mp3；如果什么也没有传递，就不创建任何对象，并报告错误。下面对这些类进行测试。

```java
package com.hopeful.usb;
/**
 * 测试类
 * @author hopeful
 *
 */
public class Test {
    public static void main(String[] args) {
        //用工厂创建 U 盘，注意是面向接口而不是具体类的
        USB usb ;
        usb = UsbFactory.createUsb("kingston");
        usb.read();
        usb.write();
        //用工厂创建 mp3
        usb = UsbFactory.createUsb("apple");
        usb.read();
        usb.write();
    }
}
```

在 main()方法中，使用 UsbFactory 工厂创建了 U 盘对象及 mp3 对象，均由接口 USB 引用，我们的程序不再面向某个或某些对象，而是面向接口运转的。

运行程序，结果如图 3-5 所示。

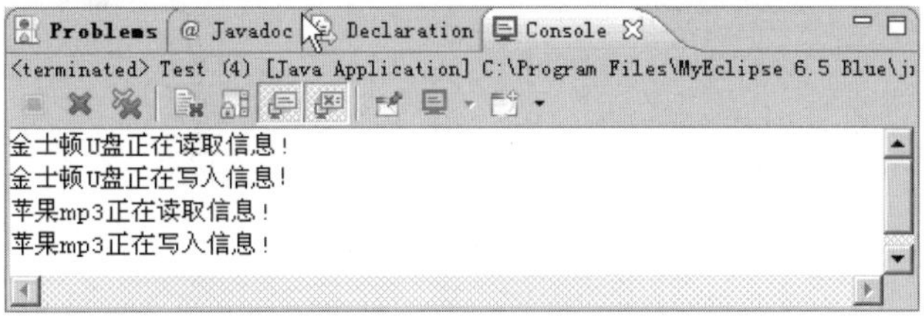

```
Problems  @ Javadoc  Declaration  Console
<terminated> Test (4) [Java Application] C:\Program Files\MyEclipse 6.5 Blue\j
金士顿U盘正在读取信息！
金士顿U盘正在写入信息！
苹果mp3正在读取信息！
苹果mp3正在写入信息！
```

图 3-5　接口与实现类

对于该示例还需要注意一点，就是所有实现类在实现接口中的抽象方法时，其修饰符必须是 public。

3.3.3　接口与抽象类

在 Java 中，继承体现的是"is a"的关系，而接口体现的则是"has a"聚合的含义。例如，张三家昨晚被盗，今天被迫装了扇新门，门上安装了一个门铃，你去找张三玩，看到新门也许会说："你们家装了扇新防盗门呀！"再仔细一看，也许会说："这门还有门铃呀！"你肯定不会一看到门就说："你们家装了一扇门，还装了门铃。"为什么？因为门和门铃本身是一体的，而我们在看待这个整体时，通常的思考方式是把它视为一个东西，而拥有其他功能。所以，带门铃的门可以是一扇门(继承门)，同时拥有铃的功能(实现铃接口)。当然也可以夸张地把它想象为一个铃(继承铃)同时又实现了门的防盗功能(实现门接口)，但无论如何，它肯定不可能同时既是门又是铃。

Java 语言在多数情况下是贴近于生活的，所以，在 Java 中，我们不可以多继承。但是，可以通过接口来解决这个问题。一个类可以实现多个接口，这是没有任何问题的。

下面通过示例 3.4 让门同时拥有报警功能及亮灯功能。

示例 3.4：

```
package com.hopeful.door;
/**
 * 门
 * @author hopeful
 *
 */
public class Door {
    /**门的作用*/
    public void guard(){
        System.out.println("门负责防护!");
    }
}
package com.hopeful.door;
```

```java
/**
 * 铃接口
 * @author hopeful
 *
 */
public interface Bell {
    /**铃的功能*/
    public void alarm();
}
package com.hopeful.door;
/**
 * 电子壁灯
 * @author hopeful
 *
 */
public interface Lamp {
    /**点灯*/
    public void light();
}
package com.hopeful.door;
/**
 * 张三家的大门
 * @author hopeful
 *
 */
public class MyDoor extends Door implements Bell,Lamp{
    /**实现 alarm()方法*/
    public void alarm() {
        System.out.println("当撬门时发出警报!");
    }
    /**实现 light()方法*/
    public void light() {
        System.out.println("开门时壁灯自动亮起,关门后自动关闭!");
    }
}
```

请关注这一句:"public class MyDoor extends Door implements Bell,Lamp",MyDoor 类继承了 Door 类,同时实现了 Bell 和 Lamp 两个接口。

接口与抽象类看似相仿,但通过以上讲解我们可以了解到,其实它们还是有很大区别的,要掌握在一定情况下究竟是用抽象类还是用接口,必须深刻理解两者的设计目的。其实,抽象类更像是一种模板,子类继承父类、完善父类,体现的是一种对半成品加工改造完善为成品的过程,抽象类有助于代码复用。而接口体现的是一种规范,接口规定实现类必须要向外提供服务,接口有助于架构的分层。在一个程序中使用接口时,接口是多个模块间的耦合标准;在多个应用程序之间使用接口,接口是多个程序之间的通信标准,所以接口一旦定义,就不应该频繁变动,否则牵一发而动全身,可能系统的大部分类都要重写。

3.4 访问修饰符

访问修饰符是指在编写程序中的方法或属性的过程中，对方法或属性强加的限定符。访问修饰符可以决定在什么情况下程序能够访问(使用)这些方法或属性，什么情况下不能访问。访问修饰符的出现，提高了 Java 程序的安全性，灵活使用访问修饰符，可以避免代码滥用、访问越界，有效控制程序结构。

在之前的学习过程中，我们创建的方法或属性都是使用 public(也曾经提到过 private)修饰的，也已经了解了 public 修饰符，其实，虽然前面的课程中使用了 public 修饰符，但从未深入讲解过有关访问修饰符的作用，因此在此专门用一节的篇幅，对访问修饰符进行讲解。

3.4.1 类(接口)的访问修饰符

为避免混淆，现在先把类(包括接口)定义时使用的访问修饰符列举如下。

- public：大家已经知道，public 类必须定义在与类同名的文件中。虽然一个文件内可以放置多个类，但并不推荐大家这么做，最好是一个文件内只定义一个类，且类名和文件名相同。如果一个类被定义为 public，那么这个类将能在任意地方使用，这就是之前我们定义的类一直都是 public 的原因。
- 默认：如果一个类前未加任何访问修饰符，那么这个类其实遵循了默认访问限制。也就是说，只有同一个包中的类能使用该类。

代码如示例 3.5 所示

示例 3.5：

```java
package com.hopeful.pkg;

class Test {
    public Test(){
        System.out.println("test");
    }
}
```

Test 类非常简单，类的访问权限为默认权限，下面进行测试。

```java
package com.hopeful.pkg;

public class Test1 {
    Test t1;
    public static void main(String[] args) {
        Test t2 ;
    }
}
```

编译代码，没有任何问题，这说明在同一个包下可以访问 Test 类。如果其他包内的类访问 Test 类呢？

```
package com.hopeful.pkg1;

import com.hopeful.pkg.Test;

public class Test1 {
    Test t1;
    public static void main(String[] args) {
        Test t2 ;
    }
}
```

可以看到，其他包内的类是无法访问 Test 类的，Eclipse 会自动报告错误。

3.4.2　方法及属性的访问修饰符

方法和属性的访问修饰符较多，按照访问的严格程度由低到高分为以下四个等级。

1. private——私有权限

private 修饰符可修饰类的数据成员和方法成员，不可以修饰类本身和接口。private 修饰符可使被它修饰的对象不被类以外的任何东西接触到，换句话说，就是对外隐藏它所修饰的成员。从外面看，类的内部好像根本不存在该 private 成员一样，无论是想通过类或实例对象进行直接访问，或者是试图以继承方式来接触 private 成员，都是不可能的。因此，只有在类内可以自由访问该成员，一旦超出该类的范围，进入一个同包的继承子类，或者一个包外的继承子类，或者其他类，该成员就变得不可触及了，专业术语称此现象为不可见(invisible)。

在 Java 中，private 天生就是 final 的。我们讨论继承和多态都针对类的对外接口，包括 public()方法、protected()方法和默认的 friendly()方法。而 private 是不被纳入考量的，在某种意义上，Java 中的 private()方法纯粹是一种组织代码，使之更清晰、更易维护的手段。由此可见，在继承中，从面向对象的角度看，基类中私有的东西对外界、对子类都是不可见的，子类根本不应该知道基类中任何私有的东西，于是子类继承、覆写基类方法或属性也就无从谈起，即使方法重名，也应该仅看作是一种巧合。

2. 默认修饰符(不用修饰符)——家庭权限

一个被修饰对象没有修饰符修饰它的时候，并不表明它真的没有修饰符，而说明它此时带了一个"默认修饰符"。默认修饰符可以修饰类的数据成员、方法成员以及类本身和接口。默认修饰符所规定的被访问范围比 private 稍大一些，达到了"包"一层的范围。

当一个默认修饰符修饰一个类成员时，表明该成员可以在同属一个包的某个类内被自由访问，无论这个类是通过直接访问还是通过继承方式来访问该成员。但是，一旦出了这个包，这个类成员就变得不可见(invisible)了。也就是说，在另一个包的某个类里面，获得了一个该类的实例，通过这个实例是访问不到被默认修饰符修饰的该类的成员的；另外，如果另一个包的某个类继承了该类，它同样无法访问该类(也就是其父类)的任何被默认修饰符修饰的成员。

当一个默认修饰符修饰一个类或接口时，表明它只可被包内的其他类继承或(实例化)使用，而对于包外的任何类，它都是不可见的，因此就不能继承或使用该类和实现该接口。前一小节已经提到，要使一个类能被包外的类所继承或实例化，一定要在 class 关键字前面加上 public 访问修饰符。

但有一点例外，就是在讲解接口时提到的，接口中的方法不管加不加 public，其实都默认为 public。

3. protected 修饰符——家族权限

提到 protected 修饰符，就一定要想到继承的情况，因为 protected 关键字就是为了这种情况而创造的。protected 修饰符可以修饰类的数据成员、方法成员，但不能修饰类本身和接口。protected 修饰符修饰一个类的成员时，它所提供的被访问范围会比默认修饰符大一些。大就大在下面的这种情况：另一个包的某个子类继承了该类，将其作为父类时，虽然父类的默认修饰符修饰的成员对于子类不可见，但此时被 protected 修饰符修饰的父类成员对子类来说却是可见的。

4. public 修饰符——完全开放

public 修饰符可以修饰类的数据成员和方法成员，以及类本身和接口。public 修饰符将提供最大的被访问范围。

一个被 public 修饰符修饰的类成员可在其他任何类内被自由访问，不管该类是否在同一个包，也不管该类是直接访问还是通过继承方式来访问。

一个被 public 修饰符修饰的类或接口可以被同一个包或另一个包的其他类自由继承和使用。

对于继承来说，一个覆盖其父类方法的子类方法的访问修饰符只能保持或扩大该方法的被访问范围，而不能使之缩小。实现类实现的接口方法，必须是使用 public 访问修饰符。

表 3-1 呈现了上面讨论的四个等级。

表 3-1 访问修饰符的等级

关键字	同一个类中	同一个包中	派生类中	其他包中
private	√			
默认(无修饰符)	√	√		
protected	√	√	√	
public	√	√	√	√

举例说明如示例 3.6 所示。

示例 3.6：

```
package com.hopeful.earth;
/**
 * 基准类，在地球家庭包中
```

```java
 * @author hopeful
 *
 */
public class Father {
    private String _private = "_private";
    String _friendly = "_friendly";
    protected String _protected = "_protected";
    public String _public = "_public";

    public static void main(String[] args) {
        //在同一个类中进行测试
        Father father = new Father();
        System.out.println(father._private);
        System.out.println(father._friendly);
        System.out.println(father._protected);
        System.out.println(father._public);
        //测试结果：均可使用
    }
}
```

首先创建一个基准类 Father，位于 com.hopeful.earth 包中，后续其他类均对该类进行测试。在本类中进行测试时，显然会全部通过。下面在本包中创建另一个类进行测试。

```java
package com.hopeful.earth;

/**
 * 同一个包内进行测试，本类也位于地球家庭包
 * 由于和 Father 在同一个包，所以除了 Father 的私有属性外，其他属性均可用
 * @author hopeful
 *
 */
public class SamePkg {
    public static void main(String[] args) {
        //在同一个包中进行测试
        Father father = new Father();
        System.out.println(father._private);    //这句将会报错
        System.out.println(father._friendly);
        System.out.println(father._protected);
        System.out.println(father._public);
        //测试结果：除 private 私有属性外，均可使用
    }
}
```

同一个包，相当于是在一个家庭里。家中的所有东西，除了个人私有的外，均可使用。再来尝试不同的包。

```java
package com.hopeful.mars;
```

```java
import com.hopeful.earth.Father;

/**
 * 其他包中的类,位于火星家
 * 要使用地球家的东西,首先要导入包
 * 由于不在一个包,又没有什么血缘关系,导致只能使用 public 属性
 * @author hopeful
 *
 */
public class OtherPkg {
    public static void main(String[] args) {
        //在不同包中进行测试
        Father father = new Father();
        System.out.println(father._private);        //这句将会报错
        System.out.println(father._friendly);       //这句将会报错
        System.out.println(father._protected);      //这句将会报错
        System.out.println(father._public);
        //测试结果:除标记为 public 的属性外,均不能使用
    }
}
```

很显然,由于不是一个家庭,而且没有什么血缘关系,所以除了大家公开的内容外,其他一概不允许访问。如果位于不同包,但有血缘关系呢?仔细阅读如下代码。

```java
package com.hopeful.mars;

import com.hopeful.earth.Father;

/**
 * 其他包中的类,位于火星家
 * 不过这个类很特殊,因为继承了 Father,与 Father 有血缘关系
 * 要使用地球家的东西,首先要导入包
 * @author hopeful
 *
 */
public class Son extends Father{
    public static void main(String[] args) {
        //在不同包中进行测试,首先创建父类对象
        Father father = new Father();               //或 new Son();,结果一样
        System.out.println(father._private);        //这句将会报错
        System.out.println(father._friendly);       //这句将会报错
        System.out.println(father._protected);      //这句将会报错
        System.out.println(father._public);
        //测试结果:除标记为 public 的属性外,均不能使用
        //这是不是和讲解冲突呢?并非如此
        //如果还是用父类的实例,无法体现出这层继承关系
        //此时的引用也并不满足封装要求
```

```java
        //protected 修饰的属性，只给同一个包中的类和不是同一个包但作为"子类"的类访问
        //下面创建子类对象，继续访问，发现可以了
        Son son = new Son();
        System.out.println(son._private);          //这句将会报错
        System.out.println(son._friendly);         //这句将会报错
        System.out.println(son._protected);
        System.out.println(son._public);
    }
}
```

若在不同包内，而且是父子关系，那么如果在子类中继续创建父类对象，或者通过父类引用子类对象，均不可使用除了 public 修饰外的其他访问修饰符。这是由于既然继承了父类，那么在子类中创建父类对象是体现不出它们之间的关系的。protected 修饰符正是为了解决父子之间的特殊关系而设计的一个修饰符，所以一旦创建子类对象，就可以访问父类中受保护的属性和方法了。

上述示例中，仅对属性进行了测试，对于方法的访问修饰符来说，和属性是完全一样的，不再赘述。

3.4.3 final 修饰符

通常情况下，为了扩充类的功能，我们允许类的继承。但某些情况下，例如，Sun 公司提供的某些功能类，如进行数学运算的类、对字符串处理的类等，由于已经比较完美，不需要再修订，当然，也可能出于安全方面的理由，我们不希望进行子类化，或者考虑到执行效率问题，希望确保涉及这个类各对象的所有行动都要尽可能地有效，这时就有必要禁止客户继承。那么如何禁止继承功能呢？这就要靠 final 关键字来完成了。

1. final 修饰类

final 修饰类实例如示例 3.7 所示。

示例 3.7：

```java
/**
 * 四则运算类，是最终类
 * @author hopeful
 *
 */
public final class MathProcess {
    public int add(int i,int j){
        return i+j;
    }
    public int minus(int i,int j){
        return i-j;
    }
    public int multiply(int i,int j){
```

```
            return i*j;
        }
        public int divide(int i,int j){
            return j==0?-1:i/j;
        }
}
```

在示例 3.7 中，MathProcess 类被定义为 final 类型，也就是说不希望别人再来继承它，如果尝试继承 final 类，将引发错误"cannot subclass the final class MathProcess"，意即不能作为最终类的子类。

由于类是最终类，所以类内部的方法也为最终方法，不能被修改。其实，如果在类前面添加了 final 修饰符，那么编译器会自动在类的每个方法前加上 final 关键字，代表这些方法不能被重写。所以，如果我们仅希望类中的某个方法不能被重写，只需要在该方法前加上 final 即可。

2. final 修饰方法

先看下面的程序示例。

```
/**
 * 四则运算类，是最终类
 * @author hopeful
 *
 */
public class MathProcess {
    public final int add(int i,int j){
        return i+j;
    }
    public int minus(int i,int j){
        return i-j;
    }
    public int multiply(int i,int j){
        return i*j;
    }
    public int divide(int i,int j){
        return j==0?-1:i/j;
    }
}
```

上例中，MathProcess 类不再是最终类，但是其内的 add()方法被限定为不能被重写。我们来测试一下。

```
/**
 * 子类
 * @author hopeful
 *
 */
```

```java
public class FinalDemo extends MathProcess {
    public int add(int i,int j){
        return i+j;
    }
    public int minus(int i,int j){
        return 100*(i j);
    }
    public int multiply(int i,int j){
        return i*j;
    }
    public int divide(int i,int j){
        return j==0?-1:i/j;
    }
}
```

可以看到，能够继承 MathProcess 类，但不能再重写 add()方法。

3. final 修饰属性和变量

若 final 修饰类，则类不能被继承；若 final 修饰方法，则方法不能被重写；如果 final 修饰一个属性，那么这个属性的值是不能被修改的。

```java
/**
 * Dog 类, final 修饰属性或变量
 * @author hopeful
 *
 */
public class Dog {
    //属性
    final String shout = "汪汪";
    public static void main(String[] args) {
        Dog dog = new Dog();
        dog.shout="喵喵";
        //普通变量
        final int age ;
        age = 0;
        age = 1;
    }
}
```

若 final 修饰属性，则属性的值必须首先定义，而且每个对象的该属性值不能再被修改；若 final 修饰普通变量，则该变量一旦被赋值，其值不能再被修改。

4. final 修饰对象引用

由以上的例子可以得出结论，凡是被 final 修饰的内容，它们的值均不可再修改。再来看一看示例 3.8 所示的代码。

示例 3.8：

```
/**
 * Cat 测试类
 * @author hopeful
 *
 */
public class CatDemo {
    final Cat cat = new Cat();
    public static void main(String[] args) {
        //更改 cat 的属性值
        CatDemo cd = new CatDemo();
        cd.cat.name = "小花";
        cd.cat.name = "小花花";
        //更改 cat
        cd.cat = new Cat();
    }
}
```

可以看到，用 final 修饰 cat 后，可修改 cat 的属性值，但不能再修改 cat 对象的引用。这和之前的讲述并无冲突，修改了 cat 的属性值，但 cat 本身地址并未变化。总之，谁被 final 修饰，谁就成了"泥佛爷的眼珠儿——动不得"。

3.4.4 封装

通常程序开发出来，是给使用者使用的，而很多使用者对于程序的了解往往不是很专业，如果公开太多接口给使用者，他们的一些误操作可能让程序出现很多问题。就像开汽车一样，汽车厂把许多复杂配件组装到一起并封闭起来，只给使用者提供方向盘等一些基本操作内容。很多东西是我们看不到的，我们只需要几个简单步骤让汽车正常行驶即可，不必知道汽车内部的详细内容，也就不会出现什么问题。为了保证程序的安全性，也需要把程序封死，不让使用者去操作，这时需要用到封装。

封装是 Java 面向对象的一个重要特征，就是把属性和行为结合为一个独立整体，并尽可能隐藏对象的内部实现细节，不允许外部程序直接访问，而通过该类提供的方法来实现对隐藏信息的操作和访问。封装可让程序更容易理解和维护，也加强了程序的安全性。

封装简单理解就是将属性私有化，并提供公有方法来访问私有属性。也就是属性通过 private 修饰符来修饰，并为每个属性提供一对公有的 get() 方法和 set() 方法，用于访问和操作这些私有属性，如示例 3.9 所示。

示例 3.9：

```
/*封装的用法
 * 1. 将所有属性私有化
 * 2. 提供公共的 set() 和 get() 方法，便于外界访问
 */
public class Person {
```

```java
        //用 private 去修饰，则该属性只能在本类中使用和访问
        private String name;
        private int age;
        private String sex;
        //提供公共的 set()和 get()方法
        public String getName() {
            return name;
        }
        public void setName(String name) {
            this.name = name;
        }
        public int getAge() {
            return age;
        }
        public void setAge(int age) {
            this.age = age;
        }
        public String getSex() {
            return sex;
        }
        public void setSex(String sex) {
            this.sex = sex;
        }
        //重写 toString()方法
        @Override
        public String toString() {
            return "Person [name=" + name + ", age=" + age + ", sex=" + sex + "]";
        }
    }
```

然后大家需要对上述封装的类进行测试，每个属性我们都是用 private 去修饰的，也就是私有化了每个属性，私有属性只能在本类范围内进行访问。如果大家在另一个类中想要对 Person 类中的私有属性进行操作，又该如何操作呢？代码如示例 3.10 所示。

示例 3.10：

```java
    //访问已封装的 Person 类，对 Person 类中的私有属性进行操作
    public class PersonTest {
        public static void main(String[] args) {
            //创建 Person 对象
            Person person = new Person();
            //通过 Person 类中提供的 set()方法设置属性值
            person.setName("刀剑笑");
            person.setAge(20);
            person.setSex("male");
            //通过 get()方法获取设置的值
            System.out.println("姓名:"+person.getName()+"\t 年龄: "+person.getAge()+"\t 性别:
```

```
        "+person.getSex());
    //通过重写的 toString()方法获取设置的值
    System.out.println(person);
    }
}
```

我们可通过 Person 类中提供的公有 set()方法设置类中的私有属性的值,可通过 Person 类中的公有 get()方法和公有 toString()方法获取我们设置的值。

运行 PersonTest 测试类,运行结果如图 3-6 所示。

图 3-6　封装

从上例可以看到,封装有很多好处,首先良好的封装可减少代码的耦合度,类内部的结构大家可自由修改;其次可对成员变量进行更精确的控制;最后封装隐藏了信息和实现细节,保证了程序的安全。

【单元小结】

- 包的使用方法。
- public、private、protected 及其默认访问修饰符的使用。
- 抽象类的使用。
- final 修饰符的使用。
- 接口的使用。
- 抽象类与接口的区别和联系。

【单元自测】

1. 当编译并运行如下代码时,会发生什么?(　　　)

```
abstract class MineBase{
    abstract void amethod();
    static int i;
}
public class Mine extends MineBase{
    public static void main(String argv[]){
```

```
        int[] ar=new int[5];
        for(i=0;i < ar.length;i++)
        System.out.println(ar[i]);
    }
}
```

  A. 将输出 5.0

  B. 报告错误：ar 在未初始化前就被使用

  C. 报告错误：Mine 类必须声明为 abstract

  D. 发生 IndexOutOfBounds 数组下标越界异常

2. 给定如下代码：

```
public class Example{
    public Example(){/*do something*/}
    protected Example(int i){ /*do something*/}
    protected void method(){/*do something*/}
}
    public class Hello extends Example{
//member method and member variable
}
```

下列哪些方法可放入 Hello 类中？（ ）

  A. public void Example(){}   B. public void method(){}

  C. protected void method(){}   D. private void method(){}

3. 给定如下的 Demo 类，其中 XXXX 指字符串 userName 的访问修饰符。

```
package test;
public class Demo {
    XXXX String userName;
    public void setName(String s){
        userName=s;
    }
    public void showName(){
        System.out.println("Name is "+userName):
    }
    public String getName(){
        return userName;
    }
}
```

  若想让 userName 属性只能在 Demo 类及 Demo 类的子类访问，那么 XXXX 可以用什么代替？（ ）

  A. public

  B. blank(ie - the line would read "String userName :")

  C. protected

  D. private

4. 给定代码：

```
1>     abstract class AbstractIt{
2>         abstract float getFloat();
3>     }
4>     public class AbstractTest extends AbstractIt{
5>         private float f1 = 1.0f;
6>         private float getFloat(){return f1;}
7>     }
```

尝试编译并运行代码，结果为(　　)。

    A. 编译成功

    B. 第 6 行在报告运行时错误

    C. 第 6 行在编译时将发生错误

    D. 第 2 行在编译时将发生错误

5. 给定代码：

```
Given code：
interface Foo{
     int k=0;
}
public class Test implements Foo{
     public static void main(String args[]){
          int i;
          Test test = new Test();
          i=test.k;
          i=Test.k;
          i=Foo.k;
     }
}
```

编译并运行代码，结果为(　　)。

    A. Compilation succeeds.

    B. An error at line 2 causes compilation to fail.

    C. An error at line 9 causes compilation to fail.

    D. An error at line 10 causes compilation to fail.

    E. An error at line 11 causes compilation to fail.

【上机实战】

上机目标

- 掌握包的使用

- 掌握访问修饰符的用法
- 掌握抽象类和接口的使用

上机练习

◆ **第一阶段** ◆

练习1：计算器

【问题描述】

1. 编写一个 Java 类 Addition，实现两个整数相加的功能，放在包 foradd 中。
2. 编写另一个类 Subtration，实现两个整数相减的功能，放在包 fordel 中。
3. 创建 forcompute 包，在其中建立 Compute 类，对 Addition 类及 Subtration 类进行测试，需要调用 Addition、Delete 实现加减混合运算。

【问题分析】

本练习主要是练习包的使用，及其在不同包之间程序的调用。

【参考步骤】

(1) 编写类 Addition.java。

```java
package com.hopeful.foradd;
/**
 * 求和
 * @author hopeful
 *
 */
public class Addition {
    public int addval(int s1, int s2) {
        return s1 + s2;
    }
}
```

(2) 编写类 Subtration.java。

```java
package com.hopeful.fordel;
/**
 * 求差
 * @author hopeful
 *
 */
public class Subtration {
    public int delval(int s1, int s2) {
        return s1 - s2;
    }
}
```

编译 Addition.java，编译之后的 Addition.class 文件会自动存放到当前文件夹的 com => hopeful => foradd 文件夹下面。

编译 Subtration.java，编译之后的 Subtration.class 文件会自动存放到当前文件夹的 com => hopeful => fordel 文件夹下面。

(3) 编写类 Compute。

```java
package com.hopeful.forcompute;

import com.hopeful.foradd.Addition;
import com.hopeful.fordel.Subtration;
/**
 * 测试
 * @author hopeful
 *
 */
public class Compute {
    public static void main(String[] args) {
        int i;
        Addition at = new Addition();
        Subtration st = new Subtration();
        i = at.addval(10, st.delval(8, 2));
        System.out.println(i);
    }
}
```

执行程序 Compute，结果如图 3-7 所示。

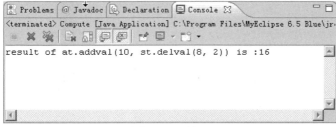

图 3-7　运算器

练习 2：模拟自然界动物

【问题描述】

在大自然中，生存着狮子、斑马、蝙蝠、鲸、白鳍豚等形态各异的动物，它们都有体重、年龄这些共同特征，也都是通过胎生的方式繁殖后代，虽然繁殖后代的方式一样，但是它们的生活方式却大相径庭。狮子与斑马的居住方式相同，它们都是群居，都生活在陆地，我们把它们归为陆地哺乳动物，但狮子与斑马获取食物的方式又有所不同。鲸和白鳍豚归为海洋哺乳动物。现需要设计一个记录哺乳动物的档案库，要求此档案库可扩充性强，信息冗余少。

在程序中实现狮子、斑马系列分支即可,鲸和白鳍豚可不实现。

【问题分析】
本练习主要是练习抽象类、接口的使用。

【参考步骤】
(1) 实现哺乳动物,即编写接口Mammal。

```java
package com.hopeful.animal;
/**
 * 哺乳动物接口
 * @author hopeful
 *
 */
interface Mammal {
    /**捕食*/
    void prey_on();
    /**生活方式*/
    void live_fashion();
}
```

通过接口 Mammal 的使用,使程序能够轻松地得以扩展,而不会修改程序原来的实现部分。

(2) 实现陆地生活动物类 Terrestrial。

```java
package com.hopeful.animal;

/**
 * 陆生动物,实现 Mammal 接口
 *
 * @author hopeful
 *
 */

public abstract class Terrestrial implements Mammal {
    /**体重*/
    public int weight;
    /**年龄*/
    public int age;
    /**实现了生活方式*/
    public void live_fashion() {
        System.out.println("陆地生活动物");
    }
    /**保留抽象方法:捕食,交由具体子类实现*/
    public abstract void prey_on();
}
```

通过抽象类可以使继承于这个类的所有子类获得它的属性和已实现的方法的具体行为。

(3) 实现海洋生活动物。

```java
package com.hopeful.animal;

/**
 * 海洋动物，实现了哺乳动物接口
 *
 * @author hopeful
 *
 */
public abstract class Halobios implements Mammal {
    /**体重*/
    public int weight;
    /**年龄*/
    public int age;
    /**实现了生活方式*/
    public void live_fashion() {
        System.out.println("海洋生活动物");
    }
    /**保留抽象方法：捕食，交由具体子类实现*/
    public abstract void prey_on();
}
```

(4) 实现狮子类。

```java
package com.hopeful.animal;

/**
 * 狮子类，继承陆地动物抽象类
 *
 * @author hopeful
 *
 */
public class Lion extends Terrestrial {
    /**实现捕食方法*/
    public void prey_on() {
        System.out.println("捕食其他小动物");
    }
}
```

(5) 实现斑马类。

```java
package com.hopeful.animal;

/**
 * 斑马类，实现陆地动物类
 * @author hopeful
```

```
    *
    */
public class Zebra extends Terrestrial {
    /**实现捕食方法*/
    public void prey_on() {
        System.out.println("食草");
    }
}
```

◆ 第二阶段 ◆

练习3：播放器

【问题描述】

对于一个基本的媒体播放器来说，如 Windows Media Player，至少要具有如下功能：开始播放、停止播放、暂停播放。而功能更强大的播放器，如 KMPlayer，还具有快进、截屏等功能。试设计一个程序，模拟 Windows Media Player 及 KMPlayer 的使用。

【问题分析】

本练习主要是练习抽象类、接口及包的结合使用。根据题目分析可知，首先需要定义一个基本接口，用于定义播放器所具有的基本功能，实现该接口得到 Windows Media Player 播放器的使用。对于 KMPlayer 播放器来说，需要扩展基本接口并实现扩展功能。

【拓展作业】

声明一个接口 Computerable，其中有对图形求面积的方法 getArea()；定义一个圆形类 Circle，内有半径属性，通过构造方法为半径赋值；定义一个矩形类 Rectangle，内有属性长和宽，通过构造方法为长宽赋值，使 Circle 类及 Rectangle 类都实现 Computerable 接口，并对两个图形类进行测试。

【指导学习1：面向接口编程】

目标
- 抽象类有什么作用？
- 接口有什么用途？
- 接口和抽象类有什么区别？
- 能不能用抽象类代替接口？
- 什么是面向接口编程？
- 面向接口编程有什么思想内涵？

- 面向接口编程和面向对象编程是什么关系？
- 参考本单元的示例 3.3，如何创建一个能生产不同产品的简单工厂？

指导学习

1. 神话中，马人喀戎是一种半人半马的怪物，腰以上是人形，以下则像一匹骏马。它们奔跑迅速，武艺高强，虽然形象奇怪可怕，但举止温和善良，从不残害人类。相反，它们时常与人类交往，人们也很喜欢和它们相处。

讨论如何创建这样一个半人半马的对象，尝试让喀戎和人交流。

2. 打印机可打印不同大小的纸张(这取决于放入的纸张的大小)，也可以打印黑白色和彩色字体(这取决于打印机内安装的墨盒的种类)。请创建一个工厂，生产不同类型的墨盒；创建另一个工厂生产纸张，通过在打印机内安装墨盒和纸张，完成打印功能。

单元四

Java 常用类

课程目标

- ▶ 熟练使用 Java 包装类
- ▶ 理解 String 类及字符串不变性
- ▶ 熟练使用 StringBuffer 类
- ▶ 熟练使用 Random 类
- ▶ 掌握 Date 类
- ▶ 熟练使用 Calendar 类构建日历
- ▶ 掌握 SimpleDateFormat 类用法
- ▶ 了解 Math 最终类

简 介

在实际的项目开发中，经常会借助于一些类来帮助我们完成特定功能，如进行数学运算、字符串运算、日期运算等。这些类由 Sun 公司提供，放在 Java 2 Platform 软件包内，不需要用户再次编写而直接使用，我们称这些类为"Java 工具类"。本单元将介绍这些工具类的部分内容，在将来的项目中我们就可以通过它们的帮助，来完成很多特定任务，从而达到快速开发的目的。所有这些类的详细信息均可通过查询 Java 2 Platform Standard Edition 的 API 规范获得。

4.1 概述

图 4-1 提供了 Java 2 Platform Standard Edition 5.0 Development Kit(JDK 5.0)的体系架构，从中可以看到 Java 体系的 JDK、JRE 等部分包含的内容。

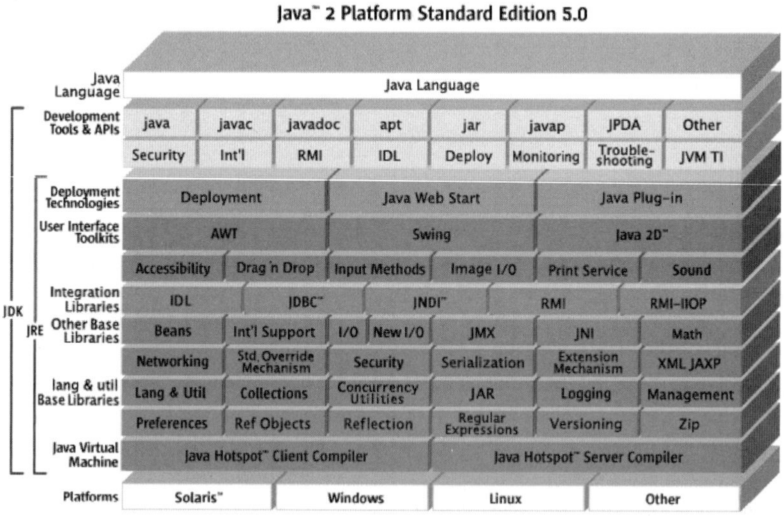

图 4-1 Java 体系架构

在基础库部分，Sun 公司提供了极其丰富的功能类。为便于区分，根据类的功能大致把这些类放在了不同的包内，如 java.lang 包、java.util 包、java.io 包、java.sql 包、java.text 包等。本单元主要讲解 java.lang 包及 java.text 包中的部分类，对于其他三个包，将在后续章节单独讲解。

对于初学者来说，最常用的工具类有封装类、String、StringBuffer、Random、Date、Calendar、SimpleDateFormat 及 Math 静态类等，将在本单元给予讲解，但是，Java 学习之路漫长而曲折，Sun 公司提供的支持类成千上万，很难一次掌握，即便是本单元内容，也拥有众多类和方法的介绍，在后续的学习、工作过程中，也会遇到自己不会甚至没见过的新类，大家千万不要被这些坎坷所吓倒，慢慢就会发现，这众多的类和方法之间，其实

充满了联系与区别,是有规律可循的,类的名称、方法的名称,也非常便于记忆。只要各位从容面对,勤加练习,善于归纳总结,多多翻阅 JDK API 帮助文档,那么学好这部分内容并不难。

4.2 包装类

我们知道,Java 中的基本数据类型是在堆栈上创建的,而所有对象类型都是在堆上创建的(对象的引用在堆栈上创建)。例如,String s=new String("good luck!"); 其中 new String() 是在堆上创建的,而它的引用 String s 是在堆栈上。

显然,栈内存上的数据比堆内存上的数据速度要快很多,不过,虽然在堆栈上分配内存效率高,但在堆栈上分配内存存在内存泄漏问题,而这并不是任意一个程序员能解决的问题。基本数据类型是按值传递的,所以,如果各位想把一个基本数据类型的数据按引用传递,显然是办不到的。包装类(Wrapper Class)的出现,正是为了解决这个问题。包装类把基本数据类型的数据封装为引用类型的对象,而且提供了很多有用的方法。

对于 Java 的基本数据类型,Sun 公司均提供了对应的包装类,如表 4-1 所示,各位可以通过查阅 API 文档来获得这些包装类的详细信息。值得注意的是,所有的包装类均位于 java.lang 包下,而这个包会由 JVM 编译器在编译时自动导入程序,所以可不必手工导入该包下的类而直接使用。

表 4-1 基本数据类型对应的包装类

基本数据类型	对应包装类
Boolean	Boolean
Byte	Byte
Short	Short
int	Integer
long	Long
char	Character
float	Float
double	Double

大多包装类均具有如下方法。
- 带有基本值参数并创建包装类对象的构造方法,如可以利用 Integer 包装类创建对象:Integer obj=new Integer(145)。
- 带有字符串参数并创建包装类对象的构造方法,如 new Integer("-45.36")。生成字符串表示法的 toString() 方法,如 obj.toString()。
- 对同一个类的两个对象进行比较的 equals() 方法,如 obj1.equals(obj2)。
- 生成哈希表代码的 hashCode() 方法,如 obj.hashCode()。
- 将字符串转换为基本值的 parseType() 方法,如 Integer.parseInt(args[0])。
- 可生成对象基本值的 typeValue() 方法,如 obj.intValue()。

下面以 int 基本类型的包装类 Integer 和 Character 为例，带领各位了解包装类。

4.3 Integer 类

Integer 是 int 基本类型的包装类，下面来看一看 Integer(整数)类有哪些特点，从介绍封装类的属性、构造方法和其他方法展开。

4.3.1 属性

Integer 类的属性如表 4-2 所示。

表 4-2　Integer 类的属性

属 性 名 称	描　　述
static int MAX_VALUE	返回最大的整型数
static int MIN_VALUE	返回最小的整型数
static Class TYPE	返回当前类型

代码如示例 4.1 所示。

示例 4.1：

System.out.println("Integer.MAX_VALUE:"+Integer.MAX_VALUE);

输出结果为：

Integer.MAX_VALUE:2147483647

4.3.2 构造方法

Integer 类的构造方法如表 4-3 所示。

表 4-3　Integer 类的构造方法

构 造 器	描　　述
Integer(int value)	通过一个 int 类型构造对象
Integer(String s)	通过一个 String 类型构造对象

注：在本书中，对类的构造方法、方法的列表如无特殊说明，均指 public 方法。

代码如示例 4.2 所示。

示例 4.2：

//生成一个值为 1234 的 Integer 对象
Integer i = new Integer(1234);
Integer i = new Integer("1234");

4.3.3 方法介绍

说明：
(1) 所有方法均为 public。
(2) 书写格式：[修饰符]<返回类型> <方法名([参数列表])>。
Integer 类的方法名称和描述如表 4-4 所示。

表 4-4　Integer 类的方法名称和描述

方法名称	描述
byteValue()	取得用 byte 类型表示的整数
Int compareTo(Integer anotherInteger)	比较两个整数。相等时返回 0；小于时返回负数；大于时返回正数
int compareTo(Object o)	将该整数与其他类进行比较。其中 o 必须为 Integer 类实例，否则，抛出 ClassCastException 异常
static Integer decode(String nm)	将字符串转换为整数
double doubleValue()	取得该整数的双精度表示
boolean equals(Object obj)	比较两个对象
float floatValue()	取得该整数的浮点数表示
static Integer getInteger(String nm)	根据指定名确定系统特征值
int hashCode()	返回该整数类型的哈希表码
int intValue()	返回该整型数所表示的整数
long longValue()	返回该整型数所表示的长整数
static int parseInt(String s)	将字符串转换成整数。s 必须是十进制数组成，否则抛出 NumberFormatException 异常
static int parseInt(String s, int radix)	以 radix 为基数，radix 返回 s 的十进制数。所谓的基数，就是"几进制"
short shortValue()	返回该整型数所表示的短整数
static String toBinaryString(int i)	将整数转为二进制数的字符串
static String toHexString(int i)	将整数转为十六进制数的字符串
static String toOctalString(int i)	将整数转为八进制数的字符串
String toString()	将该整数类型转换为字符串
static String toString(int i)	将该整数类型转换为字符串。不同的是，这是类方法
static String toString(int i, int radix)	将整数 i 以基数 radix 的形式转换成字符串
static Integer valueOf(String s)	将字符串转换成整数类型
static Integer valueOf(String s, int radix)	将字符串以基数 radix 的要求转换成整数类型

示例 4.3 使用 compareTo 方法对两个 Integer 对象进行大小比较，比较的内容为 Integer 对象对应的 int 值，根据大、小、相等三种不同情况，返回结果分别为大于、小于、等于 0 的数字。

示例 4.3：

```
Integer i = new Integer(1234);
System.out.println("i.compareTo: " + i.compareTo(new Integer(123)));
//输出结果为：i.compareTo: 15
```

示例 4.4 返回一个整数的 16 进制形式字符串。

示例 4.4：

```
int i = 54321;
System.out.println("Integer.toString(int i, int radix): " + Integer.toString(i,16));
//结果为：Integer.toString(int i, int radix): d431
```

4.4 Character 类

Character(字符)类在对象中包装一个基本类型 char 的值。Character 类型的对象包含类型为 char 的单个字段。

此外，该类提供了几种方法，以确定字符的类别(小写字母、数字等)，并将字符从大写转换成小写，反之亦然。

4.4.1 属性

Character 类的属性如表 4-5 所示。

表 4-5 Character 类的属性

属 性 名 称	属 性 描 述
static char MIN_VALUE	此字段的常量值是 char 类型的最小值，即 '\u0000'
static char MAX_VALUE	此字段的常量值是 char 类型的最大值，即 '\uFFFF'
static Class TYPE	表示基本类型 char 的 Class 实例

4.4.2 构造方法

Character(char value)：以 char 参数构造一个 Character 对象。

4.4.3 方法

说明：
(1) 所有方法均为 public。
(2) 书写格式：[修饰符]<返回类型> <方法名>([参数列表])。

Character 类的方法如表 4-6 所示。

表 4-6　Character 类的方法

方 法 名 称	描　　述
char charValue()	返回字符对象的值
int compareTo(Character anotherCharacter)	当前 Character 对象与 anotherCharacter 比较。相等关系返回 0；小于关系返回负数；大于关系返回正数
int compareTo(Object o)	当前对象与另一个对象进行比较。如果 o 是 Character 对象，则与上一行功能一样；否则，抛出 ClassCastException 异常
static int digit(char ch, int radix)	根据基数返回当前字符值的十进制。如果不满足 Character.MIN_RADIX<=radix<=Character.MAX_RADIX，或者，ch 不是 radix 基数中的有效值，返回 "-1"；如果 ch 是 "大写" 的 A 到 Z 之间，则返回 ch - 'A' + 10 的值；如果是 "小写" 的 a 到 z 之间，则返回 ch - 'a' + 10 的值
boolean equals(Object obj)	与 obj 对象比较。当且仅当 obj 不为 null 且与当前 Character 对象一致时返回 true
static char forDigit(int digit, int radix)	根据特定基数判断当前数值表示的字符。static int digit(char ch, int radix) 的逆运算，非法数值时返回 "'\u0000'"
static int getNumericValue(char ch)	返回字符 ch 的数值
static int getType(char ch)	返回字符所属类型。具体有哪些种类请查阅 Java 文档资料
int hashCode()	返回当前字符的哈希表码
static boolean isDefined(char ch)	判断字符 ch 在 Unicode 字符集是否明确定义
static boolean isDigit(char ch)	判断字符 ch 是否为数字
static boolean isIdentifierIgnorable(char ch)	判断字符 ch 是否为 Unicode 字符集中可忽略的字符
static boolean isISOControl(char ch)	判断字符 ch 是否为 ISO 标准中的控制字符
static boolean isJavaIdentifierPart(char ch)	判断字符 ch 是否为 Java 中的部分标识符
static boolean isJavaIdentifierStart(char ch)	判断字符 ch 是否为 Java 中的第一个标识符
static boolean isLetter(char ch)	判断字符 ch 是否为字母
static boolean isLetterOrDigit(char ch)	判断字符 ch 是否为字母或数字
static boolean isLowerCase(char ch)	判断字符 ch 是否为小写字母
static boolean isMirrored(char c)	根据 Unicode 表判断字符 c 是否存在与之方向相反的字符。例如："[" 存在与之方向相反的 "]"，结果为 true
static boolean isSpaceChar(char ch)	判断字符 ch 是否为 Unicode 中的空格
static boolean isUpperCase(char ch)	判断字符 ch 是否为大写字母
static boolean isWhitespace(char ch)	判断字符 ch 是否为 Java 定义中的空字符
static char toLowerCase(char ch)	转换 ch 是否为小写
String toString()	将当前 Character 对象转换成字符串
static String toString(char c)	此为类方法，将 c 转换成字符串
static char toUpperCase(char ch)	转换 ch 是否为大写

可以看到 String 类包含很多实用方法，这些方法将大大有助于日常生活中的编程。代码如示例 4.5 所示。

示例4.5：

```java
package com.hopeful.lesson4;
/**
 * Character 包装类的用法
 * @author hopeful
 *
 */
public class CharacterDemo {
    public static void main(String[] args) {
        Character ch1 = new Character('a');
        Character ch2 = new Character('A');
        //ch1 的 char 值
        System.out.println("char value of ch1 : " + ch1.charValue());
        //对比 ch1 和 ch2 的大小
        System.out.println("ch1 compare to ch2 : " + ch1.compareTo(ch2));
        //表示范围的最小值
        System.out.println("min value(int) : " + (int) Character.MIN_VALUE);
        //表示范围的最大值
        System.out.println("max value(int) : " + (int) Character.MAX_VALUE);
        //判断一个字符是不是数字形式
        System.out.println("is digit '1' : " + Character.isDigit('1'));
        //判断一个字符是不是大写形式
        System.out.println("is upper case 'a' : " + Character.isUpperCase('a'));
        //判断一个字符是不是空格
        System.out.println("is space char ' ' : " + Character.isSpaceChar(' '));
        //判断一个字符是不是字母
        System.out.println("is letter '1' : " + Character.isLetter('1'));
        //判断一个字符是不是字母或数字
        System.out.println("is letter or digit '好' : "+ Character.isLetterOrDigit('好'));
        //把字母转化为大写形式
        System.out.println("to upper case 'a' : " + Character.toUpperCase('a'));
    }
}
```

运行程序，结果如图4-2 所示。

图4-2　Character 类的方法

4.5　String 类

字符串大量用于我们的程序中，Java 提供了 String(字符串)类专门用于表示字符串，内有大量实用的方法，大家要牢牢掌握。

4.5.1　构造方法

String 类的构造方法如表 4-7 所示。

表 4-7　String 类的构造方法

构　造　器	描　　述
String()	构造一个空字符串对象
String(byte[] bytes)	通过 byte 数组构造字符串对象
String(char[] chars)	通过字符数组构造字符串对象
String(String original)	构造 original 的副本，即复制一个 original
String(StringBuffer buffer)	通过 StringBuffer 数组构造字符串对象

示例 4.6 演示了 String 类构造方法的使用。

示例 4.6：

```
byte[] b = {'a','b','c','d','e','f','g','h','i','j'};
char[] c = {'0','1','2','3','4','5','6','7','8','9'};
String sb = new String(b);
String sb_sub = new String(b,3,2);
String sc = new String(c);
String sc_sub = new String(c,3,2);
String sb_copy = new String(sb);
System.out.println("sb: " + sb );
System.out.println("sb_sub: " + sb_sub );
System.out.println("sc: " + sc );
System.out.println("sc_sub: " + sc_sub );
System.out.println("sb_copy: " + sb_copy );
```

输出结果为：

```
sb: abcdefghij
sb_sub: de
sc: 0123456789
sc_sub: 34
sb_copy: abcdefghij
```

4.5.2 方法

说明：
(1) 所有方法均为 public。
(2) 书写格式：[修饰符]<返回类型><方法名>([参数列表])。
String 类的方法如表 4-8 所示。

表 4-8 String 类的方法

方 法 名 称	描　　述
char charAt(int index)	取字符串中的某一个字符，其中的参数 index 指的是字符串中序数。字符串的序数从 0 开始到 length()-1
int compareTo(String anotherString)	当前 String 对象与 anotherString 比较。相等关系返回 0；不相等时，从两个字符串第 0 个字符开始比较，返回第一个不相等的字符差；另一种情况，较长字符串的前面部分恰巧是较短的字符串，返回它们的长度差
int compareTo(Object o)	如果 o 是 String 对象，当前 String 对象与 o 比较。相等关系返回 0；不相等时，一种情况，从两个字符串第 0 个字符开始比较，返回第一个不相等的字符差，另一种情况，较长字符串的前面部分恰巧是较短的字符串，返回它们的长度差，否则抛出 ClassCastException 异常
String concat(String str)	将该 String 对象与 str 连接在一起
boolean contentEquals(StringBuffer sb)	将该 String 对象与 StringBuffer 对象 sb 进行比较
static String copyValueOf(char[] data, int offset, int count)	这两个方法将 char 数组转换成 String，与其中一个构造函数类似
boolean endsWith(String suffix)	该 String 对象是否以 suffix 结尾
boolean equals(Object anObject)	当 anObject 不为空并且与当前 String 对象一样时，返回 true；否则，返回 false
byte[] getBytes()	将该 String 对象转换成 byte 数组
void getChars(int srcBegin, int srcEnd, char[] dst, int dstBegin)	该方法将字符串复制到字符数组中。其中，srcBegin 为复制的起始位置、srcEnd 为复制的结束位置、字符串数值 dst 为目标字符数组、dstBegin 为目标字符数组复制的起始位置
int hashCode()	返回当前字符的哈希表码
int indexOf(int ch)	只找第一个匹配字符位置
int indexOf(int ch, int fromIndex)	从 fromIndex 开始找第一个匹配字符位置
int indexOf(String str)	只找第一个匹配字符串位置
int indexOf(String str, int fromIndex)	从 fromIndex 开始找第一个匹配字符串位置
int lastIndexOf(String str, int fromIndex)	找最后一个匹配的内容
int length()	返回当前字符串长度

(续表)

方法名称	描述
String replace(char oldChar, char newChar)	将字符号串中第一个 oldChar 替换成 newChar
boolean startsWith(String prefix)	该 String 对象是否以 prefix 开始
boolean startsWith(String prefix, int toffset)	该 String 对象从 toffset 位置算起，是否以 prefix 开始
String substring(int beginIndex)	取从 beginIndex 位置开始到结束的子字符串
String substring(int beginIndex, int endIndex)	取从 beginIndex 位置开始到 endIndex 位置的子字符串
char[] toCharArray()	将该 String 对象转换成 char 数组
String toLowerCase()	将字符串转换成小写
String toUpperCase()	将字符串转换成大写

代码如示例 4.7～示例 4.13 所示。

示例 4.7：

```
String s = new String("abcdefghijklmnopqrstuvwxyz");
System.out.println("s.charAt(5): " + s.charAt(5) );
```

本例从字符串中提取字符，运行结果为：

```
s.charAt(5): f
```

示例 4.8：

```
String s1 = new String("abcdefghijklmn");
String s2 = new String("abcdefghij");
String s3 = new String("abcdefghijalmn");
System.out.println("s1.compareTo(s2): " + s1.compareTo(s2) ); System.out.println("s1.compareTo(s3): " + s1.compareTo(s3) );
```

本例对两个字符串进行对比，运行结果为：

```
s1.compareTo(s2): 4
s1.compareTo(s3): 10
```

示例 4.9：

```
String s1 = new String("abcdefghij");
String s2 = new String("ghij");
System.out.println("s1.endsWith(s2): " + s1.endsWith(s2) );
```

本例判断一个字符串是不是另一个字符串的结尾，运行结果为：

```
s1.endsWith(s2): true
```

示例 4.10：

```
char[] s1 = {'I',' ','l','o','v','e',' ','h','e','r','!'};
String s2 = new String("you!");
```

```
s2.getChars(0,3,s1,7); //s1=I love you!
System.out.println( s1 );
```

运行结果为：

```
I love you!
```

示例 4.11：

```
String s = new String("write once, run anywhere!");
String ss = new String("run");
System.out.println("s.indexOf('r'): " + s.indexOf('r') );
System.out.println("s.indexOf('r',2): " + s.indexOf('r',2) );
System.out.println("s.indexOf(ss): " + s.indexOf(ss) );
```

本例在一个字符串中查找某段字符串的位置，注意 indexOf 方法的不同形式，运行结果为：

```
s.indexOf('r'): 1
s.indexOf('r',2): 12
s.indexOf(ss): 12
```

示例 4.12：

```
String s = new String ("write once, run anywhere!");
String ss = new String("write");
String sss = new String("once");
System.out.println("s.startsWith(ss): " + s.startsWith(ss) );
System.out.println("s.startsWith(sss,6): " + s.startsWith(sss,6) );
```

本例判断一个字符串是不是另一个字符串的开始，运行结果为：

```
s.startsWith(ss): true
s.startsWith(sss,6): true
```

示例 4.13：

```
String s = new String("java.lang.Class String");
System.out.println("s.toUpperCase(): " + s.toUpperCase() );
System.out.println("s.toLowerCase(): " + s.toLowerCase() );
```

本例将一个字符串转换为对应的大写、小写形式，运行结果为：

```
s.toUpperCase(): JAVA.LANG.CLASS STRING
s.toLowerCase(): java.lang.class string
```

字符串与字符数组关系密切，而且它们可以互相转换，通过 String 构造方法可将一个字符数组构造为一个字符串，而通过 String 类的 toCharArray()方法也可将一个字符串转换为字符数组。其实，通过查看 String 类的源代码可知(多看源码长见识)，String 类的本质就是由字符数组构建的，String 类的第一行就定义到：

```
/** The value is used for character storage. */
private final char value[];
```

这个值数组是 private final 类型的,这也说明一个问题,那就是一旦这个数组被赋值,它就不能再被修改了。到底是不是这样呢?请看下一节。

4.5.3 字符串的不变性

首先来看一个示例,示例中使用 String 类的 concat()方法,试图将第二个字符串连接在第一个字符串的后面;使用 replace()方法,试图将字符串中的某些字符替换掉,如示例 4.14 所示。

示例 4.14:

```
package com.hopeful.lesson4;
/**
 * String 类的字符串不变性
 * @author hopeful
 *
 */
public class StringDemo {
    public static void main(String[] args) {
        String s1 = new String("hello ");
        //将 hopeful 连接在 s1 的后面
        s1.concat("svse");
        System.out.println("s1 = " + s1);
        //使用 replace()方法把字符串 s2 中的字符 o 替换为 u
        String s2 = new String("good morning!");
        s2.replace('o', 'u');
        System.out.println("s2 = " + s2);
    }
}
```

运行程序,结果如图 4-3 所示。

可以看到字符串 s1、s2 虽然尝试进行了修改,但是,它们并没有发生任何变化,这是为什么呢?其实,一个字符串对象一旦创建,那么这个字符串对象在存放地址里面的内容就不能改变。对于 s1 来说,我们尝试在其后连接上 hopeful,因为不能对 s1 进行直接修改,所以将创建一个新的字符串对象,而新创建的对象的引用,我们并未将其赋给 s1,结果导致 s1 的值没有变化,如图 4-4 所示。对于 s2 来说,也是同样的道理。

图 4-3 对字符串进行连接或替换

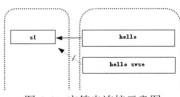

图 4-4 字符串连接示意图

那么如何解决这个问题呢？很简单，把新的字符串引用赋给 s1、s3 即可。

```
//其余部分省略
s1 = s1.concat("svse");
s2 = s2.replace('o', 'u');
```

再次运行程序，结果显示正确，如图 4-5 所示。

图 4-5　正确的结果

在对 String 字符串进行修改的过程中，将创建新的字符串对象。如果需要反复修改字符串，将极大地浪费系统资源，创建一大堆无用的对象。为避免这种情况出现，我们需要能直接修改的字符串对象，这就是 StringBuffer。

4.6　StringBuffer 类

在实际应用中，经常需要对字符串进行动态修改。这时，String 类的功能受到限制，而 StringBuffer(字符串缓冲)类可以完成字符串的动态添加、插入和替换等操作(注意有些中文 API 上说的是"不能修改"，是误译，英文原版为"can be modified")，对 StringBuffer 的修改，是直接的，不会创建多余对象。

4.6.1　构造方法

StringBuffer 类的构造方法如表 4-9 所示。

表 4-9　StringBuffer 类的构造方法

构造方法名称	描述
StringBuffer()	构造一个没有任何字符的 StringBuffer 类
StringBuffer(int length)	构造一个没有任何字符的 StringBuffer 类，并且长度为 length
StringBuffer(String str)	以 str 为初始值构造一个 StringBuffer 类

4.6.2　方法

说明：

(1) 所有方法均为 public。

(2) 书写格式：[修饰符]<返回类型><方法名>([参数列表])。

StringBuffer 类的方法如表 4-10 所示。

表 4-10 StringBuffer 类的方法

方 法 名 称	描 述
StringBuffer append(boolean b)	向字符串缓冲区"追加"元素，但是，这个"元素"参数可以是布尔量
StringBuffer append(char c)	向字符串缓冲区"追加"元素，但是，这个"元素"参数可以是字符
StringBuffer append(char[] str)	向字符串缓冲区"追加"元素，但是，这个"元素"参数可以是字符数组
StringBuffer append(double d)	向字符串缓冲区"追加"元素，但是，这个"元素"参数可以是双精度数
StringBuffer append(float f)	向字符串缓冲区"追加"元素，但是，这个"元素"参数可以是浮点数
StringBuffer append(int i)	向字符串缓冲区"追加"元素，但是，这个"元素"参数可以是整型数
StringBuffer append(long l)	向字符串缓冲区"追加"元素，但是，这个"元素"参数可以是长整型数
StringBuffer append(Object obj)	向字符串缓冲区"追加"元素，但是，这个"元素"参数可以是对象类型的字符串
StringBuffer append(String str)	向字符串缓冲区"追加"元素，但是，这个"元素"参数可以是字符串
StringBuffer append(StringBuffer sb)	向字符串缓冲区"追加"元素，但是，这个"元素"参数可以是 StringBuffer 类
int capacity()	返回当前 StringBuffer 对象(字符串缓冲区)的总空间，而非字符号串的长度
StringBuffer delete(int start, int end)	删除当前 StringBuffer 对象中的子串。第一个字符的索引为"0"，子串以索引号 start 开始，到 end 结束
StringBuffer deleteCharAt(int index)	删除当前 StringBuffer 对象中索引号为 index 的字符
void ensureCapacity(int minimumCapacity)	重新设置字符号串缓冲区的总空间。如果 minimumCapacity 大于当前的总空间，则新的空间被设置：一种结果是 minimumCapacity；另一种结果是{"老空间"乘2加2}
void getChars(int srcBegin, int srcEnd, char[] dst, int dstBegin)	从当前 StringBuffer 对象的索引号 srcBegin 开始，到 srcEnd 结束的子串，赋值到字符数组 dst 中，并从 dst 的索引号 dstBegin 开始
int indexOf(String str)	返回当前 StringBuffer 对象中第一个满足 str 子串的位置
int indexOf(String str, int fromIndex)	从当前 StringBuffer 对象的 fromIndex 开始查找，返回第一个满足 str 子串的位置
int lastIndexOf(String str)	返回当前 StringBuffer 对象中，最后一个满足 str 子串的位置
int lastIndexOf(String str, int fromIndex)	从当前 StringBuffer 对象的 fromIndex 开始查找，返回最后一个满足 str 子串的位置

(续表)

方 法 名 称	描 述
int length()	返回当前 StringBuffer 对象(字符缓冲区)中字符串的长度。注意：此方法与 capacity()不同
StringBuffer replace(int start, int end, String str)	替换当前 StringBuffer 对象的字符串。从 start 开始，到 end 结束的位置替换成 str
StringBuffer reverse()	将字符串翻转
void setCharAt(int index, char ch)	设置索引号 index 的字符为 ch
void setLength(int newLength)	重新设置字符串缓冲区中字符串的长度，如果 newLength 小于当前的字符串长度，将截去多余字符
String substring(int start)	取当前 StringBuffer 对象中，从 start 开始到结尾的子串
String substring(int start, int end)	取当前 StringBuffer 对象中，从 start 开始到 end 的子串
String toString()	将当前 StringBuffer 对象转换成 String 对象

示例 4.15 演示了对 StringBuffer 对象进行字符串追加和插入操作。StringBuffer 上的主要操作是 append()和 insert()方法，可重载这些方法，以接受任意类型的数据。每个方法都能有效地将给定的数据转换成字符串，然后将该字符串的字符追加或插入到字符串缓冲区中。append()方法始终将这些字符添加到缓冲区的末端，而 insert()方法则在指定位置添加字符。

示例 4.15：

```java
package com.hopeful.lesson4;

/**
 * StringBuffer，带有缓冲区的字符串
 * @author hopeful
 *
 */
public class StringBufferDemo {
    public static void main(String[] args) {
        String question = new String("1+1=");
        int answer = 3;
        boolean result = (1 + 1 == 3);
        StringBuffer sb = new StringBuffer();
        sb.append(question);
        sb.append(answer);
        sb.append(result);
        sb.insert(5, ',');
        System.out.println(sb);
    }
}
```

结果为：

1+1=3,false

示例 4.16 调整了 StringBuffer 的容量，这将给 StringBuffer 对象分配更多空间。其实，如果容量不够，编译器将自动分配更高的容量。

示例 4.16：

```java
package com.hopeful.lesson4;
/**
 * 调整 StringBuffer 对象的容量
 * @author hopeful
 *
 */
public class StringBufferDemo {
    public static void main(String[] args) {
        StringBuffer sb1 = new StringBuffer(5);
        StringBuffer sb2 = new StringBuffer(5);
        sb1.ensureCapacity(6);
        sb2.ensureCapacity(100);
        System.out.println( "sb1.Capacity: " + sb1.capacity() );
        System.out.println( "sb2.Capacity: " + sb2.capacity() );
    }
}
```

结果为：

```
sb1.Capacity: 12
sb2.Capacity: 100
```

示例 4.17 演示了将字符数组复制到字符串。

示例 4.17：

```java
package com.hopeful.lesson4;
/**
 *把字符数组放入 StringBuffer
 * @author hopeful
 *
 */
public class StringBufferDemo {
    public static void main(String[] args) {
        StringBuffer sb = new StringBuffer("I love her!");
        char[] i = {'I',' ','l','o','v','e',' ','y','o','u'};
        sb.getChars(7,10,i,7);
        System.out.println( "sb: " + sb );
    }
}
```

结果为：

```
sb: I love her!
```

示例 4.18 对字符串进行反转。

示例 4.18：

```java
package com.hopeful.lesson4;
/**
 * 反转字符串
 * @author hopeful
 *
 */
public class StringBufferDemo {
    public static void main(String[] args) {
        StringBuffer sb = new StringBuffer("0123456789");
        System.out.println( "sb.reverse(): " + sb.reverse() );
    }
}
```

结果为：

sb.reverse(): 9876543210

示例 4.19 设置字符序列的长度。序列将被更改为一个新的字符序列，新序列的长度由参数指定。

示例 4.19：

```java
package com.hopeful.lesson4;
/**
 * 截断字符串
 * @author hopeful
 *
 */
public class StringBufferDemo {
    public static void main(String[] args) {
        StringBuffer sb = new StringBuffer("0123456789");
        sb.setLength(5);
        System.out.println( "sb: " + sb );
    }
}
```

结果为：

sb: 01234

4.7 Random 类

Random 类用来生成随机数，位于 java.util 包中，所以需要手工导入包。

4.7.1 构造方法

Random(随机)类的构造方法如表 4-11 所示。

表 4-11　Random 类的构造方法

构 造 方 法	描　　述
Random()	创建一个新的随机数生成器
Random(long seed)	用一个种子(长整型)创建一个随机数生成器

4.7.2 方法

说明：
(1) 所有方法均为 public。
(2) 书写格式：[修饰符]<返回类型> <方法名> ([参数列表])。
Random 类的方法如表 4-12 所示。

表 4-12　Random 类的方法

方 法 名 称	描　　述
protected int next(int bits)	生成下一个伪随机数
boolean nextBoolean()	返回下一个从随机生成器的系列中得到的均匀分布的布尔值
void nextBytes(byte[] bytes)	生成随机字节数组放到指定的数组中
double nextDouble()	返回下一个从随机生成器的系列中得到的均匀分布的 0.0 到 1.0 的双精度类型值
float nextFloat()	返回下一个从随机生成器的系列中得到的均匀分布的 0.0 到 1.0 的浮点类型值
double nextGaussian()	返回下一个从随机生成器的系列中得到的符合均匀分布的 0.0 的平均数到 1.0 方差的高斯分布双精度类型值
int nextInt()	返回下一个从随机生成器的系列中得到的均匀分布的整型值
int nextInt(int n)	返回下一个从随机生成器的系列中得到的均匀分布的 0 到指定整型数(n)之间的整型值
long nextLong()	返回下一个从随机生成器的系列中得到的均匀分布的长整型值
void setSeed(long seed)	设置随机数生成器的种子为一个长整型数

注意 nextInt(int n)的取值范围及其与 nextInt()方法的区别。

4.7.3 关于 Random 类的说明

Random 类的对象使用一个 48 位的种子，如果这个类的两个实例是用同一个种子创建的，并且各自对它们以同样的顺序调用方法，则它们会生成相同的数字序列。
下面做一个演示，尤其注意相同种子时的结果，如果用默认的构造函数构造对象，它们是属于同一个种子的。演示代码如示例 4.20 所示。

示例 4.20：

```java
package com.hopeful.lesson4;

import java.util.Random;
/**
 * 根据随机种子获得随机序列
 * @author hopeful
 *
 */
public class RandomDemo {
    public static void main(String[] args) {
        Random r1 = new Random(50);
        System.out.println("第一个种子为 50 的 Random 对象");
        System.out.println("r1.nextBoolean():\t" + r1.nextBoolean());
        System.out.println("r1.nextInt():\t\t" + r1.nextInt());
        System.out.println("r1.nextDouble():\t" + r1.nextDouble());
        System.out.println("r1.nextGaussian():\t" + r1.nextGaussian());
        System.out.println("--------------------------");
        Random r2 = new Random(50);
        System.out.println("第二个种子为 50 的 Random 对象");
        System.out.println("r2.nextBoolean():\t" + r2.nextBoolean());
        System.out.println("r2.nextInt():\t\t" + r2.nextInt());
        System.out.println("r2.nextDouble():\t" + r2.nextDouble());
        System.out.println("r2.nextGaussian():\t"+ r2.nextGaussian());
        System.out.println("--------------------------");
        Random r3 = new Random(100);
        System.out.println("种子为 100 的 Random 对象");
        System.out.println("r3.nextBoolean():\t"+ r3.nextBoolean());
        System.out.println("r3.nextInt():\t\t" + r3.nextInt());
        System.out.println("r3.nextDouble():\t" + r3.nextDouble());
        System.out.println("r3.nextGaussian():\t"+ r3.nextGaussian());
        System.out.println("结果一目了然！");
    }
}
```

运行结果：

```
第一个种子为 50 的 Random 对象
r1.nextBoolean(): true
r1.nextInt(): -1727040520
r1.nextDouble(): 0.6141579720626675
r1.nextGaussian(): 2.377650302287946
--------------------------
第二个种子为 50 的 Random 对象
r2.nextBoolean(): true
```

```
r2.nextInt(): -1727040520
r2.nextDouble(): 0.6141579720626675
r2.nextGaussian(): 2.377650302287946
---------------------------
种子为 100 的 Random 对象
r3.nextBoolean(): true
r3.nextInt(): -1139614796
r3.nextDouble(): 0.19497605734770518
r3.nextGaussian(): 0.6762208162903859
```

4.8 Date 类

Java 在日期类中封装了有关日期和时间的信息，类 Date(时间)表示特定瞬间，精确到毫秒。用户可通过调用相应的方法来获取系统时间或设置日期和时间。

4.8.1 构造方法

Date 时间类的构造方法如表 4-13 所示。

表 4-13 Date 类的构造方法

构造方法名称	描 述
Date()	创建的日期类对象的日期时间被设置成创建时刻对应的日期时间
Date(long date)	long 型的参数 date 可通过调用 Date 类中的 static 方法 parse(Strings)来获得

4.8.2 方法

Date 类的方法如表 4-14 所示。

表 4-14 Date 类的方法

方 法 名 称	描 述
int getTimezoneOffset()	该方法用于获取日期对象的时区偏移量
boolean after(Date when)	测试此日期是否在指定日期之后
boolean before(Date when)	测试此日期是否在指定日期之前
int compareTo(Date anotherDate)	比较两个日期的顺序。如果参数 Date 等于此 Date，则返回值 0；如果此 Date 在 Date 参数之前，则返回小于 0 的值；如果此 Date 在 Date 参数之后，则返回大于 0 的值
long getTime()	返回自 1970 年 1 月 1 日 00:00:00 GMT 以来此 Date 对象表示的毫秒数
void setTime(long time)	设置此 Date 对象，以表示 1970 年 1 月 1 日 00:00:00 GMT 以后 time 毫秒的时间点

代码如示例 4.21 所示。

示例 4.21：

```java
package com.hopeful.lesson4;

import java.util.Date;

/**
 * Date 类的基本用法
 * @author hopeful
 *
 */
public class DateDemo {
    public static void main(String[] args) {
        Date date1 = new Date();
        Date date2 = new Date(1233997578421L);
        //输出 date1、date2 对象所对应的毫秒数
        System.out.println(date1.getTime());
        System.out.println(date2.getTime());
        //查看 date1 是否在 date2 后
        boolean isAfter = date1.after(date2);
        System.out.println("is date1 after date2: "+isAfter);
        date1.setTime(1133997578421L);
        isAfter = date1.after(date2);
        System.out.println("is date1 after date2: "+isAfter);
    }
}
```

运行程序，结果如图 4-6 所示。

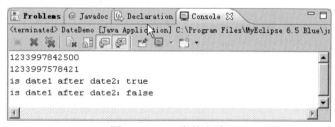

图 4-6　Date 类的方法

4.9　Calendar 类

历史上有许多种纪元方法，它们的差异很大，例如，一个人的生日是"八月八日"，那么一种可能是阳(公)历的八月八日，但也可以是阴(农)历的日期。所以为了计时的统一，必须指定一个所选的日历。那现在最普及和通用的日历是"GregorianCalendar"——格里高利历，也就是我们在讲述年份时常用的"公元几几年"。Calendar 抽象类定义了足够多的方法，让我们能够表述 Gregorian Calendar 的规则。它为特定瞬间与一组诸如 YEAR、MONTH、DAY_OF_MONTH、HOUR 等日历字段之间的转换提供了一些方法，并为操作日历字段(如

获得下星期的日期)提供了一些方法。瞬间可用毫秒值来表示，它是距历元(即格林威治标准时间 1970 年 1 月 1 日的 00:00:00.000，格里高利历)的偏移量。

注意，由于 Calendar(日历)类是一个抽象类，所以不能直接通过 new 关键字创建 Calendar 类的实例，可借助于该类提供的静态方法 getInstance()来获得一个 Calendar 对象。正像 Date 类的默认构造方法一样，该对象所代表的日期为当前系统日期。

Calendar rightNow = Calendar.getInstance();

Calendar 抽象类有一个具体子类：GregorianCalendar。

4.9.1 字段

Calendar 类的字段如表 4-15 所示。

表 4-15　Calendar 类的字段

字 段 名 称	描　　述
static int AM	指示从午夜到中午之前这段时间的 AM_PM 字段值
static int AM_PM	get 和 set 的字段数字，指示 HOUR 是在中午之前还是在中午之后
static int DATE	get 和 set 的字段数字，指示一个月中的某天
static int DAY_OF_MONTH	get 和 set 的字段数字，指示一个月中的某天
static int DAY_OF_WEEK	get 和 set 的字段数字，指示一个星期中的某天
static int DAY_OF_WEEK_IN_MONTH	get 和 set 的字段数字，指示当前月中的第几个星期
static int AY_OF_YEAR	get 和 set 的字段数字，指示当前年中的天数
static int HOUR	get 和 set 的字段数字，指示上午或下午的小时
static int HOUR_OF_DAY	get 和 set 的字段数字，指示一天中的小时
static int MILLISECOND	get 和 set 的字段数字，指示一秒中的毫秒
static int MINUTE	get 和 set 的字段数字，指示一小时中的分钟
static int MONTH	指示月份的 get 和 set 的字段数字
static int PM	指示从中午到午夜之前这段时间的AM_PM字段值
static int SECOND	get 和 set 的字段数字，指示一分钟中的秒
protected　long time	日历的当前设置时间，以毫秒为单位，表示自格林威治标准时间 1970 年 1 月 1 日 0:00:00 后经过的时间
static int WEEK_OF_MONTH	get 和 set 的字段数字，指示当前月中的星期数
static int WEEK_OF_YEAR	get 和 set 的字段数字，指示当前年中的星期数
static int YEAR	指示年的 get 和 set 的字段数字

4.9.2 方法

Calendar 类的方法如表 4-16 所示。

表 4-16　Calendar 类的方法

方 法 名 称	描　　述
abstract void add(int field, int amount)	根据日历的规则，为给定的日历字段添加或减去指定的时间量
boolean after(Object when)	判断此 Calendar 表示的时间是否在指定 Object 表示的时间之后，返回判断结果
boolean before(Object when)	判断此 Calendar 表示的时间是否在指定 Object 表示的时间之前，返回判断结果
int compareTo(Calendar calendar)	比较两个 Calendar 对象表示的时间值(从历元至现在的毫秒偏移量)
int get(int field)	返回给定日历字段的值
final Date getTime()	返回一个表示此 Calendar 时间值(从历元至现在的毫秒偏移量)的 Date 对象
void set(int field, int value)	将给定的日历字段设置为给定值。不管处于何种宽松性模式下，该值都不由此方法进行解释
final void set(int year, 　　　　　int month, 　　　　　int date, 　　　　　int hourOfDay, 　　　　　int minute, 　　　　　int second)	设置字段 YEAR、MONTH、DAY_OF_MONTH、HOUR、MINUTE 和 SECOND 的值，保留其他字段以前的值，无须保留的，则先调用 clear()。需要注意，在设置日历时，月份的起始数字为 0，而对于星期来说，周日为 0，周六为 6
final void setTime(Date date)	使用给定的 Date 设置此 Calendar 的时间
static Calendar getInstance()	使用默认时区和语言环境获得一个日历。返回的 Calendar 基于当前时间，使用默认时区和默认语言环境

请各位观察上表中 Calendar 类常见的字段和方法，可以发现，这些方法，有的是抽象的，有的是最终方法(final)，还有的是静态方法。这体现了程序设计的严谨性：在不同的环境下，不同的需求将导致不同的方法设计。

可能有同学会想不通，该类是一个抽象类，其中有一个抽象方法 add()，那么 add()方法能不能使用呢？我们慢慢来分析，由于 Calendar 类是抽象类，在获得 Calendar 实例时，使用的是 getInstance()方法；其实，该方法返回的是 Calendar 类的子类对象，该子类为 GregorianCalendar，也就是说，"Calendar ca = Calendar.getInstance()"其实是让 ca 引用了子类 GregorianCalendar 的对象，相当于 Calendar ca = new GregorianCalendar()，这在语法上是允许的，并且前面的课程中也做过相应介绍。对于 GregorianCalendar 类来说，其内部实现了抽象的 add()方法，所以，如果让 ca 调用 add()方法，事实上是调用了 GregorianCalendar 类的 add()方法，是没有任何问题的。代码如示例 4.22 所示。

示例 4.22：

```
package com.hopeful.lesson4;

import java.util.Calendar;
import java.util.Date;
```

```java
/**
 * Calendar 类的常见方法
 * @author hopeful
 *
 */
public class CalendarDemo {
    public static void main(String[] args) {
        //创建 Calendar 实例
        Calendar ca = Calendar.getInstance();
        //获得 ca 所包含的年份。注意写法
        System.out.println("year is: "+ca.get(Calendar.YEAR));
        //将年份增加 2
        ca.add(Calendar.YEAR, 2);
        System.out.println("year is: "+ca.get(Calendar.YEAR));
        //设置 ca 的年份
        ca.set(Calendar.YEAR,2009);
        System.out.println("year is: "+ca.get(Calendar.YEAR));
        //今天是今年的第几天
        System.out.println("day of year: "+ca.get(Calendar.DAY_OF_YEAR));
        //今天是本周的第几天，注意默认情况下周日是第一天
        System.out.println("day of week: "+ca.get(Calendar.DAY_OF_WEEK));
        //获得对应的 Date 对象
        Date date = ca.getTime();
        System.out.println("date time: "+date.getTime());
        System.out.println("calendar time: "+ca.getTimeInMillis());
    }
}
```

运行程序，结果如图 4-7 所示。

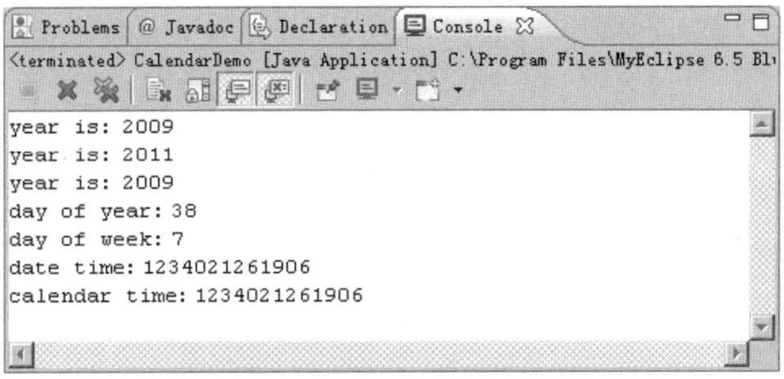

```
year is: 2009
year is: 2011
year is: 2009
day of year: 38
day of week: 7
date time: 1234021261906
calendar time: 1234021261906
```

图 4-7　Calendar 类的方法

4.10　SimpleDateFormat 类

SimpleDateFormat(简单日历格式化)类可对Date及字符串进行分析，并在它们之间相互转换，它允许格式化(date -> text)、语法分析(text -> date)和标准化。它的继承关系如下：

java.lang.Object

```
+----java.text.Format
+----java.text.DateFormat
+----java.text.SimpleDateFormat
```

示例 4.23 演示了该类在 JavaBean 内提供日期时间服务的通常用法。

示例 4.23：

```java
package com.hopeful.lesson4;

import java.text.SimpleDateFormat;
import java.util.Date;
/**
 * SimpleDateFormat 对日期和时间进行格式化
 * @author hopeful
 *
 */
public class FormatDateTime {
    /** 长日期格式*/
    public static String toLongDateString(Date dt) {
        SimpleDateFormat myFmt = new SimpleDateFormat(
                "yyyy 年 MM 月 dd 日 HH 时 mm 分ss 秒 E ");
        return myFmt.format(dt);
    }
    /** 短日期格式*/
    public static String toShortDateString(Date dt) {
        SimpleDateFormat myFmt = new SimpleDateFormat("yy 年 MM 月 dd 日 HH 时 mm 分");
        return myFmt.format(dt);
    }
    /** 长时间格式*/
    public static String toLongTimeString(Date dt) {
        SimpleDateFormat myFmt = new SimpleDateFormat("HH mm ss SSSS");
        return myFmt.format(dt);
    }
    /**短时间格式*/
    public static String toShortTimeString(Date dt) {
        SimpleDateFormat myFmt = new SimpleDateFormat("yy/MM/dd HH:mm");
        return myFmt.format(dt);
    }
    /**main()方法进行测试*/
    public static void main(String[] args) {
        Date now = new Date();
        System.out.println(FormatDateTime.toLongDateString(now));
        System.out.println(FormatDateTime.toShortDateString(now));
        System.out.println(FormatDateTime.toLongTimeString(now));
        System.out.println(FormatDateTime.toShortTimeString(now));
    }
}
```

运行程序，结果如图 4-8 所示。

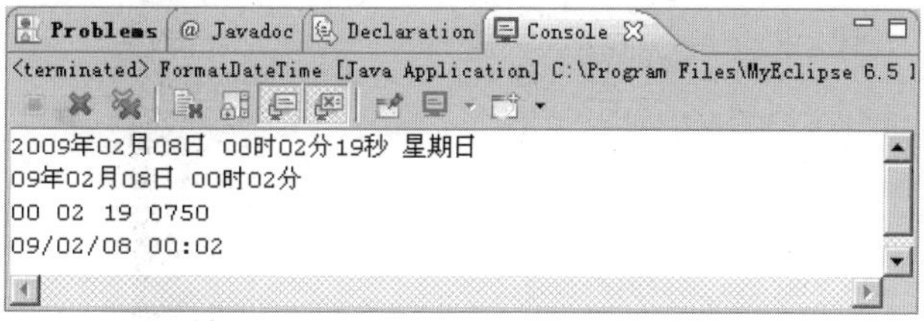

图 4-8　SimpleDateFormat 类的使用

4.11　Math 类

Math(算术运算)类中的静态方法帮助我们完成基本的数学运算，它的定义形式如下：

public final class Math extends Object

可以看出，Math 类是一个最终类，也就是说，它不能被继承，更不能被重写。Math 类中的方法全部为静态方法，直接使用就行。Math 类的用法如示例 4.24 所示。

示例 4.24：

```
package com.hopeful.lesson4;

/**
 * Math 类的用法
 * @author hopeful
 *
 */
public class MathDemo {
    public static void main(String[] args) {
        //绝对值
        System.out.println("abs of -1: " + Math.abs(-1));
        //比这个数大的最小整数
        System.out.println("ceil of 9.01: " + Math.ceil(9.01));
        //比这个数小的最大整数
        System.out.println("floor of 9.99: " + Math.floor(9.99));
        //取较大者
        System.out.println("the max is: " + Math.max(101, 276.001));
        //随机数，区间为[0.0,1.0)
        System.out.println("random number: " + Math.random());
        //四舍五入
        System.out.println("round value of 9.49: " + Math.round(9.49));
        //返回正确舍入的double值的正平方根
        System.out.println("square root of 225: " + Math.sqrt(225));
    }
}
```

运行程序，结果如图 4-9 所示。

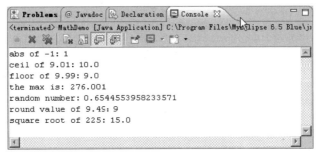

图 4-9　Math 最终类的用法

4.12　System 类

System(系统)类是由 final 修饰的，表示该类是最终类，不能被继承。System 类提供的 System 包括标准输入、标准输出和错误输出流。访问外部定义的属性和环境变量以及加载文件和库的方法，提供的方法和字段都由 static 修饰，也就是说，要使用 System 中的属性和方法，直接使用 System 类调用即可。

4.12.1　属性

System 类的属性如表 4-17 所示。

表 4-17　System 类的属性

属 性 名 称	属 性 描 述
static final PrintStream err	"标准"错误输出流
static final InputStream in	"标准"输入流
static final PrintStream out	"标准"输出流

4.12.2　方法

说明：
(1) 所有方法均为 public static。
(2) 书写格式：[修饰符]<返回类型> <方法名>([参数列表])。
System 类的方法如表 4-18 所示。

表 4-18　System 类的方法

方 法 名 称	描　　述
static void arraycopy(object src,int srcPos,Object dest,int destPos,int length)	将指定源数组中的数组从指定位置复制到目标数组的指定位置
static String clearProperty(String key)	删除指定键指定的系统属性

(续表)

方法名称	描述
static Console console()	返回与当前 Java 虚拟机关联的唯一 Console 对象
static long currentTimeMillis()	返回当前时间(以毫秒为单位)
static void exit(int status)	终止当前运行的 Java 虚拟机
static void gc()	运行垃圾回收器
static Map<String,String> getenv()	返回当前系统环境的不可修改的字符串映射视图
static String getenv(String name)	获取指定环境变量的值
static Properties getProperties()	确定当前的系统属性
static String getProperty(String key,String def)	获取指定键指示的系统属性
static SecurityManager getSecurityManager()	获取系统安全界面
static int identityHashCode(Object x)	返回与默认方法 hashCode() 返回的给定对象相同的哈希码,无论给定对象的类是否覆盖了 hashCode()
static Channel inheritedChannel()	返回从创建此 Java 虚拟机的试题继承的通道
static String lineSeparator()	返回与系统相关的行分隔符字符串
static void load(String filename)	加载由 filename 参数指定的本地库
static void loadLibrary(String libname)	加载由 libname 参数指定的本地库
static String mapLibraryName(String libname)	将库名称映射到表本地库的平台特定字符串
static long nanoTime()	以纳秒为单位返回正在运行的 Java 虚拟机的高分辨率时间源的当前值
static void runFinalization()	运行任何对象等待定稿的最终化方法
static void setErr(PrintStream err)	重新分配"标准"错误输出流
static void setIn(InputStream in)	重新分配"标准"输入流
static void setOut(PrintStream out)	重新分配"标准"输出流
static void setProperties(Properties props)	将系统属性设置为 Properties 参数
static String setProperty(String key,String value)	设置由指定键指示的系统属性
static void setSecurityManager(SecurityManager s)	设置系统安全性

可以看到 System 类中包含了很多实用方法,这些方法和属性大家平时编程都会用到。系统类 System 的用法如示例 4.25 所示。

示例 4.25:

```
import java.util.Properties;
import java.util.Random;
//系统类 System 的用法
public class SystemTest {
    public static void main(String[] args) {
        //获取系统当前时间
        long currentTime = System.currentTimeMillis();
        System.out.println("系统当前时间是:"+currentTime);
        //获取当前系统属性
        Properties properties = System.getProperties();
        System.out.println("当前系统属性:"+properties);
        System.out.println("系统版本:"+System.getProperty("os.name")
```

```
            +System.getProperty("os.version")+
        System.getProperty("os.arch"));
    System.out.println("系统用户:"+System.getProperty("user.name"));
    System.out.println("当前用户目录:"+System.getProperty("user.home"));
    System.out.println("当前用户工作目录:"+System.getProperty("user.dir"));
    //创建 Random 对象
    Random rd = new Random();
    rd = null;
    System.gc();        //系统调用 gc()方法，将失去 rd 引用的 new Random()对象回收
  }
}
```

运行程序结果如图 4-10 所示。

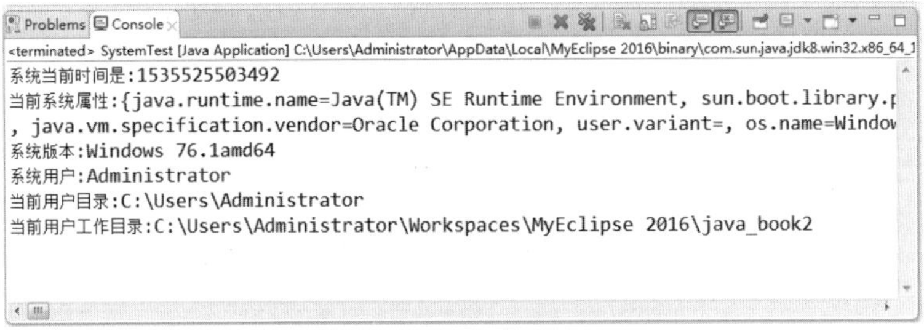

图 4-10 System 最终类的用法

【单元小结】

- 借助包装类，可将基本数据类型包装为对象。
- String 字符串对象的内容一旦建立，是不可改变的。
- StringBuffer 通过字符串缓冲区实现了对字符串的直接修改。
- 通过设置随机种子让 Random 类生成各种随机数。
- Date 表示确切时间，大部分方法迁移到 Calendar 类中。
- Calendar 抽象类为日历操作的主要入口，它有一个子类 GregorianCalendar。
- SimpleDateFormat 提供了对文本、日期的转化及格式化。
- Math 最终类的方法均是静态方法，方便数学运算使用。
- System 最终类的方法也都是静态的，方便系统调用。

【单元自测】

1. 下面的类中哪个属于封装类？(   )
   A. Date   B. Integer   C. JButton   D. System
2. 下面哪个方法可将字符串转换成 long 类型？(   )
   A. parseLong(String s)   B. toString()
   C. toDate()   D. format()

3. 如何从 Random 对象中获得一个随机数？（   ）
   A. 调用 Date 对象的 toDate()方法
   B. 调用 String 对象的 toString()方法
   C. 调用 random 对象的 nextInt()方法
   D. 调用 StringTokenizer 对象的 next()方法
4. String 的构造方法以下哪个是错误的？（   ）
   A. public String(String s)
   B. public String(byte[] b)
   C. public String(StringBuffer sb)
   D. public String(Date d)
5. 如何将 StringBuffer 对象里面的内容打印出来？下面错误的是(   )。
   A. StringBuffer sb = new StringBuffer();
      System.out.println(sb);
   B. StringBuffer sb = new StringBuffer();
      System.out.println(sb.toString());
   C. StringBuffer sb = new StringBuffer();
      System.out.println(sb.getText());
   D. String s = new String();
      System.out.println(s);

【上机实战】

上机目标

- 熟练运用包装类
- 理解 String 类与 StringBuffer 类的区别，理解字符串的不变性
- 熟练使用 Random 类创建随机序列
- 熟练使用 Date、Calendar、SimpleDateFormat 构建日历程序

上机练习

◆ 第一阶段 ◆

练习 1：幸运数字

【问题描述】
模拟彩票，首先由用户输入一定范围内的一个数字，随后系统将在这个范围内随机抽

取数字,并将生成的随机数打印出来,如果系统抽取的随机数字和用户选择的数字一样,说明用户中奖了,打印一共抽取了多少次。

【问题分析】
- 需要用传递参数的方式接受一个用户的输入。
- 需要用 Random 工具类生成一个随机数字。

【参考步骤】
(1) 创建一个新的工程。
(2) 编写类 GuessNumber。
(3) 编写代码。

```java
package com.hopeful.lesson4;
import java.util.Random;
import java.util.Scanner;
/**
 *猜数字的小程序
 *@author hopeful
 **/
public class GuessNumber {
    public GuessNumber() {
    }

    public static void main(String[] args) {
        //获得用户输入的数字,并将字符串类型转换成 int 类型
        Scanner scanner = new Scanner(System.in);
        int userInput = scanner.nextInt() ;
        System.out.println("你输入的数字为: " + userInput);
        //保存用户猜的次数
        int times = 1;
        while (true) {
            //产生 1 到 100 的随机数
            Random random = new Random();
            int randomNumber = random.nextInt(100);
            System.out.println("第" + times + "次,系统生成的随机数为:" + randomNumber);
            if (userInput == randomNumber) {        //用户输入的数字猜对了
                System.out.println("你猜对了,一个猜了" + times + "次.");
                //因为猜对了,所以退出循环
                break;
            }
            //猜的次数加 1
            times++;
        }
    }
}
```

(4) 运行程序,结果如图 4-11 所示。

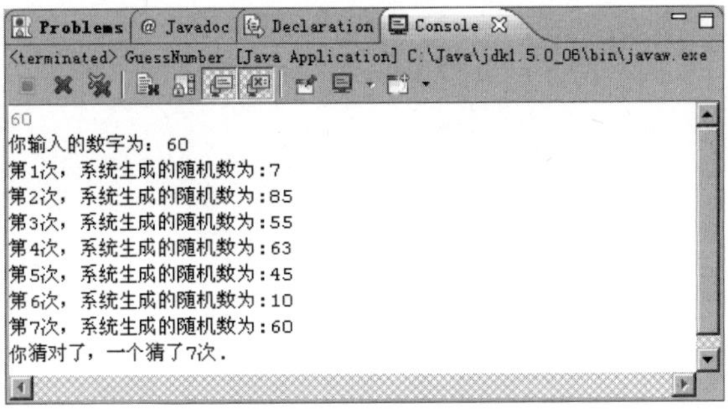

图 4-11 猜数字

练习 2：加密字符串

【问题描述】

实现简单的字符串加密解密程序，规则如下：加密时首先将字符串转为字符数组，然后对字符数组的每一个字符进行加密，加密方式为将字符对应的 asc 码加上 5，将加密后的字符数组重新组合为加密后的字符串即可。解密时将字符对应的 asc 码减去 5。

【问题分析】

本练习主要是针对字符串及字符数组进行训练，根据题意可知需要在类中提供两个方法，一个提供加密服务，一个提供解密服务，它们均需要接收字符串参数并返回加密、解密后的字符串。

【参考步骤】

(1) 创建一个新的工程。
(2) 编写类 GuessNumber。
(3) 编写代码。

```java
package com.hopeful.lesson4;

public class Encrypt {
    public Encrypt() {
    }

    /**
     * 将指定字符串加密
     *
     * @param pwd 要加密的字符串
     * @return
     */
    public String encoding(String pwd) {
        char chr[] = pwd.toCharArray();
        for (int i = 0; i < chr.length; i++) {
            char newchr = (char) (chr[i] + 5);
            chr[i] = newchr;
        }
```

```java
            String result = new String(chr);
            return result;
        }

        /**
         * 将指定字符串解密
         *
         * @param pwd   要解密的字符串
         * @return
         */
        public String decoding(String pwd) {
            char chr[] = pwd.toCharArray();
            for (int i = 0; i < chr.length; i++) {
                char newchr = (char) (chr[i] - 5);
                chr[i] = newchr;
            }
            String result = new String(chr);
            return result;
        }

        public static void main(String[] args) {
            Encrypt enc = new Encrypt();
            System.out.println(enc.decoding("svse"));
            System.out.println(enc.encoding("nqn`"));
        }
    }
```

运行程序，结果如图 4-12 所示。

图 4-12　简单的加密解密程序

◆ **第二阶段** ◆

练习 3：日历

【问题描述】
根据用户输入的年份和月份，打印出该月份的月历。

【问题分析】
Windows 的日历界面如图 4-13 所示。

图 4-13 日历界面

由于还没有学习 Java 图形设计，所以不能做出上图的样式，不过，我们可以在控制台中输出类似的界面，即：

请输入年份：2009

请输入月份：5

2009 年 5 月份的日历如下：

日	一	二	三	四	五	六
					1	2
3	4	5	6	7	8	9
10	11	12	13	14	15	16
17	18	19	20	21	22	23
24	25	26	27	28	29	30
31						

很显然，这需要 Calendar 类来参与。首先，根据用户输入的年月，再指定默认初始日为该月 1 日，创建这个日期对应的 Calendar 对象；其次，需要知道该日期是星期几。当然，还需要知道该月有几天(建立 12 个月份天数数组)，这要先判断月份是不是 2 月，如果是再判断该年份是不是闰年(通过 GregorianCalendar 类的方法)，是闰年则天数为 29，否则是 28 天。

在打印输出时，首先打印出周日至周一，再打印数字，根据 1 日是星期几而知道前面应该留多少空白。注意采取合适的办法换行。

练习 4：试一试

【问题描述】

请设计程序，对比 String 和 StringBuffer 的效率。

【问题分析】

理论部分已经提到 String 与 StringBuffer 的区别，String 对象在进行更改时，会创建一个新的字符串对象，同时旧的字符串不再有对象引用，如果更改频繁会浪费很多资源。而 StringBuffer 不存在这个问题。

可以设计一个程序，重复地对 String 和 StringBuffer 进行更改(追加或修改)。使用 Date 对象在更改前与更改后记录时间(或使用 System.currentTimeMillis()获得当前毫秒)，并算出耗时。对比两种情况的效率，并查看资源管理器中的内存占用情况。

【拓展作业】

1. 格式转换。

将 String 类型的"12"转换成 int 类型。

将 int 类型的 12 转换成字符串类型的"12"。

将 double 类型的 12.345 转换成字符串类型的"12.345"。

将 String 类型的"12.345"转换成 double 类型的 12.345。

2. 字符串反转：将用户输入的任意字符串反转输出，例如，用户输入"abc"，则输出"cba"。

3. 仔细查阅 API 文档中关于 StringTokenizer 类的功能，将用户输入的字符串进行拆分，例如，用户输入字符串"You are a good man Charlie Brown"，程序运行后拆分结果如下。

| You |
| are |
| a |
| good |
| man |
| Charlie |
| Brown |

单元五 集合框架和泛型

课程目标

- ▶ 理解集合框架
- ▶ 掌握 List 接口下的 ArrayList 与 LinkedList 类
- ▶ 掌握 Set 接口与 Map 接口
- ▶ 掌握 Iterator 类
- ▶ 掌握工具类下的 Collections 类和 Arrays 类
- ▶ 了解泛型

 简 介

在日常编程中，我们常遇到对一组数据进行保存的问题。例如，保存所有学员的姓名，这可以使用一个字符串数组来存储；保存所有学员的姓名、年龄、地址信息，这可以使用一个学员对象数组来存储。数组的优点非常明显，那就是能存储基本类型的数据，并能根据下标不费吹灰之力检索到数据。不过，普通数组也有不便之处，其一，数组无法修改长度，一旦定义了数组，那么它是定长的，如果新增了一位学员，无疑需要重新定义数组；其二，数组虽然检索元素很快，但是进行元素增加、删除时效率低下，增加或删除一个元素可能引起其他元素的变动；其三，数组对保存具有映射关系的数据无能为力，例如，我们需要记录"姓名：张三""年龄：18"等具有映射关系的数据，那么简单的数组是没有办法实现的。

所以我们需要一个更强大的工具，希望这个工具能在不同情况下提供良好性能以及便捷而统一的操作，这就是Java提供集合框架(Java Collections Framework，JCF)的原因。在集合框架内，可以更方便地处理对象数据。Collection是所有集合类的根接口，根据不同的环境和需求，Collection又细分为Set、List、Queue等接口。另外，Java提供了Map接口用于保存具有映射关系的键-值数据。所有这些内容均位于java.util包中。

本单元要学习的内容就是围绕Collection接口和Map接口而展开，同时，还介绍了集合框架内的一些辅助类，如迭代器Iterator、集合辅助类Collections及数组辅助类Arrays，以帮助我们更快速地进行开发。

5.1 集合概述及Collection接口

5.1.1 集合概述

集合类用于存储一组对象，其中的每个对象称为元素，在java.util包中提供了所有用到的集合类。集合其实简单来说就是存储对象的容器，Java是一门面向对象的语言，面向对象语言都以对象形式处理事物，所以为了方便对多个对象的操作以及存储对象，集合是最常用的一种方式。集合中可存储任意类型的对象，最重要的是长度可变，在程序中有时无法预知需要多少对象，若用数组来存储对象，不好定义长度，而集合的长度是可变的，很好地解决了这一问题。不过集合类存放的都是对象的引用，而非对象本身，集合也不能存储基本数据类型。为便于表述，我们常将集合中对象的引用(reference)称为"对象"。Java中的集合类主要有4种类型：Set(集)、List(列表)、Queue(队列)和Map(映射)。

1. Set(集)

集是最简单的一种集合，它的对象不按特定方式排序，只是把对象加入集合中，就像往口袋中放东西。对象中成员的访问和操作是通过集合对象的引用进行的，所以集合中不

能有重复对象。常用的集类有 HashSet、TreeSet。

2. List(列表)

列表的主要特征是其对象以线性方式存储,没有特定顺序,只有一个开头和一个结尾,当然,它与根本没有顺序的集是不同的。列表在数据结构中分别表现为数组和向量、链表、堆栈、队列。常用的列表类有 Vector、Stack、LinkedList、ArrayList。

3. Queue(队列)

Queue 接口实现了队列,是在 Java SE 5.0 才加入的。除了基本的 Collection 操作外,队列还提供其他的插入、提取和检查操作。本单元暂不讲解 Queue 接口。

4. Map(映射)

映射中每个项都是成对的。映射中存储的每个对象(value)都有一个相关的关键字(key)对象。检索对象时必须提供相应的关键字,这就像在字典里查某个单词的含义一样。一个 Map 对象的每个关键字应是唯一的(否则,一个 key 可能对应多个 value),也就是说,key-value 是单向一对一的关系。常用的映射类有 HashTable、HashMap、TreeMap。

5.1.2 Collection 接口

Collection 是单列集合。Collection 层次结构中的根接口有大家以后会经常用到的 List 接口和 Set 接口,它们都是 Collection 接口的子接口。一些 Collection 元素允许有重复元素,而另一些则不允许;一些 Collection 是有序的,而另一些则是无序的。下面先来看看 Collection 接口的结构,如图 5-1 所示。

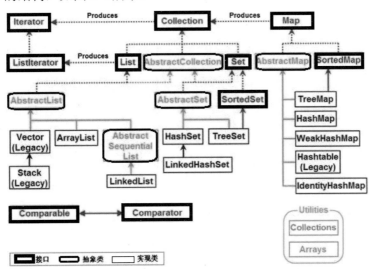

图 5-1 Collection 接口的结构

粗线框代表接口,圆角线框代表抽象类,而细线框代表普通类。点线箭头表示一个特定的类准备实现一个接口(在抽象类的情况下,则是"部分"实现一个接口)。实线箭头表示一个类可生成箭头指向的类的对象。上图可简化为如图 5-2 所示的形式。

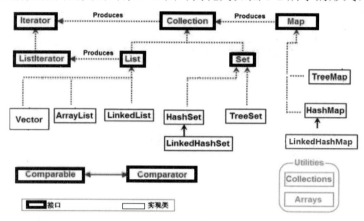

图 5-2　简化后的 Collection 接口的结构

从图 5-2 可以了解到，集合框架只有三个组件：Map、List 和 Set(此图没有列出 Collection 下的 Queue 接口)。其他的，要么是具体实现类，要么是延伸类。

Map、List、Set 的存储示意图如图 5-3 所示。

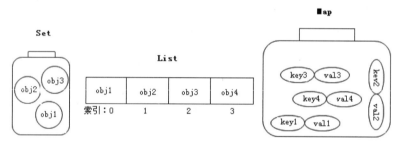

图 5-3　Set、List、Map 的存储示意图

Set 集合有时(如 HashSet)像小孩子的书包一样，里面乱七八糟，什么稀奇古怪的东西都可能有，全无条理。把一个元素往 Set 里"丢"的时候，是没有什么顺序的，Set 也不会管你往内部放置了什么元素。Set 只做一件事：检查你是否已经存放过同样的元素；如果已经存放过，则不允许再存放，否则 Set 区分不开这些重复的元素。

List 集合称为"有序的集合"，也就是说，它是保证顺序的。List 就像一个动态数组，例如，可通过索引来查询元素，而且可调整 List 的容量以便删除或增加元素。既然有序，那么可以得出这样一个结论：List 是允许有重复元素的。

Map 保存的是键值对(key-value)，用户通过提供 key 而获得对应的 value。所以在一个 Map 内部，不能存在重复的 key。

有了以上原则，我们在使用的时候，就可以根据具体情况，灵活选择需要哪一种集合。另外，我们需要知道以下一些事项。

(1) 所有集合类都具有至少两个构造方法，第一个构造方法不接受任何参数，创建空集合；第二个构造方法接收另一个集合类对象，把参数集合对象的数据复制到本对象，通过这种途径能实现任意的集合类型转换。

(2) 由于 Set 和 List 都是 Collection 的子接口，那么，Set 和 List 的所有实现类都实现了如表 5-1 所示的 Collection 的方法("可选操作"指可能有部分类没有实现)。

表 5-1 Collection 的方法

方　法	摘　要
boolean add(E o)	确保此 Collection 包含指定的元素(可选操作)
boolean addAll(Collection<? extends E> c)	将指定 Collection 中的所有元素都添加到此 Collection 中(可选操作)
void clear()	移除此 Collection 中的所有元素(可选操作)
boolean contains(Object o)	如果此 Collection 包含指定的元素,则返回 true
boolean containsAll(Collection<?> c)	如果此 Collection 包含指定 Collection 中的所有元素,则返回 true
boolean isEmpty()	如果此 Collection 不包含元素,则返回 true
Iterator<E> iterator()	返回在此 Collection 的元素上进行迭代的迭代器
boolean remove(Object o)	从此 Collection 中移除指定元素的单个实例,如果存在的话(可选操作)
boolean removeAll(Collection<?> c)	移除此 Collection 中那些也包含在指定 Collection 中的所有元素(可选操作)
boolean retainAll(Collection<?> c)	仅保留此 Collection 中那些也包含在指定 Collection 中的元素(可选操作)
int size()	返回此 Collection 中的元素数
Object[] toArray()	返回包含此 Collection 中所有元素的数组
<T> T[] toArray(T[] a)	返回包含此 Collection 中所有元素的数组,返回数组的运行时类型与指定数组的运行时类型相同

上表中,"<E>"表示任意元素(Element),"<T>"表示任意类型(Type),"<?>"表示任意(unknown),为 Java SE 5.0 新增的泛型特性(看不懂的话,可以当"<>"及其内容不存在),后面会有深入讲解,暂且不管。

这些方法可分为如下四类。

- 添加、删除操作,如 add、addAll、remove、removeAll 等。
- 查询操作,如 size、isEmpty、contains、iterator 等。
- 集合操作,如 containsAll、addAll、clear、removeAll、retainAll 等。
- 转型操作,如 toArray。

它们是集合类的主要方法,需要牢记。在学习具体子类时,要和此表对比,查看子类都增加了哪些方法,思考为什么增加。

5.1.3　Iterator 接口

所谓的"Collection 是所有集合类的根接口",并不意味着 Collection 就是"根"。其实,Collection 是 Iterator 接口的子接口,只不过 Iterator(迭代器)不属于集合范畴而已。那么 Iterator 接口的作用是什么呢?

Iterator 叫作"迭代器",它允许访问一个容器(container)对象中的各个元素,而又不需要公开该对象的内部细节。从定义可见,迭代器为容器而生。由于Collection接口继承了Iterator,所以所有集合对象都可以被迭代,Collection接口内定义了iterator()方法,能获得一个Iterator迭代器,从而实现对集合的迭代。

在JDK 1.2之前,Enumeration枚举接口用来完成对集合的枚举,但JDK 1.2新增的Itcrator接口比Enumeration接口多了remove()方法。现在已经很少使用Enumeration。

如何对集合迭代呢?Iterator的用法如下:

```
Iterator  it = Collection.iterator();
while(it.hasNext()){
    Object obj = it.next();
}
```

这与使用for循环对集合进行遍历一样能得到集合对象的所有元素。不同的是,Iterator根本就不用管你有多少元素,闭着眼睛顺藤摸瓜,摸到一个拿出来一个,摸不到说明全部拿出来了。

下面来看一看Iterator是如何对ArrayList进行迭代的,如示例5.1所示。

示例5.1:

```java
package com.hopeful.lesson5.iterator;
import java.util.ArrayList;
import java.util.Iterator;
import java.util.List;
/**
 * Iterator 测试
 * @author hopeful
 */
public class IteratorDemo {
    public static void main(String[] args) {
        //创建 List 集合对象
        List<String> alist = new ArrayList<String>();
        alist.add("a");
        alist.add("b");
        alist.add("c");
        alist.add("d");
        //设定迭代内容为 String 对象
        Iterator<String> it = alist.iterator();
        while(it.hasNext()){
            //此时就可以直接使用 String 来接收返回值了
            String s = it.next();
            System.out.println(s);
        }
    }
}
```

运行程序,结果正是a、b、c、d四个字符串。

对于List集合来说,通过listIterator()方法可获得一个功能更强大的列表迭代器

ListIterator。ListIterator 扩展了 Iterator，它不仅能正向遍历，还能反向遍历。

某些情况下(如用户自己实现的数据结构)，可能还需要用户自己动手来创建一个 Iterator。当然，这也很简单，只需要实现 Iterator 接口，将里面的 hasNext()、next()、remove() 方法实现即可(remove()方法为可选)。

5.2 List 接口

List 继承了 Collection，是有序的列表，该接口定义的元素是有序的且可重复的。在 List 接口下使用最多的就是 ArrayList 实现类和 LinkedList 实现类，下面我们来详细了解一下这两个类。

5.2.1 ArrayList 类

ArrayList 类是 List 接口的大小可变数组的实现(继承 AbstractList，同时实现 List 接口，见图 5-1 和图 5-2)，实现了所有可选列表操作，并允许包括 null 在内的所有元素。除了实现 List 接口外，此类还提供一些方法，来设置用来存储列表的数组的大小。ArrayList 类的特点如下。

- 大小是可变的，是自动增长的，可动态地增加或减少元素。
- 实现了 IColletion 和 IList 接口。
- 它是非同步的集合类。
- 元素可以重复。

每个 ArrayList 实例都有一个容量，表示能存储元素的个数，可通过构造方法来设置初始容量，随着向 ArrayList 中不断添加元素，其容量也自动增长。ArrayList 类还提供了一些方法可以轻松地获取、增加、删除集合中的元素，如表 5-2 所示。

表 5-2 ArrayList 类的方法

方　　法	摘　　要
boolean add(E o)	将指定元素追加到此列表的尾部
void add(int index, E elmt)	将指定元素插入此列表中的指定位置
boolean addAll(Collection<? extends E>c)	按照指定 Collection 的迭代器所返回的元素顺序，将该 Collection 中的所有元素追加到此列表的尾部
boolean addAll(int index, Collection<? extends E>c)	从指定位置开始，将指定Collection中的所有元素插入此列表中
void clear()	移除此列表中的所有元素
boolean contains(Object elem)	如果此列表中包含指定的元素，则返回 true
void ensureCapacity(int minCapacity)	如有必要，增加此 ArrayList 实例的容量，以确保它至少能够容纳 min Capacity 参数所指定的元素数
E get(int index)	返回此列表中指定位置上的元素

(续表)

方　法	摘　　要
int indexOf(Object elem)	搜索给定参数第一次出现的位置,使用equals()方法进行相等性测试
boolean isEmpty()	测试此列表中是否为空
int lastIndexOf(Object elem)	返回指定对象在列表中最后一次出现的位置索引
E remove(int index)	移除此列表中指定位置上的元素
boolean remove(Object o)	从此列表中移除指定元素的单个实例(如果存在),此操作是可选的
Protected void removeRange(int fromIndex, int toIndex)	移除列表中索引在fromIndex(包括)和toIndex(不包括)之间的所有元素
E set(int index, E element)	用指定的元素替代此列表中指定位置的元素
int size()	返回此列表中的元素数
Object[] toArray()	返回一个按照正确的顺序包含此列表中所有元素的数组
<T> T[] toArray(T[] a)	返回一个按照正确的顺序包含此列表中所有元素的数组;返回数组的运行时类型就是指定数组的运行时类型
void trimToSize()	将此ArrayList实例的容量调整为列表的当前大小
List<E> subList(int fromIndex, int toIndex)	返回列表中指定的fromIndex(包括)和toIndex(不包括)之间的部分视图

要尤其注意粗体部分的方法,它们是ArrayList相对Collection增加的一些专用方法。仔细研究可以发现,不管是set还是get,ensureCapacity还是trimToSize,indexOf还是lastIndexOf,它们均与List的本质有关。这就是说List是按特定顺序排列的,可通过下标来访问。而其他方法则是针对Collection的普通实现。

由于ArrayList是动态数组(可通过查看源代码发现其维护了一个叫作elementData的数组,初始容量为10),所以保持了数组的特性。在ArrayList执行查询操作将非常快,但如果执行增加(特别是插入)、删除操作,效率低下。代码如示例5-2所示。

示例5.2:

```
package com.hopeful.lesson5;
import java.io.File;
import java.util.ArrayList;
/**
 * ArrayList演示
 * @author hopeful
 */
public class ArrayListDemo {
    /** 增加元素 */
    public void addElements() {
        //<Object>表示本ArrayList内存放的是Object元素
        ArrayList<Object> alist = new ArrayList<Object>();
        //添加对象
```

```java
        alist.add("test");
        alist.add(new Integer(1));
        alist.add(new File("C:\\"));
        //在索引 0 位置插入字符 a
        alist.add(0, new Character('a'));
        //添加集合
        alist.addAll(alist);
        //Java SE 5.0 for 语句新特性，将 alist 中的每一个 Object 对象遍历输出
        for (Object obj : alist) {
            System.out.println(obj.toString());
        }
        //清空集合
        alist.clear();
    }
    /** 删除元素 */
    public void delElements() {
        ArrayList<String> alist = new ArrayList<String>();
        alist.add("a");
        alist.add("b");
        alist.add("c");
        alist.add("d");
        System.out.println(alist);
        //按照索引删除
        alist.remove(0);
        System.out.println(alist);
        //按照内容删除
        alist.remove("c");
        System.out.println(alist);
        //整块删除
        alist.subList(0, 2).clear();
        System.out.println(alist);
    }
    /** 查找元素 */
    public void findElements() {
        ArrayList<String> alist = new ArrayList<String>();
        //集合是否为空
        System.out.println("is empty?" + alist.isEmpty());
        alist.add("a");
        alist.add("b");
        alist.add("c");
        alist.add("b");
        alist.add("e");
        System.out.println(alist);
        System.out.println("is empty?" + alist.isEmpty());
        //indexOf()方法其实是对集合遍历，找出第一个符合 equals 条件的元素
        int index = alist.indexOf("b");
        System.out.println("char b's index is :" + index);
```

```
            index = alist.lastIndexOf("b");
            System.out.println("char b's last index is :" + index);
            //判断是否存在某个元素
            boolean isContains = alist.contains("f");
            System.out.println("contains f?" + isContains);
            //根据索引获得元素
            System.out.println("alist.get(0) is :" + alist.get(0));
            //获得当前集合大小
            System.out.println("alist's size:" + alist.size());
        }
        public static void main(String[] args) {
            ArrayListDemo demo = new ArrayListDemo();
            demo.addElements();
            //demo.delElements();
            //demo.findElements();
        }
    }
```

为使编译器不再出现黄色的警告线(泛型类型检查)，我们在定义 ArrayList 时采用了这种办法：ArrayList<Object> alist = new ArrayList<Object>()，即明确告知 ArrayList 将要存储的内容是什么类型的。在此我们只要会用就行了，不必深究，后面会有深入讲解。

方法 addElements()为 ArrayList 对象内加入了类型各异的对象，并把自身元素加入自身，各位可以思考一下，"alist.addAll(alist)"和"alist.add(alist)"含义一样吗？这些元素进入 alist 后被提升为 Object 对象。在该方法内使用了 Java SE 5.0 支持的新 for 语句。

方法 delElements() 中 使 用 了 System.out.println(alist)，这 会 调 用 alist.toString()，而 ArrayList 已经重写了 toString()方法，返回方括号中集合内的所有元素。同样，请思考 alist.remove(Collection c)和alist.removeAll(Collection c)的差别。

分别运行示例中的三个方法，结果如图 5-4～图 5-6 所示。

图 5-4　调用 addElements()方法

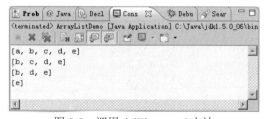

图 5-5　调用 delElements()方法

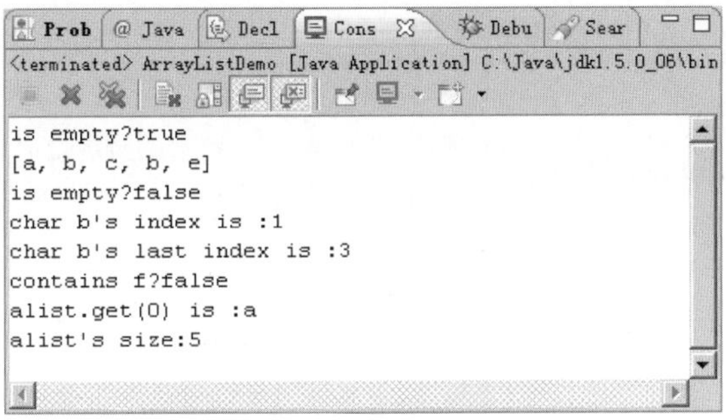
Prob
@ Java
Decl
Cons
Debu
Sear
<terminated> ArrayListDemo [Java Application] C:\Java\jdk1.5.0_06\bin
is empty?true
[a, b, c, b, e]
is empty?false
char b's index is :1
char b's last index is :3
contains f?false
alist.get(0) is :a
alist's size:5

图 5-6　调用 findElements()方法

5.2.2　LinkedList 类

LinkedList 类用于创建链表数据结构对象。它继承 AbstractSequentialList 类并实现了 List、Queue 接口。

与 ArrayList 一样，LinkedList 也实现了 List 接口，这说明可根据索引来查询集合内的元素。不过，LinkedList 和 ArrayList 的区别也很明显，由于 LinkedList 实现了双向循环链表，所以可以很快捷地插入或删除元素；但由于链表的特性，如果对 LinkedList 执行查询，那么效率也非常低。可以说两者是互补关系，在实际应用中，要根据情况选择。

LinkedList 类的常用方法如表 5-3 所示。

表 5-3　LinkedList 类的方法

方　　法	摘　　要
boolean add(E o)	将指定元素追加到此列表的结尾
void add(int index, E elemt)	在此列表中的指定位置插入指定的元素
boolean addAll(Collection<? extends E> c)	将指定 Collection 中的所有元素追加到此列表的结尾，顺序是指定 Collection 的迭代器返回这些元素的顺序
Boolean addAll(int index, Collection<? extends E> c)	将指定集合中的所有元素从指定位置开始插入此列表
void addFirst(E o)	将给定元素插入此列表的开头
void addLast(E o)	将给定元素追加到此列表的结尾
void clear()	从此列表中移除所有元素
boolean contains(Object o)	如果此列表包含指定元素，则返回 true
E get(int index)	返回此列表中指定位置处的元素
E getFirst()	返回此列表的第一个元素
E getLast()	返回此列表的最后一个元素
int indexOf(Object o)	返回此列表中首次出现的指定元素的索引，如果列表中不包含此元素，则返回-1
int lastIndexOf(Object o)	返回此列表中最后出现的指定元素的索引，如果列表中不包含此元素，则返回 -1

(续表)

方法	摘要
ListIterator<E> listIterator(int index)	返回此列表中的元素的列表迭代器(按适当顺序)，从列表中的指定位置开始
E remove()	找到并移除此列表的头(第一个元素)
E remove(int index)	移除此列表中指定位置处的元素
boolean remove(Object o)	移除此列表中首次出现的指定元素
E removeFirst()	移除并返回此列表的第一个元素
E removeLast()	移除并返回此列表的最后一个元素
E set(int index, E element)	将此列表中指定位置的元素替换为指定的元素
int size()	返回此列表的元素数
Object[] toArray()	以正确顺序返回包含此列表中所有元素的数组
<T> T[] toArray(T[] a)	以正确顺序返回包含此列表中所有元素的数组；返回数组的运行时类型就是指定数组的类型

相对于 ArrayList 来说，基于链表在增加、删除元素方面的便捷性，LinkedList 提供了 addFirst()、addLast()、removeFirst()、removeLast()等方法。另外，提供了更好用的 ListIterator 迭代器。代码如示例 5.3 所示。

示例 5.3：

```java
package com.hopeful.lesson5.list;
import java.util.Collection;
import java.util.Iterator;
import java.util.LinkedList;
/**
 * LinkedList 测试
 * @author hopeful
 */
public class LinkedListDemo {
    public void addElements(){
        LinkedList<Object> llist = new LinkedList<Object>();
        //添加
        llist.add(new String("Jack"));
        //添加到最后
        llist.addLast("Merry");
        //添加到最开始
        llist.addFirst(new String("first"));
        llist.add("last");
        //迭代输出
        this.toIterator(llist);
    }
    public void delElements(){
        LinkedList<Object> llist = new LinkedList<Object>();
        llist.add("a");
```

```java
            llist.add("b");
            llist.add("c");
            llist.add("d");
            //删除第一个
            llist.removeFirst();
            //删除最后一个
            llist.removeLast();
            //迭代输出
            this.toIterator(llist);
        }
        //获得元素
        public void getElements(){
            LinkedList<Object> llist = new LinkedList<Object>();
            llist.add("a");
            llist.add("b");
            llist.add("c");
            llist.add("d");
            //获得第一个
            Object obj = llist.getFirst();
            System.out.println(obj.toString());
            //获得最后一个
            obj = llist.getLast();
            System.out.println(obj.toString());
        }
        //迭代输出每个元素
        public void toIterator(Collection<Object> col){
            Iterator<Object> it = col.iterator();
            while(it.hasNext()){
                Object obj = it.next();
                System.out.println(obj.toString());
            }
            System.out.println("-----------------------");
        }
        public static void main(String[] args) {
            LinkedListDemo demo = new LinkedListDemo();
            demo.addElements();
            demo.delElements();
            demo.getElements();
        }
    }
```

　　本例主要演示了 LinkedList 类的独有方法，运行结果如图 5-7 所示。

　　通过对比 ArrayList 和 LinkedList，不难发现，其实不管是 ArrayList，还是 LinkedList，它们的本质区别不在于几个方法存在与否。对于 ArrayList 来说，由于遍历的便捷，提供了 indexOf() 方法；对于 LinkedList 来说，由于增删的便捷，提供了诸如 addFirst()、addLast()、removeFirst()、removeLast() 等方法。但总体来看，它们的功能是一致的，无非是对数据元素的增删改查、获得子集合、访问属性等。所以看问题要看本质，它们的区别在于实现的数据结构不同，ArrayList 实现了可变数组，而 LinkedList 实现了链表，这将导致它们适用于不同的场合。如果某系统查询很多而数据变动很少，最好使用 ArrayList，如果系统数据经常执行增加、删除的操作，则应当选择 LinkedList。

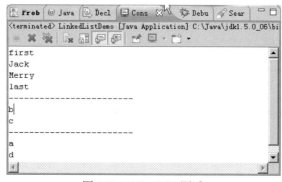

图 5-7　LinkedList 测试

ArrayList 的底层数据结构是数组，有下标，我们可更快速地执行查询操作，但增删比较慢，而且线程不安全，效率比较高。

LinkedList 底层数据结构是链表，查询比较慢，但是增删快，线程不安全，效率高。

5.3　Set 接口

Set 集合是无序的，如果集合中已经存在某个对象，那么在集合中添加该对象则会返回 false。因此 Set 集合重视的是唯一性，不允许有重复元素，最常用的也就是 HashSet 类。

HashSet 类底层是以哈希表实现的，此类实现了 Set 接口，由于 Set 接口是不能存入重复元素的集合，所以 HashSet 类也具备这一特性。HashSet 存储元素的顺序不是按照存入的顺序，而是以哈希值来存储的，因此取数据也是按照哈希值来获取。

HashSet 类通过元素的 hashCode()方法和 equals()方法进行元素的重复判定，当我们将对象加入 HashSet 集合时，HashSet 集合会使用对象的 hashCode()方法来判断对象加入的位置，而且也会和已经存入的对象的 hashCode 值进行比较。如果不相等，HashSet 就会认为元素不重复；但如果对象的 hashCode 值相同，会继续使用 equals 进行比较，如果 equals 为 true，那么新加入的对象就为重复对象，添加失败，否则添加成功。所以在大家自定义类的时候需要重写 hashCode()方法和 equals()方法。

HashSet 类常用的方法如表 5-4 所示。

表 5-4　HashSet 类的方法

方　　法	摘　　要
boolean add(E e)	将指定的元素添加到此集合(如果元素不存在)
void clear()	从此集合中删除所有元素
Object clone()	返回此 HashSet 实例的浅层副本：元素本身不被克隆

(续表)

方　　法	摘　　要
boolean contains(Object o)	如果此集合包含指定的元素，则返回 true
boolean isEmpty()	如果此集合不包含元素，则返回 true
Iterator<E> iterator	返回此集合中的迭代器
boolean remove(Object o)	如果指定元素存在，则删除
int size()	返回此集合中的元素数(基数)
Spliterator<E> spliterator()	在此集合中的元素上创建 late-binding 和故障快速 Spliterator

下面先定义一个学生类，然后把众多学生类对象添加到 HashSet 集合中，去检测能否添加重复的元素对象，如示例 5.4 所示。

示例 5.4：

```
class Student{
    //声明变量
    private String name;
    private int age;
    public Student(String name, int age) {
        super();
        this.name = name;
        this.age = age;
    }
    public String getName() {
        return name;
    }
    public void setName(String name) {
        this.name = name;
    }
    public int getAge() {
        return age;
    }
    public void setAge(int age) {
        this.age = age;
    }
    //重写 hashCode()方法。先判断年龄，再判断姓名，返回哈希值
    @Override
    public int hashCode() {
        final int prime = 31;
        int result = 1;
        result = prime * result + age;
        result = prime * result + ((name == null) ? 0 : name.hashCode());
        return result;
    }
    //重写 equals()方法。如果姓名、年龄都相等，则返回 true；只要任意一个不等，就返回 false
    @Override
```

```java
    public boolean equals(Object obj) {
        if (this == obj)
            return true;
        if (obj == null)
            return false;
        if (getClass() != obj.getClass())
            return false;
        Student other = (Student) obj;
        if (age != other.age)
            return false;
        if (name == null) {
            if (other.name != null)
                return false;
        } else if (!name.equals(other.name))
            return false;
        return true;
    }
//重写 toString()方法，方便打印结果
    @Override
    public String toString() {
        return "Student [name=" + name + ", age=" + age + "]";
    }
}
```

在 Student 类中，我们重写了 hashCode()方法和 equals()方法。在 hashCode()方法中，我们先计算 age 值，然后计算 name(姓名)的哈希值。若 age 相同，name 相同，则返回的 result 结果就是相等的，也就是哈希值相等；当哈希值相等时，再通过 equals()方法来判断是不是相同元素，先把元素转化为 Student 对象，然后如果 age 和 name 相同，则返回 true，即为相同的元素。

下面定义测试类 HashSetTest，向集合中添加学生对象，并添加 name 和 age 都相同的元素，看能否添加成功。

```java
import java.util.HashSet;
import java.util.Iterator;
import java.util.Set;
//向 HashSet 类中添加对象
public class HashSetTest {
    public static void main(String[] args) {
        //创建集合对象
        Set ss = new HashSet();
        ss.add(new Student("张三", 18));
        ss.add(new Student("李四", 25));
        ss.add(new Student("王五", 25));
        ss.add(new Student("龙七", 30));
        //遍历集合第一种方式：使用 foreach 方式
        for (Object obj : ss) {
            System.out.println(obj);
```

```
        }
        //向集合中添加一个姓名相同、年龄相同的学生
        boolean b = ss.add(new Student("王五", 25));
        System.out.println("向集合中添加相同姓名和年龄的学生，是否可以添加："+b);
        //遍历集合第二种方式：使用迭代方式
        Iterator it = ss.iterator();
        while(it.hasNext()){
            Object obj1 = it.next();
            System.out.println(obj1);
        }
    }
}
```

运行程序，结果如图 5-8 所示。

图 5-8　HashSet 类的用法

从运行结果来看，大家发现当我们在向集合中添加 name 和 age 相同的学生对象时，在添加时返回的结果是 false，也就是说 HashSet 集合把这两个具有相同 name 和 age 的对象认为是同一个对象了，而 HashSet 实现了 Set 接口，保证对象的不重复性，也就不能成功添加了。在集合中，我们使用 foreach 增强 for 循环的方式和 Iterator 迭代两种方式分别遍历集合中的元素，两种方式各有优劣，推荐使用 Iterator 迭代方式遍历元素。

5.4　Map 接口

大家都知道 Collection 是单列集合，而 Map 则是双列集合，Map 接口将键映射到值的对象，是以键值对的形式存在的，并且键不能重复，每个键可映射到一个值。

HashMap是基于哈希表的Map接口的实现(继承AbstractMap、实现Map接口，见图 5-1)，是实现键值对(key-value)关联性的类，可通过key查找对应的value，一个key-value可称为一个映射。在集合中，key是唯一的，而且可以为空对象，不过很显然最多只能有一个空的key，所以我们最好还是写一些有实际意义的key。

HashMap 有一个"近亲" HashTable。HashTable 在 JDK 1.0 中产生，应用很广。随着 JDK 1.2 的发布，HashMap 到来，由于能完成类似 HashTable 的事件，而且速度快，导致 HashTable 很少被使用。

HashMap 还有一个"远亲" TreeMap。TreeMap 也继承了 AbstractMap，但还实现了 Map 的子接口 SortedMap。不同的是，TreeMap 非常细心，对于放入的每一个键值对，它都进行

key 的升序排列，便于以后检索，不过很显然这会导致性能的下降，所以使用的时候要根据情况慎重选择，追求有序就用 TreeMap，追求速度就用 HashMap。

鉴于 HashMap 和 TreeMap 提供的方法类似，而适用场合不同，本单元只讲述 HashMap 的使用，请同学们查阅 API 文档，自己完成 TreeMap 的学习。

表 5-5 列出了 HashMap 的常用方法。

表 5-5　HashMap 的常用方法

方　　法	摘　　要
void clear()	从此映射中移除所有映射关系
boolean containsKey(Object key)	如果此映射包含指定键的映射关系，则返回 true
boolean containsValue(Object value)	如果此映射将一个或多个键映射到指定值，则返回 true
boolean isEmpty()	如果此映射不包含键-值映射关系，则返回 true
V put(K key, V value)	在此映射中关联指定值与指定键
void putAll(Map<? extends K,? extends V> m)	将指定映射的所有映射关系复制到此映射中，这些映射关系将替换此映射目前针对指定映射的所有键的所有映射关系
V get(Object key)	返回指定键在此标识哈希映射中所映射的值，如果对于此键来说，映射不包含任何映射关系，则返回 null
V remove(Object key)	如果此映射中存在该键的映射关系，则将其删除
int size()	返回此映射中的键-值映射关系数
Collection<V> values()	返回此映射所包含的值的 Collection 视图
Set<K> keySet()	返回此映射中所包含的键的 Set 视图
public Set<Map.Entry<K,V>> entrySet()	返回此映射所包含的映射关系的 Collection 视图，每个映射关系都是一个 Map.Entry，内有键值对信息

Map 接口与 Collection 接口没有任何关系，所以 HashMap 中没有 add()方法。对键-值插入用的是 put(key,value)方法，读取时用 get(int key)方法。使用 KeySet()方法可以获得类型是 Set 的键视图，使用 values()方法可以获得类型为 Collection 的值视图，通过 entrySet()方法可以获得所有映射关系的 Collection 视图，对于视图读取可用 Iterator(迭代器)进行迭代。代码如示例 5.5 所示。

示例 5.5：

```
package com.hopeful.lesson5.map;
import java.util.Collection;
import java.util.HashMap;
import java.util.Iterator;
import java.util.Map;
import java.util.Set;
/**
 * HashMap 测试
 * @author hopeful
 */
public class HashMapDemo {
    /** 用迭代器进行迭代 */
    public static void printElements(Collection c) {
```

```java
            Iterator it = c.iterator();
            while (it.hasNext()) {
                System.out.println(it.next());
            }
        }
        /*    禁止检查*/
        @SuppressWarnings("unchecked")
        public static void main(String[] args) {
            HashMap map = new HashMap();
            //使用 put(key,value)方法添加元素
            map.put(1, "aaa");
            map.put(2, "bbb");
            map.put(3, "ccc");
            //由 get(key)方法获得对应的 value
            System.out.println(map.get(1));
            System.out.println(map.get(2));
            System.out.println(map.get(3));
            //获得 map 的键视图
            Set keys = map.keySet();
            System.out.println("Keys:");
            //迭代输出每个 key
            printElements(keys);
            //获得 map 的值视图
            Collection col = map.values();    //返回值的视图
            System.out.println("Values:");
            printElements(col);
            //键值映射关系的 Collection 视图
            Set entry = map.entrySet();
            //手工迭代输出每个映射的键、值
            Iterator it = entry.iterator();
            while (it.hasNext()) {
                //获得一个映射实体，分开读取键和值
                Map.Entry me = (Map.Entry) it.next();
                System.out.println(me.getKey() + "-:-" + me.getValue());
            }
            //直接输出每个映射，默认以"="连接
            printElements(entry);
        }
    }
```

程序首先创建一个空的HashMap，这会构造一个具有默认初始容量(16)和默认加载因子(0.75)的空HashMap。接着使用put(key,value)方法向内部填充键值对，并通过get(key)方法获得key所对应的value。通过keySet()方法获得key集合，通过values()方法获得value集合，通过entrySet()方法获得键-值映射关系集合，并通过迭代器输出。

注意，通过entrySet()方法获得的映射关系集合中包含map所有的键值对，用Map.Entry表示每一个映射关系，可通过Map.Entry的getKey()和getValue()方法获得其内的key和value。

程序运行结果如下：

```
aaa
bbb
ccc
Keys:
2
1
3
Values:
bbb
aaa
ccc
2-:-bbb
1-:-aaa
3-:-ccc
2=bbb
1=aaa
3=ccc
```

程序正确打印出各个映射关系的键和值，但看出端倪了吗？我们输入的顺序是什么？是 1、2、3，输出的顺序是什么？是 2、1、3，虽然每个键值对内容没变，key 为 1 仍然对应 value 为 aaa，但顺序变了，这恰恰印证了 HashMap 不保证顺序。这在某些情况下是不方便的，例如，有一堆 HashMap 用于存储学员信息，插入时按照 name、age、sex 顺序，如果我们希望按照原始插入的顺序(姓名、年龄、性别)打印出每个同学的信息，那么很遗憾，HashMap 办不到，可能第一个会打印出 age、name、sex，第二个打印出 sex、name、age，杂乱无章。

可能有的同学想到了 TreeMap，这个"远亲"不是自动将放入的数据排序吗？没错，不过 TreeMap 是按照"自然顺序"排序，也就是按照字典顺序排，对于上例来说就是每个 HashMap 的输出结果均是按 age、name、sex 来的，也不满足我们的要求。

HashMap 还有一个"后代"，叫作 LinkedHashMap。LinkedHashMap 类基于链表，能够确保迭代顺序就是输入的顺序，那么上面的疑问就迎刃而解了。将示例 5.5 中的"HashMap map = new HashMap()"替换为"HashMap map = new LinkedHashMap()"，运行后顺序变为 1、2、3。

5.5 工具类

5.5.1 Collections 类

Collections 类是 Collection 接口的辅助类(见图 5-1)，它并不能充当容器，但是它可以对集合对象执行排序、替换、随机排序、反转、交换元素、求最大最小值等操作，它的所有方法都是静态的。

Collections 类的常用方法如表 5-6 所示。

表 5-6 Collections 类的常用方法

方　　法	摘　　要
static <T> boolean addAll(Collection<? super T> c, T... a)	将所有指定元素添加到指定 Collection 中
static <T> int binarySearch(List<? extends Comparable<? super T>> list, T key)	使用二进制搜索算法来搜索指定列表，以获得指定对象
static <T> int binarySearch(List<? extends T> list, T key, Comparator<? super T> c)	使用二进制搜索算法来搜索指定列表，以获得指定对象
static <T> void copy(List<? super T> dest, List<? extends T> src)	将所有元素从一个列表复制到另一个列表
static boolean disjoint(Collection<?> c1, Collection<?> c2)	如果两个指定 Collection 中没有相同的元素，则返回 true
static <T> List<T> emptyList()	返回空的列表(不可变的)
static <K,V> Map<K,V> emptyMap()	返回空的映射(不可变的)
static <T> Set<T> emptySet()	返回空的 set(不可变的)
static <T> void fill(List<? super T> list, T obj)	使用指定元素替换指定列表中的所有元素
static int frequency(Collection<?> c, Object o)	返回指定 Collection 中等于指定对象的元素数
static int indexOfSubList (List<?> source, List<?> target)	返回指定源列表中第一次出现指定目标列表的起始位置；如果没有出现这样的列表，则返回-1
static int lastIndexOfSubList(List<?> source, List<?> target)	返回指定源列表中最后一次出现指定目标列表的起始位置；如果没有出现这样的列表，则返回-1
static Object & Comparable<? super T>? max(Collection<? extends T> coll)	根据元素的自然顺序，返回给定 Collection 的最大元素
static Object & Comparable<? super T>? min(Collection<? extends T> coll)	根据元素的自然顺序，返回给定 Collection 的最小元素
static <T> boolean replaceAll(List<T> list, T oldVal, T newVal)	使用另一个值替换列表中出现的所有某一指定值
static void reverse(List<?> list)	反转指定列表中元素的顺序
static <T> Comparator<T> reverseOrder()	返回一个比较器，它强行反转实现 Comparable 接口对象 Collection 上的自然顺序
static void shuffle(List<?> list)	使用默认随机源随机更改指定列表的序列
static void shuffle(List<?> list, Random rnd)	使用指定的随机源随机更改指定列表的序列
Static ends Comparable<? Super T>? sort(List<T> list)	根据元素的自然顺序，对指定列表按升序进行排序
static <T> void sort(List<T> list, Comparator<? super T> c)	根据指定比较器产生的顺序对指定列表进行排序
static void swap(List<?> list, int i, int j)	在指定列表的指定位置处交换元素

可以看到Collections类的方法均是对集合类执行操作，功能非常丰富，如示例5.6所示。

示例5.6：

```java
package com.hopeful.lesson5.collections;
import java.util.ArrayList;
import java.util.Collections;
/**
 * Collections 类测试
 * @author hopeful
 */
public class CollectionsDemo {
    public static void main(String[] args) {
        //创建测试集合
        ArrayList<String> alist = new ArrayList<String>();
        alist.add("a");
        alist.add("c");
        alist.add("d");
        alist.add("b");
        //输出原始列表
        System.out.println("before ordered:"+alist);
        //按照元素的自然顺序排序
        Collections.sort(alist);
        System.out.println("ordered:"+alist);
        //交换元素位置
        Collections.swap(alist, 0, 1);
        System.out.println("after swaped(index 0 and 1):"+alist);
        //依照默认种子随机打乱顺序，也可以指定随机种子
        Collections.shuffle(alist);
        System.out.println("after shuffled:"+alist);
        //按照自然顺序返回集合内元素的最大值
        String max = Collections.max(alist);
        System.out.println("the max:"+max);
        //按照自然顺序返回集合内元素的最小值
        String min = Collections.min(alist);
        System.out.println("the min:"+min);
        //反转顺序
        Collections.reverse(alist);
        System.out.println("after reversed:"+alist);
        //查询子集合
        ArrayList<String> blist = new ArrayList<String>();
        blist.add("b");
        blist.add("d");
        int index = Collections.indexOfSubList(alist, blist);
        System.out.println(alist+"'s sublist "+blist+":"+index);
        //查询两个集合是否有交集，如果没有交集，返回 true
        boolean intersection = Collections.disjoint(alist, blist);
        System.out.println(alist +" and " + blist+"have intersection data?"+intersection);
    }
}
```

上例演示了 Collections 类各种实用的方法，注意 sort()、max()、min() 等方法需要进行大小对比，它们默认是自然顺序的，即按照字母顺序排序。当然，程序员还可以构建自己的比较器(comparator)，从而实现自由排序。

5.5.2 Arrays 类

Arrays 类能实现对数组的排序、搜索等操作，注意它与 Collections 的区别。Arrays 针对数组，可以是基本数据类型的数组，也可以是对象数组，而 Collections 针对集合。Arrays 类提供的方法均为静态方法。

我们知道，对于任一个集合类来说，都存在一个静态方法 toArray()，功能是将一个集合转化为数组；而 Arrays 类也不甘示弱，同样存在一个名为 asList() 的方法，用于将一组数据转化为 List 对象，被转化的这组数据可以是一个数组，也可以是分散数据。可以说，Arrays.asList() 同 Collection.toArray() 一起，充当了基于数组的 API 与基于 Collection 的 API 之间的桥梁。

Arrays 类常见的方法如表 5-7 所示。

表 5-7 Arrays 类常见的方法

方　　法	说　　明
static <T> List<T>　asList(T... a)	返回一个受指定数组支持的固定大小的列表
static int binarySearch(byte[] a, byte key)	使用二进制搜索算法来搜索指定的 byte 型数组，以获得指定的值
static boolean equals(byte[] a, byte[] a2)	如果两个指定的 byte 型数组彼此相等，则返回 true
static void fill(byte[] a, byte val)	将指定的 byte 值分配给指定 byte 型数组的每个元素
static void sort(byte[] a, int fromIndex, int toIndex)	对指定 byte 型数组的指定范围按数字升序进行排序

以上每个方法(asList 除外)均有很多变种，以适应不同的数据类型。

Arrays 类测试方法如示例 5.7 所示。

示例 5.7：

```
package com.hopeful.lesson5.arrays;
import java.util.Arrays;
import java.util.List;
/**
 * Arrays 类测试
 * @author hopeful
 */
public class ArraysDemo {
    public static void main(String[] args) {
        //使用 Arrays.asList，将数组转化为 List
        String [] s = new String[2];
        s[0] = "aa";
        s[1] = "bb";
        List<String> list1 = Arrays.asList(s);
```

```
        System.out.println("list1:"+list1);
        //使用 Arrays.asList 将多个数据转化为 List
        List<String> list2 =Arrays.asList("cc","bb","dd","aa");
        System.out.println("list2"+list2);
        //使用 Collection.toArray，将 List 转化为数组
        String[] str = (String[])list2.toArray();
        //使用 Arrays.sort 对数组排序
        Arrays.sort(str);
        System.out.println("after sorted:");
        for(String el:str){
            System.out.println(el);
        }
        //查看是否相等
        boolean eq = Arrays.equals(s, str);
        System.out.println("array s equals str?"+eq);
    }
}
```

运行程序，结果如图 5-9 所示。

图 5-9　Arrays 类测试结果

5.6　泛型

之前学习过 OOP 思想，现在的程序中到处都是对象，加上集合多是以 Object 为数据类型的。这样代码中到处都可以看见数据类型转换的内容，数据类型变得扑朔迷离。甚至多次传递后连程序员自己都不一定知道数据的类型了！正是为了避免这种现象的出现，Java 引入了泛型，使用泛型机制编写的代码比杂乱使用 Object 变量，然后进行强制数据类型转换的代码具有更好的安全性和可读性。泛型对于集合类尤其有用。

5.6.1　泛型程序设计的应用

为什么要使用泛型程序设计？以常用的 ArrayList 类为例，在使用 ArrayList 的时候常遇到以下两个问题。

- 当获取一个值的时候必须进行强制类型转换。
- 当向其中放入值的时候没有任何约束，只要是对象就行。

这样，如果处理数据类型时稍微出现一些问题，程序就会报错！

泛型提供了一个解决方案：类型参数(type parameters)。如果 ArrayList 类有一个类型参数指示元素的类型，就没有问题了。在 Java 中是这样实现的：

ArrayList<String> arr = new ArrayList<String>();

这时程序员可以很方便地分辨其中元素的类型，编译器也可以很好地利用这个信息。所以当调用 get()方法时，不需要执行类型转换，编译器就知道返回值类型为 String。

String str = arr.get(0);

编译器还知道 ArrayList<String>中 add()方法有一个类型为 String 的参数。这将比直接使用 Object 类型的参数更安全。如果再尝试向其中放入非 String 的数据，编译器就会发出通知以避免发生错误。

arr.add(new Integer(1));

这样是无法通过的。编译错误比出现运行时错误要好得多。

5.6.2 泛型类的定义

一个泛型类(generic class)就是具有一个或多个类型变量的类。在示例 5.8 中我们只关心泛型。

示例 5.8：

```java
class Person<T>{
    private T firstName;
    private T secondName;
    public Person(T firstName,T secondName){
        this.firstName = firstName;
        this.secondName = secondName;
    }
    public T getFirstName() {
        return firstName;
    }
    public void setFirstName(T firstName) {
        this.firstName = firstName;
    }
    public T getSecondName() {
        return secondName;
    }
    public void setSecondName(T secondName) {
        this.secondName = secondName;
    }

    public static void main(String[] args) {
        Person<String> p = new Person<String>("Herry","Boter");
        System.out.println(p.getFirstName() + "."
```

```
        + p.getSecondName());
    }
}
```

Person 类引入一个类型变量 T，使用尖括号(< >)括起来，并放在类名的后面。泛型类可以有多个类型变量。例如，可在 Person 中添加多个类型，使用逗号隔开即可：

Public class Person<T,S>{...}

这样类定义中的类型变量可出现在方法的返回值类型及属性或局部变量的类型处。用具体的类型替换类型变量就可以实例化泛型类型，如：

Person<String>

可将结果想象成带有构造方法的普通类：

Public class Person<T,S>{...}
Person<String>(String,String)

及方法：

String getFirstName()
String getSecondName()
void setFirstName(String)
void setsecondName(String)

5.6.3　泛型方法

前面已经介绍了如何定义一个泛型类，还可以定义一个带有类型参数的方法，如示例 5.9 所示。

示例 5.9：

```
public class Test {
    private int num;
    public <T> T add(T[] number){
        return number[0];
    }
    public static void main(String[] args) {
        Integer[] number = {1,2,3,4,5};
        Test t = new Test();
        System.out.println(t.<Integer>add(number));
    }
}
```

多数情况下，方法调用中可省略<Integer>类型参数。编译器有足够的信息能够判断出 T 的类型。

5.6.4　类型变量的限定

有时，类或方法需要对类型变量加以约束，如找最大值，如示例 5.10 所示。

示例 5.10：

```java
public class Test {
    public <T extends Comparable> T findMax(T[] number){
        T max = number[0];
        for(int i = 0;i < number.length;i ++){
            if(number[i].compareTo(max) > 0){
                max = number[i];
            }
        }
        return max;
    }
    public static void main(String[] args) {
        Integer[] number = {1,2,3,4,5};
        Test t = new Test();
        System.out.println(t.<Integer>findMax(number));
    }
}
```

由于 T 是一个未知类型，为了能对其比较大小，这里使用了<T extends Comparable>表示 T 是继承自 Comparable 的一个子类，这样 T 类型就拥有了 compareTo()方法，可以进行大小的比较了。

5.6.5 常见问题

1. 不能使用基本类型实例化类型参数

不能用类型参数代替基本类型。我们要记住 T 代表的是某个类型，不能代表基本类型，所以 Person<int>是错的，而 Person<Integer>是可以的。

2. 运行时类型查询只适用于原始类型

虚拟机中对于类型的查询只会返回原始类型，也就是说无论其后所带的泛型是什么类型，都会被忽略。如：

if(arr instanceof ArrayList<String>)

这时<String>会被忽略掉，而只判断是否为 ArrayList。也就是说，不管尖括号(< >)中是什么类型的编译器，只关心前面的 ArrayList，只要 arr 是 ArrayList，就会返回 true。

3. 泛型不能用于异常类实例

不能抛出也不能捕获泛型类的对象，所有泛型类扩展 Throwable 都不合法。

4. 不能实例化类型变量

不能使用像 new T(…)这样的表达式中的类型变量。

5. 不能在静态内容中使用类型变量

不能在静态内容中引用类型变量，如示例 5.11 所示。

示例 5.11：

```
public class Person {
    private static T obj;
    public static T getObj(){
        if(obj == null){
            obj = new T();
            return obj;
        }else{
            return obj;
        }
    }
}
```

这个例子中存在两处错误：使用了 new T() 和在静态内容中使用了类型变量。

5.6.6 通配符类型

之前我们使用的类型变量都是明确指定的，这样有时用起来不是很方便。Java 的设计者发明了一种"安全的解决方案"——通配符类型。

如：

```
ArrayList<? extends Person>
```

表示任何泛型 ArrayList 类型，它的类型参数是 Person 的子类，如示例 5.12 所示。

示例 5.12：

```
import java.util.ArrayList;
class Person{
    public String names;
    public void work(){
        System.out.println("Person.work()");
    }
}
class Student extends Person{
    public void work(){
        System.out.println("Student.study()");
    }
}
class Worker extends Person{
    public void work(){
        System.out.println("Worker.word()");
    }
```

```java
}
public class Test {
    public static void main(String[] args) {
        ArrayList<? extends Person> arr = new ArrayList<Person>();
        ArrayList<Student> _arr1 = new ArrayList<Student>();
        _arr1.add(new Student());
        ArrayList<? extends Person> arr1 = _arr1;
        arr.add(new Student());//1
        arr1.get(0).work();//2
            ArrayList<? extends Person> arr2 = new ArrayList<Worker>();
    }
}
```

注意，其中标记"1"处的代码编译器会报错，因为"?"不能用来匹配，编译器只知道要某个 Person 的子类型，但不知道具体是什么类型，所以它拒绝传递任何特定的类型。而标记"2"处就不存在问题，将 get()方法的返回值赋给一个 Student 的引用完全合法。

这就是引入有限定的通配符的关键之处。

【单元小结】

- 集合框架(JCF)的根接口为 Collection，有 Set、List 等子接口，所有集合类均具有一些共同的方法，它们的主要区别在于实现的数据结构不同。
- Map 接口用于存储映射关系，其实现类有 HashMap 和 TreeMap 等。
- Iterator(迭代器)能在不暴露内部细节的情况下访问集合元素。
- Collections 类对集合框架提供了支持。
- Arrays 类提供了对数组的操作支持，同时提供数组到集合的转换方法 asList()。
- 泛型类、泛型方法以及类型变量的使用。

【单元自测】

1. (　　)用于创建动态数组。
   A. Arrays　　B. HashMap　　C. LinkedList　　D. ArrayList
2. (　　)类可用于创建链表数据结构的对象。
   A. ArrayList　　B. HashMap　　C. Arrays
   D. HashTable　　E. LinkedList　　F. LinkedHashMap
3. ArrayList 类的(　　)方法可获取动态数组的大小。
   A. getSize()　　B. length()　　C. size()　　D. getLength()
4. (　　)类用键值对来保存元素。
   A. Vector　　B. ArrayList　　C. LinkedList　　D. HashMap
5. Java 中的集合类主要有哪几种类型？(　　)
   A. 集　　B. 列表　　C. 映射　　D. 堆栈

【上机实战】

上机目标

- 使用 ArrayList、LinkedList 集合对象进行操作
- 使用 HashMap 进行操作
- 使用 Iterator 进行迭代

上机练习

◆ **第一阶段** ◆

练习1：使用集合存储数据

【问题描述】
请使用集合类，存储一系列书籍对象。

【问题分析】
可使用ArrayList(其他集合类也可以，题目没有提供使用环境)来保存对象，书籍信息放置在书籍类中，包括ISBN编号、作者、价格、出版社等信息。

【参考步骤】
(1) 创建书籍类 BookEntity，内含各个属性及属性对应的 getter()和 setter()方法。

```java
/**
 * 书籍 JavaBean
 * @author hopeful
 */
public class BookEntity {
    //编号
    private int book_id;
    //书名
    private String book_name;
    //价格
    private float book_price;
    //作者
    private String book_author;
    //出版社
    private String publisher;
    //默认构造方法
    public BookEntity() {
    }
    //带参数的构造方法
```

```java
        public BookEntity(int book_id, String book_name, float book_price,
                String book_author, String publisher) {
            this.book_id = book_id;
            this.book_name = book_name;
            this.book_price = book_price;
            this.book_author = book_author;
            this.publisher = publisher;
        }
        //书籍信息
        public String toString() {
            String info = book_id + "," + book_name + "," + book_price + ","  + book_author + "," + publisher ;
            return info;
        }
        public int getBook_id() {
            return book_id;
        }
        public void setBook_id(int book_id) {
            this.book_id = book_id;
        }
        public String getBook_name() {
            return book_name;
        }
        public void setBook_name(String book_name) {
            this.book_name = book_name;
        }
        public float getBook_price() {
            return book_price;
        }
        public void setBook_price(float book_price) {
            this.book_price = book_price;
        }
        public String getBook_author() {
            return book_author;
        }
        public void setBook_author(String book_author) {
            this.book_author = book_author;
        }
        public String getPublisher() {
            return publisher;
        }
        public void setPublisher(String publisher) {
            this.publisher = publisher;
        }
    }
```

(2) 创建书籍仓库。

```java
import java.util.ArrayList;
```

```java
import java.util.List;
import hopeful.book.entity.BookEntity;
/**
 * 所有书籍存放于本仓库
 * @author hopeful*/
public class BookStore {
    public List<BookEntity> allBook(){
        List<BookEntity> bookList = new ArrayList<BookEntity>();
        //存放几本书
        bookList.add(new BookEntity(10001,"代码大全",98,"迈克康奈尔", "电子工业出版社"));
        bookList.add(new BookEntity(10002,"C#高级编程",158,
            "Christian Nagel Bill Evjen Jay Glynn","清华大学出版社"));
        bookList.add(new BookEntity(10003,"Ajax 基础教程",35,"阿斯利森","人民邮电出版社"));
        bookList.add(new BookEntity(10004,"JavaScript 高级程序设计",
            59,"Nicholas C. Zakas ","人民邮电出版社"));
        bookList.add(new BookEntity(10005,"Java 语言的科学与艺术",
            59.8,"Eric S. Roberts","清华大学出版社"));
        return bookList;
    }
}
```

(3) 输出测试。

```java
import java.util.Iterator;
import java.util.List;
import hopeful.book.entity.BookEntity;
public class Test {
    public static void main(String[] args) {
        List<BookEntity> bookList = BookStore.allBook();
        Iterator<BookEntity> it = bookList.iterator();
        while(it.hasNext()){
            BookEntity book = it.next();
            System.out.println(book);
        }
    }
}
```

(4) 运行程序，结果如图 5-10 所示。

图 5-10　ArrayList 存储书籍对象

第二阶段

练习2：图书查询

【问题描述】

某图书馆为便于同学们查询书籍信息、是否借出，特把所有书籍信息存放于某系统内，该系统能实现添加书籍、修改书籍、根据书籍的 ISBN 编号查看书籍信息等功能。请使用 Java 集合来实现该图书馆书籍管理系统。

【问题分析】

这是一个典型的对数据进行增删改查的小应用，在这个例子中，我们需要考虑如下几个方面。

- 书籍信息包含很多方面，如书籍的 ISBN 编号、名字、作者、出版社、是否借出等。由于要将这些信息存入集合，所以有必要单独创建一个书籍类，在集合中存放书籍对象。
- 采用什么样的集合类比较适合当前的应用呢？根据题意可以知道，该系统的主要功能是提供查询，而且对于实际应用来说，书籍(对象)一旦录入，将很少更改该引用。这样看来，仿佛使用 ArrayList 比较合适。不过，虽然 ArrayList 相对 LinkedList 来说，在查询方面效率较高，但那是查询 ArrayList 内保存的内容。而这次需要查询的是 ArrayList 内的书籍对象的书名，这是有区别的，我们不是直接针对 ArrayList 进行查询。因此如果使用 ArrayList，需要对集合类进行遍历，取出所有书籍对象，并打开书籍对象一一对比 ISBN 编号，效率不言而喻。那么如何解决呢？仔细分析会发现，虽然题目没说，但这其实是一个键-值的关系，即 ISBN 编号-书对象的 key-value 关系，为提高效率，有必要采取 Map。Map 接口有很多实现(参阅理论部分)，不排序、key 不重复的 HashMap 更适合我们这个应用。
- 为便于扩展，我们对应用划分了层次，采用了接口，底层 DAO 直接对书籍仓库进行操作，而业务层内通过组合 DAO 从而提供不同的服务。
- 类结构图如图 5-11 所示。
- UML 图如图 5-12 所示。

图 5-11　类结构图　　　　图 5-12　UML 图

图 5-12 中，标志为 C 的代表类，标志为 I 的代表接口。⇩代表依赖使用，△代表实现，

→代表直接使用。

【参考步骤】

(1) 创建书籍 JavaBean。

```java
package hopeful.book.entity;
/**
 * 书籍 JavaBean
 * @author hopeful
 */
public class BookEntity {
    //编号
    private int book_id;
    //书名
    private String book_name;
    //价格
    private float book_price;
    //作者
    private String book_author;
    //出版社
    private String publisher;
    //是否借出
    private boolean isBorrowed;
    //默认构造方法
    public BookEntity() {
    }
    //带参数的构造方法
    public BookEntity(int book_id, String book_name, float book_price,  String book_author, String publisher, boolean isBorrowed) {
        this.book_id = book_id;
        this.book_name = book_name;
        this.book_price = book_price;
        this.book_author = book_author;
        this.publisher = publisher;
        this.isBorrowed = isBorrowed;
    }
    //书籍信息
    public String toString() {
        String info = book_id + "," + book_name + "," + book_price
                + "," + book_author + "," + publisher + ","+isBorrowed;
        return info;
    }
    //对应的 getter()和 setter()方法
}
```

(2) 创建书库类，用于保存所有书籍。

```java
package hopeful.book.data;
```

```java
import java.util.HashMap;
import java.util.Map;
import hopeful.book.entity.BookEntity;
/**
 * 所有书籍存放于本仓库
 * @author hopeful
 */
public class BookStore {
    public static Map<Integer, BookEntity> allBooks() {
        Map<Integer, BookEntity> books = new HashMap<Integer, BookEntity>();
        //预先存放几本书, key:书籍编号; value:书籍对象
        books.put(10001, new BookEntity(10001, "代码大全", 98,
            "迈克康奈尔", "电子工业出版社",true));
        books.put(10002, new BookEntity(10002, "C#高级编程", 158,
            "Christian Nagel Bill Evjen Jay Glynn", "清华大学出版社", false));
        books.put(10003, new BookEntity(10003, "Ajax 基础教程", 35,
            "阿斯利森","人民邮电出版社", false));
        books.put(10004, new BookEntity(10004,
            "JavaScript 高级程序设计", 59, "Nicholas C. Zakas ", "人民邮电出版社", true));
        books.put(10005, new BookEntity(10005,
            "Java 语言的科学与艺术", 59.8, "Eric S. Roberts", "清华大学出版社", false));
        return books;
    }
}
```

BookStore 类只提供了一个 getAllBook()方法,用于提供现有的全部书籍 Map。该 Map 相当于一个库房,所有对书籍的修改都是针对它。

(3) 设计底层增删改查接口 BookDAO。

```java
package hopeful.book.dao;
import java.util.Map;
import hopeful.book.entity.BookEntity;
/**
 * 对书籍的操作
 * @author hopeful
 */
public interface BookDAO {
    /**
     * 增加书籍
     * @param book
     */
    public void addBook(BookEntity book);
    /**
     * 删除书籍
     * @param book
     */
    public void delBook(Integer book_id);
    /**
```

```java
     * 修改书籍
     * @param book
     */
    public void updateBook(BookEntity book);
    /**
     * 查看书籍信息
     * @param book
     */
    public BookEntity findBook(Integer book_id);
    /**
     * 获得所有书籍信息
     * @return
     */
    public Map<Integer,BookEntity> getAllBook();
}
```

该接口的作用是针对所有的书籍服务的原子性操作，对书籍仓库的直接修改。

(4) 设计客户服务接口 BookService。

```java
package hopeful.book.service;
import java.util.Map;
import hopeful.book.entity.BookEntity;
/**
 * 接口，定义书籍的相关服务
 * @author hopeful
 */
public interface BookService {
    /**
     * 增加书籍
     * @param book
     * @return 是否成功
     */
    public boolean addBook(BookEntity book);
    /**
     * 删除书籍
     * @param book_id
     * @return 被删除的书籍对象
     */
    public BookEntity delBook(Integer book_id);
    /**
     * 修改书籍
     * @param book
     * @return 是否成功
     */
    public boolean updateBook(BookEntity book);
    /**
     * 查看书籍信息
     * @param book_id
```

```
     * @return 找到的书籍对象
     */
    public BookEntity findBook(Integer book_id);
    /**
     * 获得所有书籍信息
     * @return 书籍 map
     */
    public Map<Integer,BookEntity> getAllBook();
}
```

该接口的作用是对所有客户操作进行判断，通过调用 DAO 来提供服务。

(5) 实现 DAO 接口。

```
package hopeful.book.dao;
import java.util.Map;
import hopeful.book.data.BookStore;
import hopeful.book.entity.BookEntity;
public class BookDAOImpl implements BookDAO {
    private Map<Integer,BookEntity> books;
    public BookDAOImpl(){
        books = BookStore.allBooks();
    }
    public void addBook(BookEntity book) {
        books.put(book.getBook_id(), book);
    }
    public void delBook(Integer book_id) {
        books.remove(book_id);
    }
    public BookEntity findBook(Integer book_id) {
        return books.get(book_id);
    }
    public Map<Integer,BookEntity> getAllBook() {
        return books;
    }
    public void updateBook(BookEntity book) {
        books.put(book.getBook_id(), book);
    }
}
```

由于 DAO 针对书籍仓库进行操作，所以内含一个 map，通过构造方法初始化为书籍仓库。

(6) 实现 Service 接口。

```
package hopeful.book.service;
import hopeful.book.dao.BookDAO;
import hopeful.book.dao.BookDAOImpl;
import hopeful.book.entity.BookEntity;
```

```java
public class BookServiceImpl implements BookService{
    private BookDAO bookDAO ;
    public BookServiceImpl(){
        bookDAO = new BookDAOImpl();
    }
    public boolean addBook(BookEntity book) {
        if(bookDAO.findBook(book.getBook_id())==null){
            bookDAO.addBook(book);
            return true;
        }
        return false;
    }
    public BookEntity delBook(Integer book_id) {
        BookEntity book = null;
        if((book = bookDAO.findBook(book_id))!=null){
            bookDAO.delBook(book_id);
        }
        return book;
    }
    public BookEntity findBook(Integer book_id) {
        return bookDAO.findBook(book_id);
    }
    public boolean updateBook(BookEntity book) {
        if(bookDAO.findBook(book.getBook_id())!=null){
            bookDAO.updateBook(book);
            return true;
        }
        return false;
    }
    public Map<Integer,BookEntity> getAllBook() {
        return bookDAO.getAllBook();
    }
}
```

由于 Service 通过 DAO 操作，所以内含 BookDAO，通过构造方法初始化。Service 内的方法可能是通过整合多个原子性 DAO 得到的。

(7) 测试。

```java
package hopeful.book;
import java.util.Iterator;
import java.util.Map;
import hopeful.book.entity.BookEntity;
import hopeful.book.service.BookService;
import hopeful.book.service.BookServiceImpl;
/**
 * 测试
 * @author hopeful
 */
```

```java
public class Test {
    private BookService bookService;
    public Test(){
        bookService = new BookServiceImpl();
    }
    /**
     * 输出 map 内的内容
     * @param books
     */
    public void print(Map<Integer,BookEntity> books ){
        System.out.println("-----------------all books-------------");
        Iterator<BookEntity> it = books.values().iterator();
        while(it.hasNext()){
            BookEntity book = it.next();
            System.out.println(book);
        }
    }
    public static void main(String[] args) {
        Test test = new Test();
        //测试：添加一本书
        System.out.println("add book:");
        BookEntity book = new BookEntity(10006,"HOPEFUL",100,"toraji","清华大学出版社",false);
        test.bookService.addBook(book);
        //输出当前书库所有书籍
        test.print(test.bookService.getAllBook());
        //测试：删除一本书
        System.out.println("del book:");
        test.bookService.delBook(10002);
        test.print(test.bookService.getAllBook());
        //测试：更新一本书
        System.out.println("update book:");
        BookEntity book1 = new BookEntity(10006,"HOPEFUL",100,"toraji","人民邮电出版社",false);
        test.bookService.updateBook(book1);
        test.print(test.bookService.getAllBook());
        //测试：查找一本书
        System.out.println("find book:");
        BookEntity book2 = test.bookService.findBook(10004);
        System.out.println(book2);
    }
}
```

(8) 运行结果如下。

```
add book:
-----------------all books----------------
10002,C#高级编程,158.0,Christian Nagel Bill Evjen Jay Glynn,清华大学出版社,false
10006,HOPEFUL,100.0,toraji,清华大学出版社,false
10001,代码大全,98.0,迈克康奈尔,电子工业出版社,true
```

```
10003,Ajax 基础教程,35.0,阿斯利森,人民邮电出版社,false
10005,Java 语言的科学与艺术,59.8,Eric S. Roberts,清华大学出版社,false
10004,JavaScript 高级程序设计,59.0,Nicholas C. Zakas ,人民邮电出版社,true
del book:
-----------------all books----------------
10006,HOPEFUL,100.0,toraji,清华大学出版社,false
10001,代码大全,98.0,迈克康奈尔,电子工业出版社,true
10003,Ajax 基础教程,35.0,阿斯利森,人民邮电出版社,false
10005,Java 语言的科学与艺术,59.8,Eric S. Roberts,清华大学出版社,false
10004,JavaScript 高级程序设计,59.0,Nicholas C. Zakas ,人民邮电出版社,true
update book:
-----------------all books----------------
10006,HOPEFUL,100.0,toraji,人民邮电出版社,false
10001,代码大全,98.0,迈克康奈尔,电子工业出版社,true
10003,Ajax 基础教程,35.0,阿斯利森,人民邮电出版社,false
10005,Java 语言的科学与艺术,59.8,Eric S. Roberts,清华大学出版社,false
10004,JavaScript 高级程序设计,59.0,Nicholas C. Zakas ,人民邮电出版社,true
find book:
10004,JavaScript 高级程序设计,59.0,Nicholas C. Zakas ,人民邮电出版社,true
```

当然，在查找、删除、增加、修改书籍时，也可以获得对应方法的返回值，查看操作是否成功。

【拓展作业】

1. 设计一个个人娱乐工具箱，该工具箱能够对 CD、VCD、DVD 等不同类型的光盘进行管理，请实现对以上三种光盘的入库、查询功能。

提示：可创建一个光盘类，内含有光盘类型(type)字段，字段值用 1、2、3 来代表 CD、VCD、DVD(或直接使用字符串)，这样就能综合对所有光盘的管理了。

2. 设计一个通讯录程序，程序启动后，读取 E 盘下的 staff.txt 文件，从中获取所有员工的信息，存放到集合中(员工信息包括编号、姓名、性别、年龄、工龄、电话)。该程序能够完成对员工的增、删、改、查功能，也能列出所有员工，其中删、改、查功能根据员工的编号进行。每次更新后，将员工信息存入 staff.txt 文件。

提示：staff.txt 文件格式可以如下。

```
#通讯录
#依次为编号、姓名、性别、年龄、工龄、电话
1001,张欢,男,20,1,12345678901
1002,丽华,女,22,2,12345678902
#……
```

每行放置一个员工的信息，程序读取文件时，遇到开头为#的行就跳过，遇到不是#开头的就读取一行，并使用 StringTokenizer 依照逗号进行分割，将分割出来的每项存入员工对象。

单元六 异常和错误调试

课程目标

- ▶ 理解异常的概念
- ▶ 了解异常的分类
- ▶ 掌握 try 块、catch 块和 finally 块
- ▶ 掌握多重 catch 和嵌套 try-catch
- ▶ 了解 throw 和 throws 子句的用法
- ▶ 了解自定义异常
- ▶ 了解运行时异常和非运行时异常

简 介

本单元介绍 Java 的异常处理机制。异常(exception)是在运行过程中代码序列内产生的一种例外情况。Java 中提供了一种独特的处理异常机制,通过 try、catch、finally、throw、throws 5 个关键字及众多异常类来处理程序设计中可能出现的问题,而且在处理过程中,把异常的管理带到了面向对象的世界。

6.1 异常概述

"天有不测风云,人有旦夕祸福"。程序代码也如此,任何人都无法保证自己的程序永远正常运行,程序一旦出现异常,那么就像我们在现实生活中碰到的异常问题一样,需要得到及时处理。异常处理是程序设计中一个非常重要的方面,也是程序设计的一大难点。通过前面的学习,大家也许已经知道如何用 if...else...来控制异常了,例如,对于一个简单的四则运算程序,会判断用户输入的运算符号是否正确、运算数字是否合法,这也许是自发的,然而这种控制异常痛苦,同一个异常或错误如果在多个地方出现,那么在每个地方都要做相同的处理(每一种情况都要写一个 if 语句),那就相当的麻烦了! 而且,即便感觉自己写的程序很优秀,但在运行时还有可能让人觉得不知所云。

```
//四则运算程序片段
if(运算符号错误){
    报告错误
}else if(数字超出范围){
    报告错误
}else if(被除数为 0){
    报告错误
}else{
    正常运行
}
```

看似一切正常,但很不幸,偶尔也会出现一些错误。例如,某天大家可能会突然发现程序报告这个错误:

java.lang.OutOfMemoryError: Java heap space

Java 语言在设计之初就考虑到异常处理,提出错误和异常处理框架的方案,所有异常都可以用一个类型来表示,不同类型的异常对应于不同的子类异常,定义了异常处理的规范。

Java 如何处理错误或异常呢? 首先来看看 Java 中关于错误与异常处理的类关系图,如图 6-1 所示。

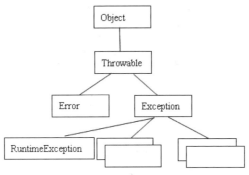

图 6-1 Java 错误与异常

Throwable 类是 Java 语言中所有错误或异常的超类，这意味着只要是错误或者异常，那么肯定是 Throwable 子类的实例，本单元要解决的问题都归属于 Throwable。

但事实上，由于错误、异常内容过于庞大，所以设计人员将它们两个分开，这就是 Throwable 的两个子类：Error 和 Exception。

Error 类负责错误，它指程序运行时遇到的硬件或操作系统的错误，如内存溢出、栈溢出、动态链接错误、虚拟机 VM 错误等，这些错误都是严重而致命的，是依靠程序所不能解决的，是"不可抗拒的外力"因素造成的。这就像买房时购房合同上总有一条，房屋交付使用后，如遇不可抗力导致房屋受损，由此造成的后果由购买方承担。大家不安地问："不可抗力指的是什么？"房屋销售人员会说："地震、海啸、彗星撞击地球等。"所以程序一旦遭遇错误，一般开发人员是无法弄清这些错误的原因的，因此只能眼睁睁地看着程序崩溃。

Exception 类专攻异常，一个异常是在程序执行期间发生的一个事件(exceptional event)，它使正常的指令流中断，因而这个不幸事件应当被及时有效地捕获并处理。在一个方法中发生异常时，这个方法创建一个对象，并把它传递给运行时系统(runtime system)，这个对象被称为"异常对象"，它包含了有关异常的信息，如异常的类型及其程序中发生时间时的状态。创建一个异常对象并把它传递给运行时系统，称为"抛出异常"。大多时候我们处理的异常都是 Exception 的子类，而非 Exception 本身，异常类的名字通常都是精心挑选的，可以很清楚地说明到底发生了什么事情，如 ClassNotFoundException、ArithmeticException 等。表 6-1 列出了常见的异常。

表 6-1 常见的异常

异 常	说 明
Exception	异常层次结构的根类
RuntimeException	Java.lang 包中多数异常的基类
ArithmeticException	算术错误，如除数为 0
ArrayIndexOutOfBoundsException	数组下标越界
IllegalArgumentException	方法收到非法参数
AWTException	AWT 中的异常
ClassNotFoundException	不能加载所需的类
NumberFormatException	从字符串到数据类型的非法转换

(续表)

异　　常	说　　明
SecurityException	试图违反安全性
NullPointerException	试图访问 null 对象引用
IOException	I/O 异常的根类
FileNotFoundException	文件没有找到
EOFException	文件结束
NoSuchMethodException	请求的方法不存在
IllegalAccessException	对类的访问被拒绝
InterruptedException	线程中断
SQLException	SQL 数据库异常

6.2 异常的处理

异常处理有两种方式，一种是捕获异常，通过 try…catch…finally 的方式，另一种是通过关键字 throws 抛出异常，暂时先不做处理，也就是通过 try、catch、throw、throws 和 finally 5 个关键字来对异常进行处理的。下面是一个异常处理块的通常形式。

```
try {
    //要监控是否有异常的代码
}
catch (ExceptionType1 ex1) {
    /*对异常进行必要的处理 */
}
catch (ExceptionType2 ex2) {
    /*对异常进行必要的处理 */
}
finally {
    //try 块结束前必须执行的代码块
}
```

其中，ExceptionType1、ExceptionType2 是异常的类型，应当直接或间接继承了 Exception 类，它们还应当是两种不同类型的异常，ex1 与 ex2 是这两种异常类的对象，可在 catch 块中使用以解决问题。

来看看它们是如何工作的：把想要监控的代码放在 try 块中，如果在 try 块中发生异常，会将异常抛出到 catch 部分，catch 部分捕捉到这个异常，并且用某种合理的方法处理该异常。如果 catch 部分不能处理这个异常(如类型不匹配)，程序将会把这个异常往上抛给调用者(自己解决不了就往上传达)，直到有能够解决问题的"大人物"出现为止，最终到达 JVM 那里，若 JVM 也处理不了，只好终止程序，贴出异常消息和不负责任的方法调用链，于是一排红名单出现在我们眼前。

try-catch 的好处是让异常处理与业务逻辑的主线相分离，我们可以对可能遇见的异常做分支处理。如果想手动引发一个异常，用关键字 throw。定义任何可能被引发的异常都必须使用 throws 子句。任何在方法返回前绝对被执行的代码被放在 finally 块中。
Java 代码中可用来处理异常的方式有以下两种。
- 将可能引发异常的语句写在 try 块内，而处理异常的相应语句则写在 catch 块内。
- 某些情况下，可能要以此方式声明方法：发生异常时，就放弃对它的执行。因此，不需要在方法中提供 try/catch 块，而是方法声明包含 throws 子句，通知调用者，如果发生异常，必须由调用者处理。

6.2.1 try-catch 结构

try-catch 结构如下。

```
try{
代码 A
代码 B
}catch(ExceptionType e){
    异常处理
}
代码 C
```

try-catch 结构是 Java 异常处理的基本模型，try 块负责监视其内代码是否存在异常，如果代码 A、B 都不存在异常，则不会执行 catch 块的代码，将继续执行代码 C。如果代码 A 出现了异常，程序将跳到 catch 块，代码 B 中止执行；catch 捕捉到异常进行处理后，代码 C 继续执行。如示例 6.1 所示。

示例 6.1：

```java
package com.hopeful.lesson6;
public class ExceptionDemo {
    public static void main(String[] args) {
        int d, q;
        System.out.println("begin!");
        try {
            // 监控以下代码
            d = 0;
            System.out.println("before exception!");
            q = 42 / d;
            System.out.println("after exception!");
        } catch (ArithmeticException e) {
            // 异常类型对象为 ArithmeticException
            System.out.println("发生了算术异常!");
        }
        System.out.println("end!  ");
    }
}
```

运行代码，结果如图 6-2 所示。

图 6-2 try-catch 结构

异常被引发时(q = 42/d)，抛出 ArithmeticException 对象，程序控制由 try 块转到 catch 块，catch 块可以看作是一个特殊方法，其接受 ArtithmeticException 对象参数。程序永远不会从 catch 块返回到 try 块，因此，其后的语句将不会被执行(after exception!)。一旦执行完 catch 语句，程序将继续执行，所以会显示"end!"(这也正是 Sun 公司将异常分为备受争议的 RuntimeException 和 CheckedException 的依据之一：异常被捕捉后，程序可以继续执行)。

一个 try 和它的 catch 语句形成了一个单元。catch 子句的范围限制于 try 语句前面所定义的语句。一个 catch 语句不能捕获另一个 try 声明所引发的异常。

Exception类继承Object类，Object类中定义了public的toString()方法。在异常中此方法用于检索存储在Exception对象中String表示的信息。Exception中定义了printStackTrace()方法，用于输出与异常相关的堆栈跟踪信息，即异常是如何发生的，代码中的哪一行产生了异常。示例 6.2 中使用了这两种方法以显示异常的描述。

示例 6.2：

```java
package com.hopeful.lesson6;
public class ExceptionDemo {
    public static void main(String[] args) {
        int d, q;
        System.out.println("begin!");
        try {
            // 监控以下代码
            d = 0;
            System.out.println("before exception!");
            q = 42 / d;
            System.out.println("after exception!");
        } catch (ArithmeticException e) {
            // 异常类型对象为 ArithmeticException
            System.out.println(e);
            e.printStackTrace();
        }
        System.out.println("end！ ");
    }
}
```

运行程序，结果如图 6-3 所示。

图 6-3 异常描述

结果中,第一个 java.lang.ArithmeticException: / by zero 是 System.out.println(e)输出的结果,其后的堆栈跟踪信息是 e.printStackTrace()输出的结果,其指明了异常引发的原因是被零除(/ by zero),发生异常的位置为 ExceptionDemo.java 第 16 行,所以通过这种手段,一旦出现了异常,我们就可以快速定位。

6.2.2 多重 catch 块

某些情况下,try 块中的代码也可能引发多种异常,这时在 catch 中只写一个 Exception 参数接收异常对象即可。不过,这样显然不好,会让程序难以维护。要处理这种情况,可以定义两个或更多的 catch 子句,每个子句捕获一种类型的异常,每个 catch 各司其职。代码如下:

```
try{
代码 A
代码 B
代码 C
}catch(ExceptionType1  e1){
    异常处理代码 D1
} catch(ExceptionType2  e2){
    异常处理代码 D2
}…更多 catch 语句
finally{
    回收资源代码 E
}
代码 F
```

与单个 catch 语句的区别是,当异常被引发时,try 块抛出异常对象,这个异常对象将依次和每个 catch 块中的参数进行对比。如果参数能够接受这个异常对象(意味着异常对象是参数或其子类的实例),那么执行该 catch 中的代码,如示例 6.3 所示。当然,一旦匹配到某个 catch,其余 catch 语句将不会执行。看起来是不是和 switch-case 结构很像?

例如,如果代码 B 将会引发异常,那么程序流程可能是 A→B→D1→E→F,当然也可能是 A→B→D2→E→F。

示例 6.3：

```java
package com.hopeful.lesson6;
public class MutiCatchDemo {
    public static void main(String[] args) {
        try {
            int num1 = Integer.parseInt(args[0]);
            int num2 = Integer.parseInt(args[1]);
            System.out.println("前两个参数相除的结果为：" + num1 / num2);
        } catch (ArrayIndexOutOfBoundsException e) {
            System.out.println("请检查参数是否正确！");
        } catch (NumberFormatException e) {
            System.out.println("输入的不是整数！");
        } catch (Exception e) {
            System.out.println("产生了异常！" + e.toString());
        }
    }
}
```

程序中有三个 catch 语句，注意最后一个才是 Exception 类的参数，因为如果把 Exception 放在第一个，那么后面的所有 catch 根本就没有执行机会，异常对象直接被 Exception 所在的 catch 捕获(Exception 类是所有异常的根类)。其实，不仅应该把 Exception 对象放在最后一个 catch 内，还应该把父类异常的 catch 放在子类异常 catch 块的后面，否则根本就不能通过编译。

继续看示例 6.3，我们不设置任何参数，直接运行，结果如图 6-4 所示。

图 6-4 不设置任何参数

由于此时 args[0]及 args[1]均为 null，产生 ArrayIndexOutOfBoundsException(数组下标越界)异常。

打开 Run Dialog，设置参数如图 6-5 所示。

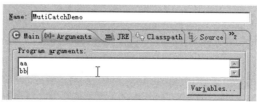

图 6-5 设置参数

我们设置了两个字符串参数，很显然它们不能转化为数字，这次应该报告数字格式化异常(NumberFormatException)，再次运行程序，果然如此，如图 6-6 所示。

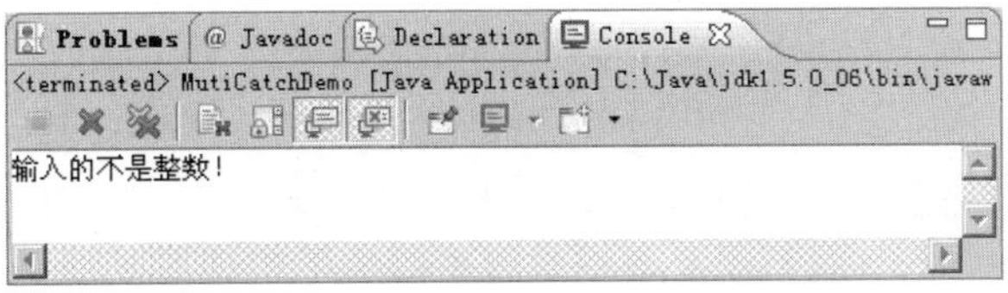

图 6-6　NumberFormatException 异常

把参数设置为 11 和 0，重新运行程序，结果如图 6-7 所示。

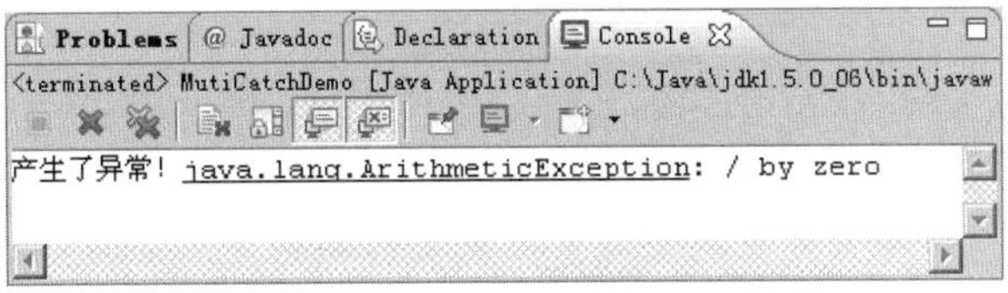

图 6-7　被 Exception 所在 catch 捕获

可以看到，其实产生的异常类型为 ArithmeticException，但是前两个 catch 由于类型不匹配都不能捕获，最终被第三个 catch 块捕获并处理。

把参数设置为 11 和 2，运行后一切正常，如图 6-8 所示。

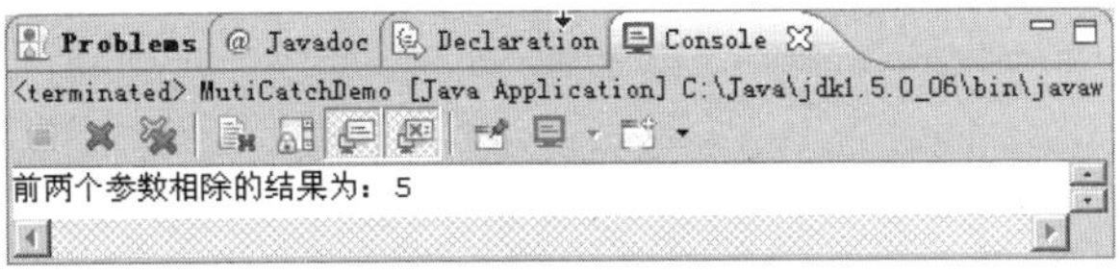

图 6-8　正常运行结果

6.2.3　嵌套 try-catch

与嵌套的 if 语句类似，try-catch 结构内也可以有另外一个 try-catch 子结构，子结构既可以放在父结构的 try 块中，也可以放在父结构的 catch 块和 finally 块中，而不会产生任何冲突。当子结构内出现异常时由子结构自己的 catch 块捕捉并处理，当然，如果子结构的 catch 块没有捕捉到已经发生的异常，这个异常将被父结构中的 catch 块捕捉。下面的代码中就在 try 块中引入了另一个 try-catch 结构。

```
try{
代码 A
try{
    代码 A1
    代码 B1
    代码 C1
}catch(ExceptionType2 e2){
    异常处理代码 D2
}
代码 C
}catch(ExceptionType1  e1){
    异常处理代码 D1
} finally{
    回收资源代码 E
```

}
代码 F

示例 6.4 中父异常结构的 try 块内，存在另一个子 try-catch 结构，根据 j 值的不同，子结构可能会引发算术异常，所以将 catch 部分的参数设置为 ArithmeticException 对象，父结构设为 Exception 对象。

示例 6.4：

```java
package com.hopeful.lesson6;
public class NestedDemo {
    public static void main(String[] args) {
        int i = 1,j=0,k;
        try{
            System.out.println("outside begin!");
            try {
                System.out.println("inside begin!");
                k = i/j;
                System.out.println("inside end!");
            } catch (ArithmeticException e) {System.out.println("exception from inside:"+e.getMessage());
            }
            System.out.println("outside end!");
        }catch(Exception e){
            System.out.println("exception from outside:"+e.getMessage());
        }
    }
}
```

运行程序，结果如图 6-9 所示。

可以看到子异常块如果发生了异常，只要被捕捉，是不会影响到父异常块的。我们把 ArithmeticException 修改为 NullPointerException，再次运行，结果如图 6-10 所示。

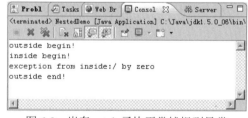
图 6-9　嵌套 catch 子块正常捕捉到异常

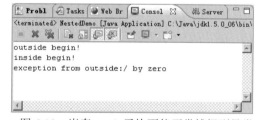
图 6-10　嵌套 catch 子块不能正常捕捉到异常

如果子块捕捉不到其内的异常对象，就相当于父块产生了一个异常，所以不会再输出"outside end!"语句，而 exception from inside:/ by zero 也被 exception from outside:/ by zero 代替。

这就说明，如果内层出现的问题并不严重，并且还想继续执行剩余的程序，那么是可以采取嵌套循环结构的。

6.2.4 抛出异常

在之前的介绍中，我们只是获取了被 Java 运行时系统引发的异常，而且这种异常并不一定会发生。然而，有时需要明确地引发一个异常，Java 语言可以用 throw 语句显式地引发异常。执行流程一旦遭遇 throw 语句，就会立即停止，不会再执行下一个语句。throw 语句的语法为：

throw <Throwable instance>

例如：

throw new NullPointerException()

throws 跟在方法之后，说明该方法可能会抛出某个或某些异常，而这个方法并不关心或不方便处理，由方法的调用者来处理这些异常。throws 的格式为：

方法 throws ExceptionType1，ExceptionType2

例如：

public void test() throws HOPEFULException{}   //自定义异常类

关于 throw 和 throws，区别为：throw 用来抛出切切实实的异常对象(使用 new 创建了一个异常)，是一个实际语句；而 throws 是用来声明的，加在方法声明的后面，后面跟一些异常类的名称，表示一般性动作而不是特指某一个动作，说明这个方法可能会出现一些异常，但是此处没有被处理，调用者必须针对这些可能情况进行异常处理。处理的办法有两种，要么在调用方法时，把方法调用放入 try-catch；要么高高挂起，继续使用 throws 将异常向上层抛，如示例 6.5 所示。

示例 6.5：

```
package com.hope.lesson6;
//抛出异常
public class ThrowsDemo {
    //除法方法，当除数为 0 时抛出异常
    public void div(int x,int y) throws Exception{
        if(y==0){
            //throw 后面接受的是具体的异常对象
            throw new Exception("除数为 0");
        }
        System.out.println(x/y);
        System.out.println("除法运算");
    }
    public static void main(String[] args) {
        ThrowsDemo td = new ThrowsDemo();
        try {
            td.div(6, 0);
        } catch (Exception e) {
```

```
            e.printStackTrace();
        }
    }
}
```

程序运行，效果如图 6-11 所示。

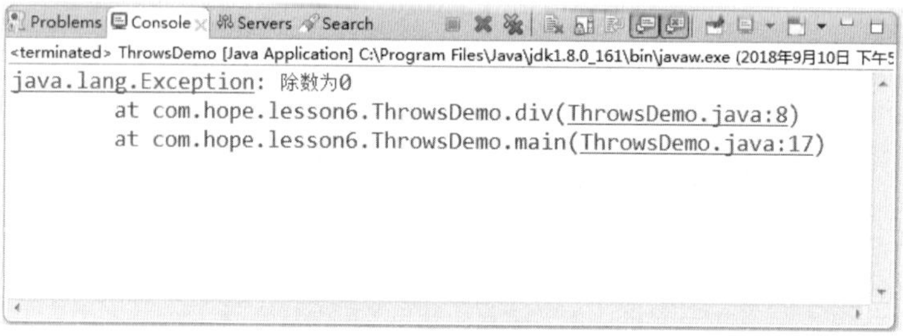

图 6-11　抛出异常

6.2.5　自定义异常

用户也可以创建自己的异常类。要创建自定义异常类，只需要继承 Exception 或其子类即可。为方便使用，可将各种构造方法加以完善，如示例 6.6 所示。

示例 6.6：

```
package com.hopeful.lesson6.exc;
/**
 * 自定义异常类
 */
public class UserDAOException extends Exception {
    public UserDAOException() {
        super();
    }
    public UserDAOException(String msg) {
        super(msg);
    }
    /** 可接受自定义异常信息及原始异常对象，接收对象可避免异常信息丢失 */
    public UserDAOException(String msg, Throwable cause) {
        super(msg, cause);
    }
    public UserDAOException(Throwable cause) {
        super(cause);
    }
}
package com.hopeful.lesson6.exc;
import java.sql.SQLException;
public class UserDAO {
    /** 注册账号 */
    public void registUser(String usrName) throws UserDAOException {
        try {
```

```
            // 检查用户名是否存在、是否禁止使用等
            // 创建用户对象并插入数据库
            // 为便于演示，直接抛出异常
            throw new SQLException();
        } catch (SQLException e) {
            //……将异常信息记录到日志中，方便管理员查看
            // 抛出更简明的自定义异常对象
            throw new UserDAOException("数据操作失败", e);
        } catch (Exception e) {
            //……将异常信息记录到日志中，方便管理员查看
            // 抛出更简明的自定义异常对象
            throw new UserDAOException("系统出现异常", e);
        }
    }
}
package com.hopeful.lesson6.exc;
import com.hopeful.lesson6.exc.UserDAO;
public class Test {
    public static void main(String[] args) {
        UserDAO usrDAO = new UserDAO();
        // 由于 registUser()方法后有 throws 声明，这里需要使用 try-catch 捕捉
        try {
            usrDAO.registUser(null);
            //……其他操作
        } catch (UserDAOException e) {
            System.out.println(e.getMessage());
            e.printStackTrace();
        } catch (Exception e) {
            System.out.println(e.getMessage());
        }
    }
}
```

运行程序，结果如图 6-12 所示。

图 6-12　自定义异常的使用

程序按照预先设想的道路在一步一步走下去，不仅打印出异常信息，还打印出异常发生的完整路线。如果希望把原始异常信息隐藏起来，只对上层提供必要的提示信息，可查阅 UserDAO 类中生成异常对象的代码"throw new UserDAOException("数据操作失败", e)"，将其修改为使用默认构造方法或者只带一个字符串参数的构造方法即可。

可能有些同学会觉得奇怪，本来程序就已经有很多异常等待解决了，为什么还要自己手工抛出异常呢？这不是搬起石头砸自己的脚，没事找事吗？其实不然。

其一，由于JDK平台已经为我们设计好非常丰富和完整的异常对象分类模型，所以Java程序员一般不需要再重新定义自己的异常对象。但这并不是绝对的，随着Java技术的更新，也有很多异常类被加入到JDK，在极少数情况下，可能我们会在项目中对这些异常类进行补充，以便使它们更适合于我们的程序。

其二，在某些情况下，用户确认的异常在编译器看来，并不是异常。例如，有人在注册银行账号时，把年龄写为0岁，显然对于程序来说不会有什么问题，但是程序设计者不能接受，此时可以手工计程序抛出异常中止执行。所以异常有时是很主观的说法，某件事对不同的人群、不同的情况来说，可能是异常，也可能不是异常。就像你周末要出去玩，希望不要下雨，下雨就是异常，但2009年年初北方大旱，天气预报报告周末大雨，可天公不作美，一滴未落，那就是农民兄弟遇见异常了。

其三，通过使用throw抛出自定义异常，结合throws的使用，可以在分层系统中实现异常信息的规范化。例如，在一个软件体系中，存在表现层(用户操作界面)→中间层(实现业务逻辑)→持久层(执行数据操作)三个层次。如果执行数据操作时发生了异常，最好不让这个异常反映到上层，因为正常的客户不愿意看到这些混乱的错误信息，而有敌意的客户会使用这些异常信息进行攻击，可能带来信息泄露。如果对这些异常对象进行重新包装分类整理，重新加以包装抛出更友好的自定义异常对象，那么一旦出现异常，客户既准确知道发生了什么问题，又保证了安全。

6.3 使用finally关键字回收资源

有些时候，try块内引用了一些物理资源，如数据库连接、网络连接或磁盘文件等，那么一旦try块内出现异常，这些资源将无法保证被释放。可能有同学说，把资源释放代码放在try块里；上节讲过，一旦出现异常，try块异常位置之后的代码将不会被执行，所以行不通。那么把资源释放的处理过程放在catch中行不行呢？当然也不可行，因为catch很可能不会被执行，如果没有发生异常，那岂不是根本就不会释放资源了。所以必须采取一种很确切的办法确保资源一定得到释放，不管是否存在异常，这就是finally存在的原因。

```
try{
代码A
代码B
代码C
}catch(ExceptionType e){
    异常处理代码D
}finally{
    回收资源代码E
}
代码F
```

假定代码 B 将会发生异常，那么程序执行的线路将是 A→B→D→E→F，将会跳过代码 C。当然，如果没有异常，那么代码 D 将不会执行，线路将是 A→B→C→E→F。示意图如图 6-13 所示。

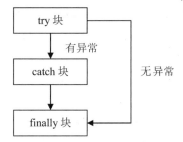

图 6-13　try—catch—finally 的执行流程

代码如示例 6.7 所示。

示例 6.7：

```java
package com.hopeful.lesson6;
public class FinallyDemo {
    public static int test(String s){
        int length = 0 ;
        try{
            System.out.println("before exception!");
            length = s.length();
            System.out.println("after exception!");
        }catch(NullPointerException e){
            System.out.println("发生异常");
        }finally{
            System.out.println("回收相关资源");
        }
        System.out.println("end!");
        return length;
    }
    public static void main(String[] args) {
        String s = "abc";
        int length = FinallyDemo.test(s);
        System.out.println("length = " + length);
    }
}
```

示例 6.7 不会引发任何异常，运行结果如图 6-14 所示。

但假如把 main 函数内的 String s = "abc" 更改为 String s = null，再次运行程序，结果就变为如图 6-15 所示。

可见不管在哪种情况下，finally 内的代码始终会执行。虽然在本例中 finally 其实并未执行任何资源清理工作，仅仅是个样子而已，但在随后进行的 IO 文件操作、JDBC 数据库编程的学习中，你将会看到很多关于 finally 清理资源的操作。

图 6-14　finally 的使用 1

图 6-15　finally 的使用 2

想一想，如果把本例中 catch 的参数由 NullPointerException 更改为 Exception 可以吗？更改为 ArithmeticException 呢？

其实，除了 try-catch finally 的结构外，try-finally 的结构也是可以的。只不过，一旦出现异常，就只有 JVM 来处理了，所以通常并不使用 try-finally 结构。下面看一个关于 finally 更直观的例子，注意在这个例子中，有两个 return 语句，如示例 6.8 所示。

示例 6.8：

```
package com.hopeful.lesson6;
public class FinallyDemo1 {
    public static boolean test(){
        try{
            return false;
        }finally{
            return true;
        }
    }
    public static void main(String[] args) {
        System.out.println(test());
    }
}
```

究竟是打印出 false，还是打印出 true 呢？这要看 finally 是在什么情况下执行了。由于 finally 会在 try 块执行结束之前得到执行，假如 try 内的 return 首先执行，那么方法返回 false，回到 main() 方法，就不会再执行 finally 内的代码，所以，应当首先执行 finally 内的语句，而 finally 内也是一个 return 语句，因此执行完毕后，将不会再执行 try 内的 return false。

注意，本例仅为说明问题，很少有人直接使用 try-finally，各位也尽量不要在 finally 块中使用 return 语句。

6.4　运行时异常和非运行时异常

Java 的异常分为两种，一种是运行时异常(RuntimeException)，运行时异常是不需要捕获的，程序开发者可以不做处理，当异常出现时，虚拟机会处理。常见的运行时异常有类转换异常(ClassCastException)、数组越界异常(IndexOutOfBoundsException)、空指针异常(NullPointerException)等；另一种异常是非运行时异常，也被称为检查式异常

(CheckedException),作为非运行时异常,就必须得捕获了,否则程序就编译不过去,也就无法执行了。Java认为非运行时异常都是可以被处理的异常,所以Java程序需要显式地处理非运行时异常,常见的非运行时异常有IO异常(IOException)、文件找不到异常(FileNotFoundException)以及SQL异常(SQLException)等。

6.4.1 运行时异常

当出现运行时异常时,如果大家没有去捕获这个异常,也就是没有 catch 语句块,系统会一直把异常往上层抛,一直到最上层。如果是多线程程序,就由 Thread.run()抛出,如果是单线程,就由 main()抛出。抛出后,如果是多线程,那这个线程就退出了,如果是主程序抛出的异常,那么整个程序也就退出了。运行时异常是 Exception 的子类,具备一般异常的特点,是可以被 catch 块处理的,只不过一般我们不做处理罢了。简单来说,如果不对运行时异常做处理,当出现运行时异常时,要么线程终止,要么整个程序终止。代码如示例 6.9 所示。

示例 6.9:

```
package com.hope.lesson6;
//运行时异常
class Father{
    void test(){
        System.out.println("父类");
    }
}
class Son extends Father{
    void test(){
        System.out.println("子类");
    }
}
public class RunTimeExceptionDemo {
    public static void main(String[] args) {
        //创建父类对象
        Father f = new Father();
        //把父类对象强制转换为子类对象
        Son s = (Son)f;
        s.test();
    }
}
```

我们没对示例 6.9 中的异常做出处理,运行程序,结果如图 6-16 所示。

运行效果显示类转换异常,父类对象不能转换为子类,此程序出现运行时异常,而且我们也没有对程序异常做处理,直接导致整个程序终止。如果不想程序终止,就必须捕获所有的运行时异常,不让整个处理线程退出。

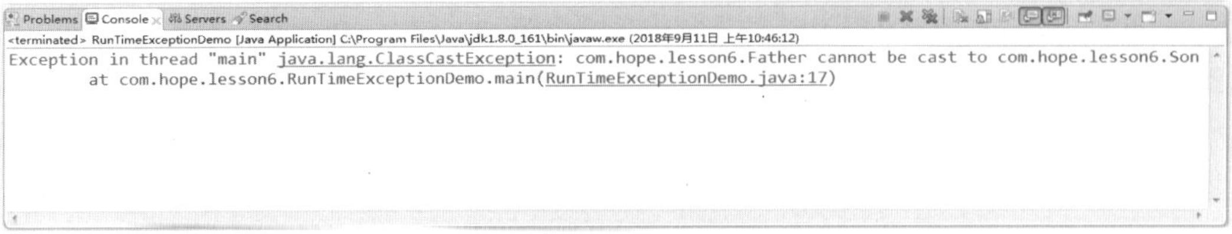

图 6-16 运行时异常效果

6.4.2 非运行时异常

非运行时异常也就是运行时异常以外的其他异常了,是 Exception 的子类,像 IO 异常、SQL 异常以及用户自定义的异常都属于非运行时异常。对于这种异常,Java 编译器强制要求我们对程序的异常进行捕获,否则程序就不能编译通过,如示例 6.10 所示。

示例 6.10：

```java
import java.io.FileInputStream;
import java.io.FileNotFoundException;
import java.io.IOException;
//非运行时异常
public class CheckedExceptionDemo {
    public static void main(String[] args) {
        FileInputStream fis = null;
        try{
            System.out.println("创建 IO 流可能出现的异常");
            fis = new FileInputStream("aaa.txt");
        }catch(FileNotFoundException e){
            System.out.println("没有找到 aaa.txt 文件");
            System.out.println("那就捕获吧");
        }finally{
            System.out.println("必须执行的内容");
            if(fis!=null){
                try{
                    fis.close();
                }catch(IOException e){
                    e.printStackTrace();
                    System.out.println("close 异常！");
                }
            }
            System.out.println("finally 执行结束");
        }
    }
}
```

运行程序,结果如图 6-17 所示。

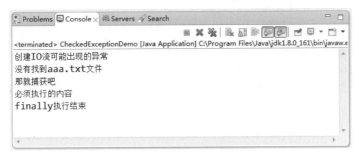

图 6-17 非运行时异常运行效果

在上面例子中，通过 catch 语句，我们对可能出现的异常都进行了捕获操作，所以当 try 代码块中的内容出现了非运行时异常时，就会直接执行 catch 语句中的内容，从而不会影响到整个程序的运行。但无论程序正常还是异常，都会执行 finally，当遇到 System.exit(0)，JVM 会退出。

6.5 异常使用原则

不可否认，Java 异常强制我们去考虑程序的强健性和安全性，这是一种绝妙的设计，而由于异常处理涉及程序流程的跳转，虚拟机需要保存程序的执行流程，以便异常发生时能正确地跳转，这也就导致了使用异常时会引起额外的开销，所以，要谨慎地使用异常。

使用异常有如下几个原则。

- 不要为每个可能会出现异常的语句都设置 try 和 catch。虽然使用异常可以分离常规代码和错误处理代码，从而提高代码的可读性，但异常的不恰当使用会降低代码的可读性。
- 避免总是捕获 Exception 或 Throwable，而要捕获具体的异常类。这样可以使程序更加清晰。
- 什么情况下使用异常？如果方法遇到一个不知道如何处理的意外情况(abnormal condition)，它应该抛出异常。
- 不要在循环中使用 try...catch，尽量将 try...catch 放在循环外或避免使用。
- 不应该使用异常处理来控制程序的正常流程，不要将异常看成 super if。

【单元小结】

- 运行时发生的错误称为异常。
- Java 使用 try、catch、throw、throws 和 finally 来处理异常。
- 被监控的代码写在 try 块中，用来捕获和处理异常的代码写在 catch 块中，finally 中放置必须要执行的代码。
- 要手动引发异常,可以使用关键字 throw。抛到方法外部的任何异常都必须用 throws 子句指定。

【单元自测】

1. 程序运行过程中可能发生的并且可被捕获和处理的错误称为(　　)。
   A. Error　　　　B. Exception　　　C. Message　　　　D. RuntimeException
2. Throwable 类是(　　)类的直接父类。
   A. Object　　　 B. Exception　　　C. Error　　　　　D. RuntimeException
3. 需要监控错误的代码写在(　　)块中。
   A. try　　　　　B. catch　　　　　C. finally　　　　　D. 以上都不正确
4. 捕捉并处理异常的代码写在(　　)块中。
   A. try　　　　　B. catch　　　　　C. finally　　　　　D. 以上都不正确
5. 在使用多重 catch 块时，下列(　　)异常类应该放在最后一个 catch 块。
   A. NumberFormatException　　　　　B. ArrayIndexOutOfBoundsException
   C. Exception　　　　　　　　　　　D. ArithmeticException

【上机实战】

上机目标

- 熟练使用各种异常格式
- 了解 throw 及 throws 的使用
- 了解自定义异常

上机练习

◆ 第一阶段 ◆

练习1：欢迎你

【问题描述】
编写一个 Java 程序，从命令行参数输入你的姓名，并输出欢迎信息。

【问题分析】
首先声明一个 String 类的对象，用来存储从命令行输入的姓名。当用户忘了输入姓名，会出现一个异常；要考虑到这一点，并捕获和处理这个异常。

【参考步骤】
(1) 编写代码。

package com.hopeful.lesson6.online;

```java
/**
 *
 * @author hopeful
 *
 */
public class ExcpDemo {
    public static void main(String[] args) {
        try {
            String name = args[0];
            System.out.println(name + ", 欢迎你！");
        } catch (ArrayIndexOutOfBoundsException e) {
            System.out.println("请输入姓名！\n" + e);
        }
    }
}
```

(2) 运行程序。

当不设置参数时，结果如图 6-18 所示。

在 Run Dialog 内设置参数，如图 6-19 所示。

图 6-18 不设置参数列表

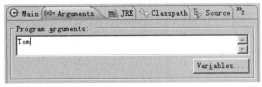

图 6-19 参数设置

重新运行程序，结果如图 6-20 所示。

图 6-20 设置参数列表后运行结果

练习 2：用户注册程序

【问题描述】

编写一个 Java 程序，用户从命令行参数输入账号、密码，程序据此创建用户对象，并打印出用户信息。要求账号、密码为字符串，而且密码长度不能低于 6 位。

【问题分析】

根据题意，我们需要创建用户类、业务类及测试类，为了让程序更加明了，也可以创建自定义异常类。用户类用来保存用户信息，至少要有账号和密码两个属性，并提供对应的 getter() 和 setter() 方法用于获得和设置属性值，而且还需要一个方法用于展示用户信息。鉴于学习的进度，在此我们使用业务类来处理数据信息，包括数据的验证、用户对象的创建等功能，本例更侧重于异常的使用。

【参考步骤】

(1) 创建用户类。

```java
package com.hopeful.lesson6.online;

/**
 * UserBean 用户类
 *
 * @author hopeful
 *
 */
public class UserBean {
    /** 用户名 */
    private String usrName;
    /** 密码 */
    private String usrPsw;

    /**
     * @return the usrName
     */
    public String getUsrName() {
        return usrName;
    }

    /**
     * @param usrName
     * the usrName to set
     */
    public void setUsrName(String usrName) {
        this.usrName = usrName;
    }

    /**
     * @return the usrPsw
     */
    public String getUsrPsw() {
        return usrPsw;
    }

    /**
     * @param usrPsw
     * the usrPsw to set
     */
    public void setUsrPsw(String usrPsw) {
        this.usrPsw = usrPsw;
```

```
    }
    /**
     * @return user's name and password
     */
    public String toString() {
        return "name:" + this.getUsrName() + ",password:" + this.getUsrPsw();
    }
}
```

UserBean 类中定义了 usrName 和 usrPsw 两个私有属性，分别用于存储用户的账号和密码信息，另外，针对这两个属性，提供了获取(getXXX())和设置(setXXX(String xxx))的 public()方法，这样外部程序如果使用 UserBean 类，就只能通过方法(而不能直接)操作属性。UserBean 类还重写了其父类 Object 的 toString()方法，返回用户信息字符串。

(2) 创建自定义异常类。

```
package com.hopeful.lesson6.online;
/**
 *
 * @author hopeful
 *
 */
public class UsrException extends Exception {
    public UsrException(){
        super();
    }
    public UsrException(String message){
        super(message);
    }
}
```

自定义异常类非常简单，继承了 Exception 类，有两个简单的构造方法。

(3) 创建业务类。

```
package com.hopeful.lesson6.online;
/**
 *
 * @author hopeful
 *
 */
public class UserBiz {
    /**
     * 创建用户对象
     *
     * @param usrName
     * @param usrPsw
     */
```

```java
public UserBean createUser(String[] param)
    throws UsrException {
    UserBean usr = null;
    if (param.length < 2) {
        throw new UsrException("参数列表不正确！");
    }
    String usrName = param[0];
    String usrPsw = param[1];
    if (usrPsw.length() < 6) {
        throw new UsrException("密码长度不能少于6位");
    }
    usr = new UserBean();
    usr.setUsrName(usrName);
    usr.setUsrPsw(usrPsw);

    return usr;
    }
}
```

UserBiz 类中，定义了 createUser()方法，接收数组中的参数并进行检测。如果参数正常，创建 usr 对象。

(4) 创建测试类。

```java
package com.hopeful.lesson6.online;

/**
 *
 * @author hopeful
 *
 */
public class Test {
    public static void main(String[] args) {
        UserBiz usrBiz = new UserBiz();
        UserBean usrBean = null;
        try {
            usrBean = usrBiz.createUser(args);
            System.out.println(usrBean);
        } catch (UsrException e) {
            System.out.println(e.getMessage());
        } catch (Exception e) {
            System.out.println(e.getMessage());
        }
    }
}
```

(5) 不设置参数或只设置一个参数，运行结果如图 6-21 所示。

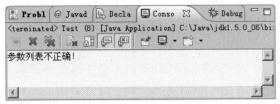

图 6-21　参数列表不正确

(6) 设置两个参数，但密码长度不够时，重新运行程序，结果如图 6-22 所示。

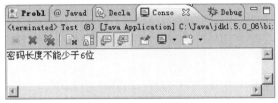

图 6-22　密码长度不够

(7) 参数完全正确时，运行结果如图 6-23 所示。

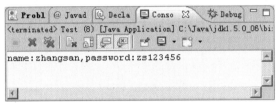

图 6-23　用户名、密码均正确

◆ 第二阶段 ◆

练习3：四则运算小程序

【问题描述】

设计一个程序，用于计算两个数字的加减乘除四则运算，需要的两个数字由用户在控制台输入，并在程序末尾输出程序是否出现异常。请考虑各种异常情况，尽量使用 Java 已经提供的异常类进行编程，如果已有的异常类不能满足需要，则使用自定义异常。

【问题分析】

首先需要定义执行运算的四个方法，这四个方法均接受两个数字参数，在编写除法运算方法时，应当考虑到被除数为 0 的异常。

用户输入数据时，可能发生各种异常，例如用户没有输入数据，或者输入的数据不是数字等。这时要先进行过滤，数据有效后再调用四则运算方法。

标记程序是否出现异常时，可以先定义一个布尔值变量，初始值为 false，一旦发生异常，在 catch 块内修改布尔值变量的值，并在 finally 块内输出结果。

练习4：银行取款

【问题描述】

储户可以在银行存款，也可以到银行取款，不管是存款还是取款都需要储户输入正确的用户名和密码。存款时存折上的余额增加，取款时存折上的余额减少，但存折上的余额不能低于1元，否则取款失败。

请根据以上信息，设计程序，考虑各种异常，在需要的情况下创建自定义异常类。

【问题分析】

首先需要理清思路，看看程序都要完成哪些功能，并画出流程图。思考需要设计哪些类？每个类的功能是什么？它们之间的关系是什么？

由题意可知，这个应用主要有登录、存款、取款三个功能。由于存款、取款明显和登录功能不统一，所以有必要将它们放在两个单独的类中，并且编写各自的方法，注意捕捉可能出现的异常。

由于需要用户在控制台输入内容，可以专门提供一个类提供数据格式化功能，即在此类中定义一个方法，这个方法对用户输入的数据进行检测，并返回正确格式的数字。

【拓展作业】

1. 编写一个程序，检查输入的数字是否为 byte 类型。如果此数超出 byte 数据类型所能够表示的数的范围，则引发用户自定义异常 MyByteSizeException，并显示相应的错误消息。

2. 完善上机练习部分第二阶段练习4，为系统增加取款上线功能，储户可以自由设置每次取款上限。例如，设置为每次至多取 1000 元，如果用户取款时，取款金额大于 1000 元将会导致取款失败。

单元七 I/O 流

 课程目标

- ▶ 掌握 File 对象的使用
- ▶ 掌握输入流和输出流的使用
- ▶ 掌握字节流与字符流的读写
- ▶ 了解字节流转换为字符流
- ▶ 了解 PrintWriter
- ▶ 了解字符集的转换
- ▶ 了解序列流

 简 介

本单元介绍 Java 中的输入(input)与输出(output)操作,对于输入输出(IO)各位并不陌生,可以说一直在使用,之前一直在使用 System.out 输出流对象的 println()方法输出信息,也曾经使用 System.in 输入流来接收用户输入。其实,这些内容只不过是 Java IO 系统的冰山一角,打开 Java 的 IO 库,会发现有大量的接口、流类、异常,让人眼花缭乱。不过不必担心,一旦通过本单元的学习,找到 IO 库的规律,学习新类(如本单元没有讲解的 DataInputStream 类和 DataOutputStream 类等)时自然会得心应手了。

7.1 流的概述

无论在系统还是语言的设计中,IO 设计都是异常复杂的,面临的最大的挑战一般是如何覆盖所有可能的因素。我们不仅要考虑文件、控制台、网络、内存等不同种类,而且要处理大量不同的读取方式,如顺序读取、随机读取、二进制读取、字符读取,按行读取、按字符读取,等等。

Linux 是第一个将设备抽象为文件的操作系统。在 Linux 中,所有外部设备都可以用读取文件的方法读取,这样编程人员就可以通过操作文件来操作任何设备。C++在 IO 方面也做了一些改进——引进了流的概念,我们可通过 cin、cout 读写一些对象。Java 语言在 IO 设计方面取得了较大的成功,它是完全面向对象的,主要采用装饰器模式避免大量的类,包括了最大的可能性,提供了较好的扩展机制。

"Java 库的设计者通过创建大量类来攻克这个难题。事实上,Java 的 IO 系统采用了如此多的类,以致刚开始会产生不知从何处入手的感觉(具有讽刺意味的是,Java 的 IO 设计初衷实际要求避免过多的类)。" 上面一段摘自 *Thinking in Java*。确实,很多初学者学习 Java 的 IO 时会比较茫然,不过等我们知道装饰器模式(decorator)的用意、场景及其在 Java 的 IO 包中的使用,你可能会真正领会整个 IO 的框架。

Java 的 IO 主要包含三个部分:①流式部分——IO 的主体部分;②非流式部分——主要包含一些辅助流式部分的类,如 File、RandomAccessFile 和 FileDescriptor 等类;③文件读取部分与安全相关的类,如 SerializablePermission 类,以及与本地操作系统相关的文件系统的类,如 FileSystem、Win32FileSystem 和 WinNTFileSystem 类。限于篇幅,本单元只关注 File 类及如何操作 IO 流。

那么什么是流呢?提到流,各位首先想到的可能是水流,其实,Java IO 流和水流是非常类似的。它们具有最基本的特点:是一维的,同时是单向的;对应的操作就是单向读取(输入流)和单向写入(输出流)。是读取还是写入是参照于内存的,数据进入内存即为输入,从内存写入其他设备即为输出,如图 7-1 所示。各位可以想象着当读取文件或写入文件时,有一股"涓涓细流"从这段到另外一段。

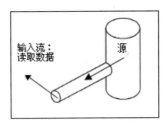 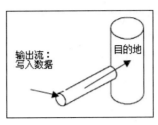

图 7-1　输入/输出流

　　Java 中的流操作分为两种，一种是基于字节流(InputStream 读取，OutputStream 写入)，另一种是字符流(Reader 读取，Writer 写入)，字节流在 JDK 1.0 的时候就已提供，而字符流是在 JDK 1.1 中加入的。为什么会有这两种不同的流呢？大家想必都知道 Java 是基于 Unicode 的(个别同学总想着用中文字符定义变量)，尽管字节流提供了足以处理任何类型输入/输出操作的功能，但遗憾的是，它不能直接操作 Unicode 字符。Java 支持"只写一次，到处运行"，如果不能直接操作 Unicode 字符，就不能支持多国语言，那 Java 的口号就是一句空话，Java 标准制定者 sun 公司可不敢怠慢，在紧接下来的 JDK 1.1 版本中，马不停蹄地提供了对字符输入/输出的支持。

　　大体来说，当确定操作的流是纯文本的时候，适用于字符流，实际上是封装为 Writer 和 Reader 接口。如果是二进制流，如操作图片、音频、视频等文件对象时，则一定要用 OutputStream 和 InputStream 来操作。

　　Java IO 流可以概括为"两个对应，一个桥梁"：两个对应指字节流(Byte Stream)和字符流(Char Stream)的对应，输入流和输出流的对应；一个桥梁指从字节流到字符流的桥梁。分别由以下四个抽象类来表示流。

- InputStream：字节流，读取数据。
- OutputStream：字节流，写入数据。
- Reader：字符流，读取数据。
- Writer：字符流，写入数据。

Java 中其他各种变化的流均是继承了它们，并进行"豪华装饰"，派生出"加强版"，例如，有的带缓冲功能，提高了效率，有的提供了过滤功能，有的支持原始数据类型读写，等等，不一而足。下面是 I/O 包中的一些常用的类。

java.lang.Object

- java.io.File ------------------------------- 文件操作。
- java.io.InputStream ---------------------- 字节输入流的基类。
- java.io.FileInputStream ------------------ 读取图像等文件的原始字符的流。
- java.io.FilterInputStream ---------------- 所有输入流过滤器类的父类。
- java.io.BufferedInputStream ------------ 提供缓冲输入，支持 mark()、reset()方法。
- java.io.DataInputStream ---------------- 以与机器无关的方式从基础输入流中读取基本 Java 数据类型。
- java.io.OutputStream -------------------- 字节输出流的基类。
- java.io.FileOutputStream ---------------- 写入诸如图像数据的原始字节的流。

- java.io.FilterOutputStream ―――――― 所有输出流过滤器类的父类。
- java.io.BufferedOutputStream ――――― 实现缓冲的输出流。
- java.io.DataOutputStream ―――――― 可将基本 Java 数据类型写入输出流。
- java.io.PrintStream ―――――――――― 方便地打印各种数据值表示形式。
- java.io.Reader ――――――――――――― 用于读取字符流的抽象类。
- java.io.BufferedReader ――――――――― 从字符输入流中读取文本，缓冲各个字符，从而提供字符、数组和行的高效读取。
- java.io.InputStreamReader ――――――― 字节流通向字符流的桥梁。
- java.io.FileReader ――――――――――― 用来读取字符文件的便捷类。
- java.io.Writer ――――――――――――― 写入字符流的抽象类。
- java.io.BufferedWriter ――――――――― 将文本写入字符输出流，缓冲各个字符，从而提供单个字符、数组和字符串的高效写入。
- java.io.OutputStreamWriter ―――――― 字符流通向字节流的桥梁。
- java.io.FileWriter ――――――――――― 用来写入字符文件的便捷类。
- java.io.PrintWriter―――――――――――― 向输出流打印对象的格式化表示形式。

当然，还少不了所有 Java IO 异常的父类：java.io.IOException。还有很多类并没有列在上方，但不代表它们没有用处，各位可以查看 API 文档中 java.io 包内类层次结构(java.io Class Hierarchy)。在学习过程中，希望各位善于总结它们之间的规律，对 Java IO 来说更是如此，先了解框架，若理解了原理，则只需掌握一种输入输出情况的运用，其他情况只要看 API 文档就能轻松应对，单靠死记硬背是不行的。

7.2 File 类

File 类对象表示磁盘上的文件或目录。它提供了与平台无关的方法来对磁盘上的文件或目录进行操作。

File 类的构造方法如表 7-1 所示。

表 7-1 File 类的构造方法

构 造 方 法	摘 要
File(File parent, String child)	根据 parent 抽象路径名和 child 路径名字符串创建一个新 File 实例
File(String pathname)	通过将给定路径名字符串转换成抽象路径名来创建一个新 File 实例
File(String parent, String child)	根据 parent 路径名字符串和 child 路径名字符串创建一个新 File 实例
File(URI uri)	通过将给定的 file: URI 转换成一个抽象路径名来创建一个新的 File 实例

File 类的常用方法如表 7-2 所示(均为 public)。

表 7-2　File 类的常用方法

方　　法	摘　　要
boolean canRead()	测试应用程序是否可以读取此抽象路径名表示的文件
boolean canWrite()	测试应用程序是否可以修改此抽象路径名表示的文件
int compareTo(File path)	按字母顺序比较两个抽象路径名
boolean createNewFile()	当且仅当不存在具有此抽象路径名指定的名称的文件时，创建由此抽象路径名指定的一个新的空文件
boolean delete()	删除此抽象路径名表示的文件或目录
boolean exists()	测试此抽象路径名表示的文件或目录是否存在
File getAbsoluteFile()	返回抽象路径名的绝对路径名形式
String getAbsolutePath()	返回抽象路径名的绝对路径名字符串
String getName()	返回由此抽象路径名表示的文件或目录的名称
String getParent()	返回此抽象路径名的父路径名的路径名字符串，如果此路径名没有指定父目录，则返回 null
File getParentFile()	返回此抽象路径名的父路径名的抽象路径名，如果此路径名没有指定父目录，则返回 null
String getPath()	将此抽象路径名转换为一个路径名字符串
boolean isDirectory()	测试此抽象路径名表示的文件是不是一个目录
boolean isFile()	测试此抽象路径名表示的文件是不是标准文件
boolean isHidden()	测试此抽象路径名指定的文件是不是一个隐藏文件
long lastModified()	返回此抽象路径名表示的文件最后一次被修改的时间
long length()	返回由此抽象路径名表示的文件的长度
String[] list()	返回由此抽象路径名所表示的目录中的文件和目录的名称所组成的字符串数组
boolean mkdir()	创建此抽象路径名指定的目录
boolean mkdirs()	创建此抽象路径名指定的目录，包括创建必需的但不存在的父目录
boolean renameTo(File dest)	重新命名此抽象路径名表示的文件
boolean setLastModified(long time)	设置由此抽象路径名所指定的文件或目录的最后一次修改时间
boolean setReadOnly()	标记此抽象路径名指定的文件或目录，以便只可对其进行读操作
String toString()	返回此抽象路径名的路径名字符串

File 提供了大量实用的方法，而且很容易记忆，通过方法名就可获知方法的作用，如示例 7.1 所示。

示例 7.1：

```
package com.hopeful.lesson7;
import java.io.File;
import java.io.IOException;
/**
 * 创建文件及文件夹
 */
public class FileDemo {
    public static void main(String[] args) {
```

```java
            File file1 = new File("file1.txt");
            File file2 = new File("c:/file2.txt");
            File file3 = new File("c:\\", "file3.txt");
            File file4 = new File("c:\\test");
            File file6 = new File("c:\\test1\\test2");
            try {
                boolean b1 = file1.createNewFile();
                boolean b2 = file2.createNewFile();
                boolean b3 = file3.createNewFile();
                boolean b4 = file4.createNewFile();
                boolean b5 = file4.mkdir();
                boolean b6 = file6.mkdirs();
                if (b1 && b2 && b3 && b5 && b6) {
                    System.out.println("create file successfully!");
                } else {
                    System.out.println("something wrong happened!");
                }
            } catch (IOException e) {
                System.out.println(e.getMessage());
                e.printStackTrace();
            }
        }
    }
```

上例中使用了createNewFile()、mkdir()及mkdirs()方法来创建文件及文件夹。

file1 表示在程序所在的工程根目录下创建文件。注意，创建文件时，文件所处的目录必须存在，否则将引发 IOException 异常。

请注意 file2 和 file3 对象定义的区别，由于反斜杠\在 Java 中代表转义，要表示目录分隔符，需要两个反斜杠\\，或改用正斜杠/。如果希望自己的程序能够跨平台，可使用 File.separator 作为路径分隔符。运行后，file2 和 file3 分别在 C 盘根目录下创建文件 file2.txt 及 file3.txt。

对于 file4，如果使用的是 createNewFile()方法，则会创建一个没有后缀名的名为 test 的文件。如果使用的是 mkdir()方法，将在 C 盘根目录创建名为 test 的目录。如果希望一次创建多层目录，必须使用 mkdirs()方法。

程序运行后，显示：create file successfully!这说明文件和文件夹创建成功，各位可以到 C 盘及工程目录中查看文件及文件夹是否已被创建。

第一次运行程序时，并没有发生异常，现在我们重新运行程序，来看一看结果，如图 7-2 所示。

图 7-2 文件创建时出现问题

结果这次出现问题了，是什么原因呢？我们来翻阅一下 JDK API 文档寻求帮助，发现在文档中，对 createNewFile()的说明里有这么一句话："如果指定的文件不存在并成功地创建，则返回 true；如果指定的文件已经存在，则返回 false"。因此，虽然我们的程序没有报告异常，但由于文件其实已存在，所以不会再创建了。这个规则同样适用于文件夹的创建。

示例 7.2 演示了针对文件的一些常见处理。

示例 7.2：

```java
package com.hopeful.lesson7;
import java.io.File;
/*
 * 文件的处理
 */
public class ProcesserFileName {
    public static void main(String[] args) {
        //位置，设置为当前分区根目录下名为 hopeful 的目录
        String spr = File.separator;
        String pst = spr +"myhopeful";
        //文件名
        String fName1 = "lesson1.txt";
        String fName2 = "lesson2.txt";
        //创建文件夹对象
        File dir = new File(pst);
        //创建文件对象，很显然采用的是相对路径
        File file1 = new File(pst+spr+fName1);
        File file2 = new File(spr,fName2);
        //创建文件及文件夹
        try {
            dir.mkdirs();
            file1.createNewFile();
            file2.createNewFile();
        } catch (Exception e) {
            e.printStackTrace();
        }
        System.out.println("file information:");
        //输出文件路径，相当于输出 file1.toString()
        System.out.println("file1: " + file1);
        System.out.println("file2: " + file2);
        //获得文件名、路径、绝对路径、父目录信息
        System.out.println("file1 name: " + file1.getName());
        System.out.println("file1 path: " + file1.getPath());
        System.out.println("file1 absolute path: " + file1.getAbsolutePath());
        System.out.println("file1 parent directory: " + file1.getParent());
        //路径是不是绝对路径
        boolean pathAbsolute = file1.isAbsolute();
        System.out.println("file1 absoulte : " + pathAbsolute);
        //比较路径
```

```
                int pathDiff = file1.compareTo(file2);
                System.out.println("file1 compare to file2: " + pathDiff);
                //下面修改文件名，并将 file2 移动至 file1 所在目录
                //获得 file1 绝对路径
                String file1Path = file1.getAbsolutePath();
                //将 file1 绝对路径中的文件名去掉(注意不能采取替换)
                file1Path = file1Path.substring(0,file1Path.lastIndexOf(fName1));
                //新文件的文件名
                String file3Name = fName2.substring(0,fName2.indexOf("."))+"_20090909.bak";
                //组合得到新文件的文件路径
                String file3Path = file1Path+file3Name;
                File file3 = new File(file3Path);
                //重命名并移动
                file2.renameTo(file3);
                System.out.println("file2's new name: " + file3.getName());
                System.out.println("file2's new position: " + file3.getAbsolutePath());
        }
}
```

本例中，程序首先创建三个 File 对象。

```
File dir = new File(pst);
File file1 = new File(pst+spr+fName1);
File file2 = new File(spr,fName2);
```

本例操作环境是在 Windows 下，那么 pst 的值应为\myhopeful，这是一个相对路径，代表程序所在分区根目录下的 myhopeful 文件或 myhopeful 文件夹(由创建时采用的方法决定)。由 fName1 及 fName2 的值可知 file1 及 file2 是 myhopeful 目录下的两个文件，它们的路径为\myhopeful\lesson1.txt 及\myhopeful\lesson2.txt。

随后程序首先调用 mkdirs()方法创建文件夹，又在该文件夹下创建两个文件。接着调用 File 类的各种方法，对文件对象进行测试。注意 renameTo()方法的含义及使用，首先，renameTo 可改变文件名称，其次，还可将文件移动到某个位置，而这一切，只需要创建一个新的 File 对象把以上信息融入即可。程序中将 file2 指向的文件移到 file1 所在的目录，并修改了文件名及后缀名，所以代码显得冗长。假如需要把 file2 文件移动到 D 盘根目录，文件名保持不变，代码就简单多了。

```
File file4 = new File("D:\\ "+fName2);
file2.reNameTo(file4);
```

示例 7.2 的运行结果如图 7-3 所示。

File 类是 Java IO 操作的主要类之一，为 IO 流的众多类提供了基本的操作对象，File 类能做的事主要集中于文件的创建和删除、文件属性的修改等，不涉及文件内容，那么如何操作文件内容呢？按照流处理数据单位的不同，我们将流分为字符流和字节流，接下来我们重点来了解一下字节流和字符流是如何操作文件内容的。

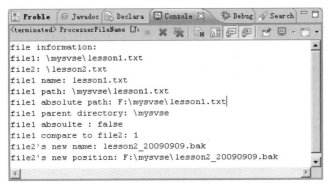

图 7-3 对文件属性进行操作

7.3 字节流

按照数据流的方向的不同，也可将流分为输入流和输出流，而抽象类 InputStream 表示输入字节流的所有类的超类，也就是从磁盘文件或网络等外部的数据流向程序和内存；抽象类 OutputStream 表示字节输出流的所有类的超类，是从程序或内存流向本地磁盘、远程磁盘文件、硬件设备等外部，和输入流正好相反。FileInputStream 和 FileOutputStream 是输出流和输出流中使用最多的流。

7.3.1 FileInputStream

FileInputStream 和 FileOutputStream 是 InputStream 和 OutputStream 的子类，适于操作字节流，即最高操作 8 个位的单元，字节流处理单元为 1 个字节，操作字节和字节数组。大家都知道所有文件的储存方式都是字节(byte)的储存，在磁盘上保留的不是文件的字符，而是先把字符编码成字节，然后将这些字节存储到磁盘上，所以字节流可以处理任何类型的对象，包括二进制对象。

下面来了解一下 FileInputStream，其构造方法如表 7-3 所示。

表 7-3 FileInputStream 类的构造方法

构造方法	摘要
FileInputStream(File file)	通过打开一个到实际文件的连接来创建一个 FileInputStream，该文件通过文件系统中的 File 对象 file 指定
FileInputStream(String name)	通过打开一个到实际文件的连接来创建一个 FileInputStream，该文件通过文件系统中的路径名 name 指定

FileInputStream 的构造方法既可以接受现成的 File 对象进行操作，又可以直接接受文件位置对文件进行操作。

FileInputStream 类的常见方法如表 7-4 所示。

表 7-4 FileInputStream 类的常见方法

方法	摘要
int available()	返回可以不受阻塞地从此文件输入流中读取的字节数
void close()	关闭此文件输入流并释放与此流有关的所有系统资源
int read()	从此输入流中读取一个数据字节
int read(byte[] b)	从此输入流中将最多 b.length 个字节的数据读入一个字节数组中
int read(byte[] b, int off, int len)	从此输入流中将最多 len 个字节的数据读入一个字节数组中
long skip(long n)	从输入流中跳过并丢弃 n 个字节的数据

FileInputStream 提供了测试文件大小的方法 available()，提供了关闭流的方法 close()，使用 read()方法从数据源中读取数据。可以使用缓冲区，通过指定 byte[]b 的大小来提高效率——如果不设计缓冲区，那么只能一个字节一个字节地读取，效率太低。如示例 7.3 所示。

示例 7.3：

```java
package com.hopeful.lesson7.inputstream;
import java.io.File;
import java.io.FileInputStream;
import java.io.FileNotFoundException;
import java.io.IOException;
/**
 * 使用 FileInputStream 读取数据
 */
public class InputStreamDemo {
    /** 读取文件，返回文件内容 */
    public String getFileContent(String filePath) {
        //使用 StringBuffer 存储文件内容
        StringBuffer sb = new StringBuffer();
        FileInputStream fis = null;
        try {
            //创建文件对象
            File f = new File(filePath);
            //创建字节输入流
            fis = new FileInputStream(f);
            //缓冲区，每次读取 200 个字节
            byte[] b = new byte[200];
            //检查是否读取完毕，如果文件读取完毕，read(byte[] b)返回-1，否则返回已读取的字节数
            int hasRead = 0;
            while ((hasRead = fis.read(b)) >0) {
                //注意不能写为 sb.append(b);
                sb.append(new String(b, 0, hasRead));
            }
        } catch (FileNotFoundException e) {
            e.printStackTrace();
        } catch (IOException e) {
```

```
                e.printStackTrace();
            } catch (Exception e) {
                e.printStackTrace();
            } finally {
                if (fis != null) {
                    try {
                        fis.close();
                    } catch (Exception e) {
                        e.printStackTrace();
                    }
                }
            }
            return sb.toString();
        }
    }
    package com.hopeful.lesson7.inputstream;
    /**
     * 测试类
     */
    public class Test {
        public static void main(String[] args) {
            //进行测试
            InputStreamDemo ins = new InputStreamDemo();
            String content =
                        ins.getFileContent("C:\\WINDOWS\\system.ini");
            System.out.println(content);
        }
    }
```

上例中，使用 InputStreamDemo 类中的 getFileContent(String filename)方法将客户端指定的文件读入 StringBuffer，并返回文件内容字符串。

其核心思想可以这么解释：创建一个瓢(缓冲区)，能盛放 200ml 的水，使用这个瓢从缸里舀水到另外一个缸里，每次舀到多少就倒多少(舀 200ml 就倒 200ml，舀 10ml 就倒 10ml)，如果什么也没有舀到，就停止取水。程序运行结果如图 7-4 所示。

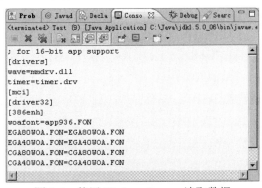

图 7-4 使用 FileInputStream 读取数据

下面再看看 FileOutputStream 的功能。FileOutputStream 用于将数据从内存输出到其他设备，例如，输出错误报告到日志文件，对文件进行复制，等等。

7.3.2 FileOutputStream

FileOutputStream 类的构造方法如表 7-5 所示。

表 7-5　FileOutputStream 类的构造方法

构 造 方 法	摘　要
FileOutputStream(File file)	创建一个向指定 File 对象表示的文件中写入数据的文件输出流
FileOutputStream(File file, boolean append)	创建一个向指定 File 对象表示的文件中写入数据的文件输出流。如果第二个参数为 true，则将字节写入文件末尾处
FileOutputStream(String name)	创建一个向具有指定名称的文件中写入数据的输出文件流
FileOutputStream(String name, boolean append)	创建一个向具有指定名称的文件中写入数据的输出文件流。如果第二个参数为 true，则将字节写入文件末尾处

与 FileInputStream 类似，FileOutputStream 也能接受 File 对象或者 String 类型的文件名作为参数。不同的是，由于 FileOutputStream 是写入文件，所以多了一个选择：是对现有文件进行追加写入还是清空然后写入，默认为 false，即清空再写入。

FileOutputStream 类的常见方法如表 7-6 所示。

表 7-6　FileOutputStream 类的常见方法

方　法	摘　要
void close()	关闭此文件输出流并释放与此流有关的所有系统资源
void write(byte[] b)	将 b.length 个字节从指定字节数组写入此文件输出流中
void write(byte[] b, int off, int len)	将指定字节数组中从偏移量 off 开始的 len 个字节写入此文件输出流
void write(int b)	将指定字节写入此文件输出流

FileOutputStream 类中提供了三种写入数据的 write() 方法，示例 7.4 演示了如何将一个二进制文件的图片复制到另一个地方。

示例 7.4：

```java
package com.hopeful.lesson6.outputstream;
import java.io.File;
import java.io.FileInputStream;
import java.io.FileNotFoundException;
import java.io.FileOutputStream;
import java.io.IOException;
/**
 * 文件复制
 */
public class InputOutputDemo {
    public boolean fileCopy(String filePath1, String filePath2) {
        boolean suc = false;
```

```java
            FileInputStream fis = null;
            FileOutputStream fos = null;
            try {
                //输入流
                fis = new FileInputStream(new File(filePath1));
                //输出流。如已有同名文件存在,则先清空其内容再写入
                fos = new FileOutputStream(new File(filePath2));
                //缓冲区
                byte[] buffer = new byte[50];
                int hasRead = 0;
                //循环读取
                while ((hasRead = fis.read(buffer)) != -1) {
                    //写入文件
                    fos.write(buffer, 0, hasRead);
                }
                suc = true;
            } catch (FileNotFoundException e) {
                e.printStackTrace();
            } catch (IOException e) {
                e.printStackTrace();
            } catch (Exception e) {
                e.printStackTrace();
            } finally {
                if (fos != null) {
                    try {
                        fos.close();
                    } catch (Exception e) {
                        e.printStackTrace();
                    }
                }
                if (fis != null) {
                    try {
                        fis.close();
                    } catch (Exception e) {
                        e.printStackTrace();
                    }
                }
            }
            return suc;
        }
    }
    package com.hopeful.lesson7.outputstream;
    /**
     * 对文件复制进行测试
     *
     */
    public class Test {
```

```java
        public static void main(String[] args) {
            InputOutputDemo ios = new InputOutputDemo();
            boolean suc = ios.fileCopy("C:/0.jpg", "C:/1.jpg");
            System.out.println("fileCopy success:"+suc);
        }
    }
```

示例中，InputOutputDemo 提供了 fileCopy()方法来实现文件的复制，对比示例 7.3 和示例 7.4，发现它们其实是非常类似的，唯一不同的地方是示例 7.3 把数据存入 StringBuffer，保存在内存中，而示例 7.4 把数据放入内存，又从内存转入输出流，保存到了特定文件中。请注意关闭文件时的顺序，应当是先关闭输出流，再关闭输入流。

运行程序时，首先在 C 盘根目录放一幅名为 0.jpg 的图片，运行后，会发现 C 盘根目录下多了一幅名为 1.jpg 的图片，两幅图片的内容是一样的。

输出流 fos = new FileOutputStream(new File(filePath2))定义时没有设置是否追加，如果不设置，默认是 false，代表清空内容再写入(即不追加)。可将这句话修改为 fos = new FileOutputStream(new File(filePath2),true)，看看有什么区别(文件大小、文件内容)，再尝试对一个文本文件进行复制，对比追加与不追加的不同。

7.4 字符流

大家知道字节流处理单元为 1 个字节，操作字节和字节数组，而字符流处理的单元为 2 个字节的 Unicode 字符，可以操作字符、字符数组以及字符串。字符流是由 Java 虚拟机将字节转化为 2 个字节的 Unicode 字符为单位的字符形成的，因此对多国语言的支持性比较好，一般大家可以使用字节流去操作视频、图片、歌曲等。如果是操作中文格式的文本，则使用字符流更好！在字符流中，使用 FileReader 类和 FileWriter 类对数据进行读写操作，数据的传输效率非常低，而 Java 提供的 BufferedReader 和 BufferedWriter 以缓冲流的方式进行数据的读写操作，则更高效。

7.4.1 BufferedReader

BufferedReader 与 BufferedWriter 实现了自带缓冲区的字符流高效读写，其最小操作单元为一个字符(16 位)。同时，我们也可自行指定缓冲区的大小，默认的缓冲区有 8192 个字符，通常情况下已经足够了(源代码：private static int defaultCharBufferSize = 8192)。

BufferedReader 的构造方法如表 7-7 所示。

表 7-7 BufferedReader 的构造方法

构 造 方 法	摘　　要
BufferedReader(Reader in)	创建一个使用默认大小输入缓冲区的缓冲字符输入流
BufferedReader(Reader in, int sz)	创建一个使用指定大小输入缓冲区的缓冲字符输入流

BufferedReader 需要接受一个 Reader 对象(如 FileReader)以便进行包装，意味着它是更强大的 Reader。BufferedReader 的常见方法如表 7-8 所示。

表 7-8　BufferedReader 类的常见方法

方　　法	摘　　要
void close()	关闭该流
int read()	读取单个字符
int read(char[] cbuf, int off, int len)	将字符读入数组的某一部分
String readLine()	读取一个文本行
boolean ready()	判断此流是否已准备好被读取
void reset()	将流重置为最新的标记
long skip(long n)	跳过字符

强大在哪里呢？对比FileInputStream，我们发现它多了两个方法：readLine()和ready()。readLine()方法用于从缓冲区每次读取一行，ready()方法用于判断文件是否被读取完毕。BufferedReader在读取文字档案时，会先将数据资料读入缓冲区，之后若使用read()等方法时，会先从缓冲区中进行读取，如果缓冲区数据不足，才会再从文件中读取。借由缓冲区，可以减少对磁盘的I/O动作，以提高程序的效率。示例 7.5 演示了BufferedReader的使用。

示例 7.5：

```java
package com.hopeful.lesson7.reader;
import java.io.BufferedReader;
import java.io.FileReader;
import java.io.IOException;
/**
 * 此类演示 BufferedReader 的使用
 */
public class BufferedReaderDemo {
    /**读取文件，返回文件内容*/
    public String getFileContent(String filePath){
        StringBuffer sb = new StringBuffer();
        BufferedReader br = null;
        try {
            //FileReader 接受 File 对象或者 String 字符串作为参数，进而被 BufferedReader 包装
            br = new BufferedReader(new FileReader(filePath));
            //如果能继续读取，就读取
            while(br.ready()){
                //每读一行，就手工加入换行符
                sb.append(br.readLine()+"\r\n");
            }
        }catch (IOException e) {
            e.printStackTrace();
        }catch(Exception e){
            e.printStackTrace();
        }finally{
            if(br!=null){
                try {
                    br.close();
```

```java
                } catch (IOException e) {
                    e.printStackTrace();
                }
            }
        }
        return sb.toString();
    }
}
package com.hopeful.lesson7.reader;
/**
 * 使用 BufferedReader 读取文件测试
 */
public class Test {
    public static void main(String[] args) {
        BufferedReaderDemo demo = new BufferedReaderDemo();
        String content =
                demo.getFileContent("C:\\WINDOWS\\system.ini");
        System.out.println(content);
    }
}
```

运行后,结果如图 7-4 所示。

7.4.2 BufferedWriter

BufferedWriter 对应于 FileOutputStream,只不过一个是字符流,一个是字节流。BufferedWriter 同样提供了对字符流的高效写入。

BufferedWriter 的构造方法如表 7-9 所示。

表 7-9 BufferedWriter 的构造方法

构 造 方 法	摘　　要
BufferedWriter(Writer out)	创建一个使用默认大小输出缓冲区的缓冲字符输出流
BufferedWriter(Writer out, int sz)	创建一个使用指定大小输出缓冲区的新缓冲字符输出流

BufferedWriter 的常用方法如表 7-10 所示。

表 7-10 BufferedWriter 的常用方法

方　　法	摘　　要
void close()	关闭流
void flush()	刷新该流的缓冲
void newline()	写入一个行分隔符
void write(char[] cbuf,int off,int len)	写入数组的某一部分
void write(int c)	写入单个字符
void write(String s,int off,int len)	写入字符串的一部分

由于该类具有缓冲区，所以写入过程是首先将字符填充到缓冲区(8192 个字符)，然后将缓冲区的内容交由操作系统写入磁盘上的文件，这样就提高了性能，避免了对每个字符写入磁盘的频繁操作。flush()方法的作用就是将缓冲区内的数据传递给操作系统，并通过操作系统写入磁盘。查看 flush()方法的源代码，通过源代码我们还可以看到，在调用 close()方法时，会自动调用 flush()方法。

另外，BufferedWriter 实现了其父类 Writer 的很多方法，如直接写入字符串、追加字符等。

之前我们曾用过 System.in 来读取用户在控制台上输入的文本，其实 System.in 是一个 InputStream 字节流，用于获取用户从键盘输入的内容，而这些内容无疑都是文本内容，所以可将 InputStream 通过 InputStreamReader 转换为字符流。为提高性能，我们可使用 BufferedReader 对 InputStreamReader 进行缓冲包装。与此类似，由于 System.out 指屏幕上的控制台，显示文本信息，它是一个 OutputStream 字节流，所以也可使用 OutputStreamWriter 对 System.out 进行转换，进而用 BufferedWriter 包装为高性能的字符流(参见示例 7.8。另外，Java 只存在字节流向字符流的转换，不存在字符流向字节流的转换)。

示例 7.6 演示了使用 BufferedReader 对 System.in 进行包装，并通过 BufferedWriter 写入文件的过程。

示例 7.6：

```java
package com.hopeful.lesson7.writer;
import java.io.BufferedReader;
import java.io.BufferedWriter;
import java.io.FileWriter;
import java.io.IOException;
import java.io.InputStreamReader;
/**
 * 读取用户输入，写入文件
 */
public class BufferedWriterDemo {
    public static void main(String[] args) {
        BufferedReader bufReader = null;
        BufferedWriter bufWriter = null;
        String target = "C:\\hopeful.txt";
        try {
        //InputStreamReader 将字节流转换为字符流，并被包装为带缓冲区的流
            bufReader = new BufferedReader( new InputStreamReader(System.in));
            //数据写入文件，BufferedWriter 对 FileWriter 进行包装
            bufWriter = new BufferedWriter(new FileWriter(target));
            String line = null;
            //每次读取一行，当用户输入 quit 时，不再读取
            while (!(line = bufReader.readLine()).equals("quit")) {
                //写入输出流
                bufWriter.write(keyin);
                //每写一行就向输出流写入一个换行符
```

```
                    bufWriter.newLine();
                }
                //刷新缓冲区
                bufWriter.flush();
            } catch (IOException e) {
                e.printStackTrace();
            } finally {
                if (bufWriter != null) {
                    try {
                        bufWriter.close();
                    } catch (IOException e) {
                        e.printStackTrace();
                    }
                }
                if (bufReader != null) {
                    try {
                        bufReader.close();
                    } catch (IOException e) {
                        e.printStackTrace();
                    }
                }
            }
        }
    }
}
```

运行程序，在控制台输入如下内容。

> public class InputStreamReader extends Reader
> InputStreamReader 是字节流通向字符流的桥梁：它使用指定的 charset 读取字节并将其解码为字符。它使用的字符集可由名称指定或显式给定，否则可能接受平台默认的字符集。
> 每次调用 InputStreamReader 中的一个 read() 方法都会导致从基础输入流读取一个或多个字节。要启用从字节到字符的有效转换，可提前从基础流读取更多字节，使其超过满足当前读取操作所需的字节。
> 为达到最高效率，可考虑在 BufferedReader 内包装 InputStreamReader。例如：
> BufferedReader in= new BufferedReader(new InputStreamReader(System.in));

输入过程中使用 Enter 键换行，在最后一行输入完毕后继续输入 quit 并按 Enter 键，程序结束运行，在 C:\\hopeful.txt 中打开文件后发现其内容正是我们刚才输入的文字。

了解了字符流和字节流，我们就知道，与文本有关的就使用字符流，字符流支持 Unicode 码元的写入及读取；字节流用于处理二进制数据，操作的基本单元为字节，实际上可以处理任意类型的数据，音频、视频、图片等与字符无关，通常使用字节流，逐字节进行读写。

7.5 其他流

在使用字节流及字符流对文本或文件进行读写操作时，我们通常还需要其他一些流执行辅助操作,更快捷地帮助我们进行开发。通常使用的有转换流 InputStreamReader 和 OutputStreamWriter、打印流 PrintStream 以及序列流 SequenceInputStream 等。

7.5.1 转换流 InputStreamReader 和 OutputStreamWriter

我们知道,全世界有很多国家,存在多种字符编码方式。同一个二进制数字可以被解释成不同的符号,为什么电子邮件和网页经常会出现乱码?就是因为信息的提供者和信息的读取者使用了不同的编码方式。所以为了统一,国际化标准组织指定了 Unicode 字符集,Unicode 字符集容量目前有 90 多万,也就是说,不管是中国的、美国的、奥地利的或是埃及的,使用的所有文字符号在这个集合内只存在一个唯一的编号,而且,一个编号对应一个唯一的字符(一对一)。不过,鉴于 Unicode 字符集容量太大,它规定用 4 个字节存储一个符号,那么每个英文字母前都必然有三个字节是 0,这对存储和传输来说都很耗资源,操作效率会比较慢。

为解决这个问题,就出现了 UTF-8 编码。UTF-8 和 Unicode 是一一对应的关系,UTF-8 可以根据不同的符号自动选择编码的长短,如英文字母只用 1 个字节即可。

在 JVM 内部,统一使用基于 Unicode 字符集的字符编码,而对于中文版操作系统来说,系统默认编码为 GBK(System.getProperty("file.encoding")),这是两种截然不同的编码方式。一起来看示例 7.7 所示的程序。

示例 7.7:

```
package com.hopeful.lesson7.convert;
public class Test {
    public static void main(String[] args) {
        char c = '汗';
        //将字符 c 格式化为十六进制整数
        System.out.format("%x", (short)c);
    }
}
```

输出内容为 6c57,所以"汗"这个字的十六进制编码为 0x6c57。注意,这是 Java 程序,所以 0x6c57 是"汗"的 Unicode 编号,而"汗"的 GBK 编码为 BAB9(可通过中文操作系统下 UltraEdit 的"切换到十六进制"功能查看字符的 GBK 编码)。为了验证,我们重新写一个小程序。

```
package com.hopeful.lesson7.convert;
public class Test {
    public static void main(String[] args) {
        char c = 0x6c57;
        System.out.println(c);
    }
}
```

运行结果正如各位想象的那样,输出"汗"。

既然JVM和操作系统采用的编码形式不一致，就必然存在以下过程：在JVM运行时，它获得操作系统默认支持的编码格式。如果是输入，JVM将把获得的数据统一格式化为Unicode编码；如果是输出，则将软件内部的Unicode编码的数据转化为本地系统默认支持的格式显示出来。对于中文操作系统来说，可表示为如图7-5所示的形式。

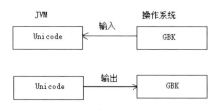

图 7-5 Unicode 字符集与 GBK 编码

对于目前我们学习的控制台程序，当使用任何编辑器编写的 Java 程序在保存时，会按照操作系统的默认编码方式进行保存，所以对于中文版操作系统，存放在硬盘上的.java 源文件的编码格式均为 GBK。Java 源文件中含有中文信息字符和英文代码，可以使用记事本直接看到。

而在编译时，存在以下几个过程。

(1) javac.exe 查看用户有没有使用-encoding 参数指定源文件编码格式，如果没有，就通过 file.encoding 获得操作系统默认字符编码读取文件，将其转换为 Unicode 格式放入内存以便编译。

(2) javac.exe 把转换后的 Unicode 格式的文件编译成.class 类文件，此时.class 文件是 Unicode 编码的，它暂放在内存中。

(3) JDK 将此以 Unicode 编码的编译后的 class 文件保存到操作系统中，形成我们见到的.class 文件。

对我们来说，最终获得的.class 文件内容是以 Unicode 编码格式保存的类文件，内部包含源文件中的中文字符串，只不过此时已经由 GBK 格式转化为 Unicode 格式了。所以如果使用记事本查看 class 文件，中文部分将是乱码。

运行.class 文件的过程中，由于 class 字节码文件已经是 Unicode 格式，支持任意平台，所以 Sun 公司才能骄傲地说"一次编译，到处运行"。当然，运行时如果需要输出，java.exe 也会查看用户有没有指定输出内容的编码格式，如果没有，则将 Unicode 字符转换为用户使用的操作系统的默认编码输出。如示例 7.8 所示。

示例 7.8：

```
package com.hopeful.lesson7.convert;
import java.io.*;
public class ReaderDemo {
/**为简洁起见，main()函数抛出了 IOException*/
    public static void main(String[] args) throws IOException {
        String str = "";
        String hardStr = "这是硬编码, just a test!";
//InputStreamReader 将字节流转换为字符流，并被包装为带缓冲区的流
```

```
//设置源数据编码
        BufferedReader stdin = new BufferedReader
            (new InputStreamReader(System.in, "GBK"));
//OutputStreamWriter 将字符流转换为字节流,并被包装为带缓冲区的流
//设置输出编码
        BufferedWriter stdout = new BufferedWriter
            (new OutputStreamWriter(System.out, "GBK"));
        stdout.write("请输入:");
//强制当前缓冲区内容输出,这时屏幕上会出现"请输入:"
//如果这里不是用 flush(),那么将等到缓冲区满了或者下一个 flush 处才会将数据打印到控制台
        stdout.flush();
        str = stdin.readLine();
        stdout.write("用户输入的字符串为: " + str);
        stdout.write("\n 硬编码: "+hardStr);
        stdout.flush();
        stdout.close();
        stdin.close();
    }
}
```

运行程序,输入中英混合的字符,结果如图 7-6 所示。

图 7-6　字符集 1

现在尝试着把 InputStreamReader 的编码修改为其他编码,如 UTF-8,再次运行程序,结果如图 7-7 所示。

图 7-7　字符集 2

如果设置 InputStreamReader 的源数据字符编码为 GBK,但设置 OutputStreamWriter 的编码为 UTF-8,也就是说,所有内存中的 Unicode 字符将通过 UTF-8 格式输出,会发生什么情况呢?很显然除了英文字符外,其他全部是乱码,如图 7-8 所示。

图 7-8　字符集的设置

请大家结合以上所学知识，就乱码原因给予解释。注意，本例是将字符打印在控制台，假如是将字符按照 UTF-8 格式写入文件，则打开文件时，如果文档处理格式也是 UTF-8，那么中文字符将能显示。

注意，Web 编程中，几乎所有 Web 容器在其内部的字符编码格式都是以 ISO-8859-1 为默认值的。同时，几乎所有浏览器在传递参数时都默认以 UTF-8 方式来传递。这与我们现在讲的控制台程序是有区别的。

7.5.2 打印流 PrintWriter

PrintWriter 类和 BufferedWriter 类一样，也继承自 Writer 类，它们的大部分功能是一样的。不同的是，BufferedWriter 提供了缓冲区，能提供高效的数据写入，而 PrintWriter 提供了数据的格式化，如 print(boolean b)、print(char c)、print(double d)及支持任意平台的换行方法 println()等，这使我们的程序更自由。

示例 7-9 演示了结合使用 PrintWriter 和 BufferedWriter，实现数据输出到文件的过程。

示例 7.9：

```java
package com.hopeful.lesson6.printwriter;
import java.io.BufferedWriter;
import java.io.FileWriter;
import java.io.IOException;
import java.io.PrintWriter;
/**
 * PrintWriter 示例
 */
public class PrintWriterDemo {
    public static void main(String[] args) {
        PrintWriter pw = null;
        String filePath = "hopeful.txt";
        try {
            //通过结合 BufferedWriter 来创建 PrintWriter，文件位置在当前工程根目录
            //没有启用 PrintWriter 的自动刷新(flush)功能
            pw = new PrintWriter
                    (new BufferedWriter(new FileWriter(filePath)));
            //写入内容
            pw.print("PrintWriter 演示");
            pw.println();
            pw.println(false);
            pw.println(3.14);
            pw.println(new char[]{'a','哦','e','i','u'});
            pw.println(new Integer(2009));
            pw.flush();
        } catch (IOException e) {
            e.printStackTrace();
```

```
        }finally{
            if(pw!=null){
                pw.close();
            }
        }
    }
}
```

可见使用 PrintWriter 输出各种类型的数据是非常方便的。实际上，通过查看源代码可以发现，每种输出语句均是将要输出的内容转化为一个或多个 int 值写入输出流的。

7.5.3 序列流 SequenceInputStream

序列流可将多个字节输入流合成一个。从序列流中读取数据时，将从被整合的第一个流开始读，读完一个字后继续读取第二个，以此类推。

下面通过序列流 SequenceInputStream 把 a.txt、b.txt 和 c.txt 三个文件的输入流整合到一起，然后输出到 d.txt 文件中，如示例 7.10 所示。

示例 7.10：

```java
import java.io.FileInputStream;
import java.io.FileNotFoundException;
import java.io.FileOutputStream;
import java.io.IOException;
import java.io.InputStream;
import java.io.SequenceInputStream;
import java.util.Enumeration;
import java.util.Vector;
//序列流整合多个输入流
public class SequenceInputStreamDemo {
    @SuppressWarnings("resource")
    public static void main(String[] args) {
        SequenceInputStream sis = null;
        FileOutputStream fos = null;
        try {
            //创建输入流对象，关联 a.txt
            FileInputStream fis1 = new FileInputStream("a.txt");
            //创建输入流对象，关联 b.txt
            FileInputStream fis2 = new FileInputStream("b.txt");
            //关联 c.txt
            FileInputStream fis3 = new FileInputStream("c.txt");
            //创建 Vector 集合对象
            Vector<InputStream> v = new Vector<>();
            //将流对象添加到集合中
            v.add(fis1);
            v.add(fis2);
```

```
            v.add(fis3);
            //获取枚举引用
            Enumeration<InputStream> en = v.elements();
            //传递一个 SequenceInputStream 构造
            sis = new SequenceInputStream(en);
            //创建输出流对象
               fos = new FileOutputStream("d.txt");
            int b ;
            while((b = sis.read()) != -1){
              fos.write(b);
            }
        } catch (FileNotFoundException e) {
            e.printStackTrace();
        } catch (IOException e) {
            e.printStackTrace();
        }finally {
            try {
               sis.close();
            } catch (IOException e) {
                e.printStackTrace();
            }
            try {
                fos.close();
            } catch (IOException e) {
                e.printStackTrace();
            }
         }
       }
   }
```

a.txt 文件中存储的是"字节输入流-主要是：FileInputStream"，b.txt 文件中存储的是"字节输出流-主要是：FileOutputStream"，c.txt 文件中存储的是"字符输入流-主要是：FileReader""字符输出流-主要是：FileWriter"。然后运行程序，d.txt 文件的显示效果如图 7-9 所示。

图 7-9 使用序列流输出效果

把 a.txt 文件中的内容、b.txt 文件中的内容以及 c.txt 文件中的内容全部依次输入 d.txt 文件中，序列流可将输入流中的文件的内容逐个读出。

【单元小结】

- File 类用来创建文件、文件夹，并实现对它们属性的读取及修改。
- 字节流 InputStream、OutputStream 可用来读取二进制文件。
- 字符流 Reader、Writer 能高效地读取文本文件。
- Java 提供字节流向字符流的转换：InputStreamReader、OutputStreamWriter。
- PrintWriter 能对通往输出流的数据进行格式化。
- SequenceInputStream 序列流可将多个字节输入流合并成一个。

【单元自测】

1. 在 Java 中，使用 File 类可实现哪些功能？（　　）
   A. 删除文件　　　　　　　　　B. 返回父目录名称
   C. 列出目录下的所有文件　　　D. 改变文件名称
   E. 读取文件内容
2. File 类可表示以下哪些内容？（　　）
   A. 输出流　　　　　　　　　　B. 目录
   C. 文件　　　　　　　　　　　D. 输入流
3. 我们对文本文件执行读写操作时，需要处理的异常是(　　)。
   A. ClassNotFoundException　　　B. SQLException
   C. IOException　　　　　　　　D. NumberFormatException
4. 以下哪种方式是正确的 BuffererdWriter 声明？（　　）
   A. BufferedWriter(File file)　　　　B. BufferedWriter(FileReader fr)
   C. BufferedWriter(FileWriter fw)　 D. BufferedWriter(String file)
5. 以下哪种方法用来关闭流？（　　）
   A. void close()　　　　　　　　B. void release()
   C. void remove()　　　　　　　D. void flush()

【上机实战】

上机目标

- 使用 File 类对文件执行基本操作
- 使用字节流、字符流、缓冲流执行文件的读写操作

上机练习

◆ **第一阶段** ◆

练习1：文件复制

【问题描述】

将C盘根目录下的demo1.txt 的内容打印出来,并将内存复制至C盘根目录的demo2.txt 文件中。demo1.txt 文件内容如下。

> A <code>FileInputStream</code> obtains input bytes from a file in a file system. What files are available depends on the host environment.
> <p><code>FileInputStream</code> is meant for reading streams of raw bytes such as image data. For reading streams of characters, consider using <code>FileReader</code>.

【问题分析】

鉴于文件内容均为英文,受字节流的支持,可采用字节流FileInputStream将文件内容读出,存放于字符串对象中。

复制文件时,只需要将字符串中的内容分解为byte数组,写入文件中即可,可采用字节输出流FileOutputStream。

【参考步骤】

(1) 编写FileCopyDemo.java,实现文件的读取和写入。

```java
package online;

import java.io.FileInputStream;
import java.io.File;
import java.io.FileOutputStream;
import java.io.IOException;

/**
 * 读取文件内容,并复制文件
 *
 * @author hopeful
 *
 */
public class FileCopyDemo {
    /**
     * 读取文件内容
     * @param filePath
     * @return
     * @throws Exception
     */
    public String readFile(String filePath) throws Exception {
```

```java
            String content = null;
            FileInputStream fis = null;
            try {
                // 创建文件对象
                File file = new File(filePath);
                // 构建字节输入流
                fis = new FileInputStream(file);
                // 一次性读完
                byte[] b = new byte[(int) file.length()];
                fis.read(b);
                // 将 byte 数组放入字符串对象
                content = new String(b);
            } catch (IOException e) {
                e.printStackTrace();
            } finally {
                fis.close();
            }
            return content;
        }
        /**
         * 将字符串写入文件
         * @param filePath
         * @param content
         * @throws Exception
         */
        public void writeFile(String filePath, String content)
            throws Exception {
            FileOutputStream fos = null;
            try {
                File file = new File(filePath);
                fos = new FileOutputStream(file, false);
                //将字符串分解为字符数组写入文件
                fos.write(content.getBytes());
            } catch (IOException e) {
                e.printStackTrace();
            } finally {
                fos.close();
            }
        }
    }
```

本类实现了两个方法: public String readFile(String filePath)和public void writeFile(String filePath,String content)。readFile()方法根据用户输入的filePath字符串确定文件位置,构建File对象,并使用FileInputStream进行读取,返回文件内容。writeFile()方法根据用户指定的文件位置及要写入的内容,首先构建File对象,进而使用FileOutputStream对File执行写入操作,由于FileOutputStream为字节流,写入的时候把字符串分解为字节数组。

两个方法都使用 throws 抛出了 Exception(finally 中没有使用 try-catch)，所以调用的时候需要使用 try-catch。

(2) 编写测试类 CopyTest.java，进行测试。

```java
package online;
/**
 * 测试 FileCopyDemo 类
 * @author hopeful
 *
 */
public class CopyTest {
    public static void main(String[] args) {
        FileCopyDemo demo = new FileCopyDemo();
        try {
            String text = demo.readFile("C:\\demo1.txt");
            System.out.println("demo1.txt 的内容为:");
            System.out.println(text);
            demo.writeFile("C:\\demo2.txt", text);
        } catch (Exception e) {
            e.printStackTrace();
        }
    }
}
```

(3) 运行程序。

程序运行无误，不过请各位注意以下三点。

- 本例中复制到的文件位置是固定的 C:\demo2.txt，如果用户希望自由指定文件的位置，需要考虑文件所在的文件夹是否存在，如果不存在需要创建文件夹。
- 在读取文件时，如果文件不存在将报告 FileNotFoundException。但是，如果是写入文件，则只要文件所在目录存在即可。如果文件不存在，会自动创建，如果目录也不存在，也会报告 FileNotFoundException。
- 由于 readFile() 和 writeFile() 两个方法均使用了 throws Exception，此处必须使用 try-catch 捕获异常。

练习 2：录入会员信息

【问题描述】

某商店欲统计所有会员的消费情况，请编写一个 Java 程序帮其实现录入功能。运行程序后，提示使用者输入会员的姓名、年龄、性别、地址，能够一次录入多个，直至使用者输入 "N" 为止。将这些用户信息保存至特定文件中。

【问题分析】

本练习主要是训练 File 类、BufferedReader 类及 BufferedWriter 类的使用。由于是从控制台获得用户输入的字符串，很显然使用字符流会好一点。可以考虑对字符流进行包装，使其拥有缓冲功能。通过字符流获取用户命令行输入的信息，并实现文件的写操作。

在接收用户输入的内容时，使用 System.in，由 InputStreamReader 进行包装转化为字符流，进而用 BufferedReader 包装为带缓冲的流。

将内容输出至文件时，使用 BufferedWriter 生成的对象将字符串进行缓存，然后使用 FileWriter 生成的对象直接将缓存中的字符串写入文件即可。

在类的设计方面，尽量考虑到程序的可扩展性，避免将所有功能都放在 main() 方法中。

【参考步骤】

(1) 编写一个 JavaBean，起名为 User.java，用于存放会员信息。

```java
package online;
/**
 * JavaBean
 * 提供公共的用户属性设置方法
 * 提供获取 User 对象信息的 toString() 方法
 * @author hopeful
 *
 */
public class User {
    private String userName;
    private int userAge;
    private String userSex;
    private String userAddr;
    /**返回用户信息，使用\r\n 换行*/
    public String toString(){
        StringBuffer sb = new StringBuffer();
        sb.append("user'name:"+userName+"\r\n");
        sb.append("user'age:"+userAge+"\r\n");
        sb.append("user'sex:"+userSex+"\r\n");
        sb.append("user's address:"+userAddr+"\r\n");
        sb.append("***********************************\r\n");
        return sb.toString();
    }
    /**
     * @return the userName
     */
    public String getUserName() {
        return userName;
    }
    /**
     * @param userName the userName to set
     */
    public void setUserName(String userName) {
        this.userName = userName;
    }
    /**
     * @return the userAge
```

```java
         */
        public int getUserAge() {
            return userAge;
        }
        /**
         * @param userAge the userAge to set
         */
        public void setUserAge(int userAge) {
            this.userAge = userAge;
        }
        /**
         * @return the userSex
         */
        public String getUserSex() {
            return userSex;
        }
        /**
         * @param userSex the userSex to set
         */
        public void setUserSex(String userSex) {
            this.userSex = userSex;
        }
        /**
         * @return the userAddr
         */
        public String getUserAddr() {
            return userAddr;
        }
        /**
         * @param userAddr the userAddr to set
         */
        public void setUserAddr(String userAddr) {
            this.userAddr = userAddr;
        }
}
```

该 JavaBean 拥有四个私有属性及对应的八个公共读取、设置方法，而且重写了父类 Object 的 toString()方法以提供会员信息。

(2) 编写录入类 UserService.java。

```java
package online;

import java.io.BufferedReader;
import java.io.BufferedWriter;
import java.io.File;
import java.io.FileWriter;
import java.io.IOException;
import java.io.InputStreamReader;
```

```java
/**
 * 对会员信息进行操作
 * 提供了设置文件信息的方法
 * 提供了循环录入的方法
 * 提供了将会员对象写入文件的方法
 * @author hopeful
 *
 */
public class UserService {
    private BufferedReader br = null;
    private BufferedWriter bw = null;
    //文件存放信息
    private File fileInfo=null;

    /** 录入用户信息 */
    public void setUserInfo() {
        try {
            br = new BufferedReader(
                    new InputStreamReader(System.in));
            while (true) {
                User user = new User();
                System.out.print("会员姓名：");
                user.setUserName(br.readLine());
                System.out.print("会员年龄：");
                user.setUserAge(Integer.parseInt(br.readLine()));
                System.out.print("会员性别：");
                user.setUserSex(br.readLine());
                System.out.print("会员地址：");
                user.setUserAddr(br.readLine());
                //每录入一个会员，调用一次保存方法
                this.writeToFile(user);
                System.out.print("录入成功，是否继续(Y/N)？");
                if ("N".equals(br.readLine())) {
                    System.out.println("GoodBye!");
                    break;
                }
            }
        } catch (IOException e) {
            e.printStackTrace();
        } catch (Exception e) {
            e.printStackTrace();
        } finally {
            if (br != null) {
                try {
                    br.close();
                    br = null;
```

```java
                } catch (IOException e) {
                    e.printStackTrace();
                }
            }
        }
    }

    /** 将用户信息写入文件 */
    public void writeToFile(User user) {
        try {
            //创建输出流，写入模式设为追加，并将用户信息写入文件
            bw = new BufferedWriter(new FileWriter(fileInfo, true));
            bw.write(user.toString());
        } catch (IOException e) {
            e.printStackTrace();
        } catch (Exception e) {
            e.printStackTrace();
        } finally {
            if (bw != null) {
                try {
                    bw.close();
                    bw = null;
                } catch (IOException e) {
                    e.printStackTrace();
                }
            }
        }
    }

    /**
     * @return the fileInfo
     */
    public File getFileInfo() {
        return fileInfo;
    }

    /**
     * 设置文件信息
     * @param fileInfo the fileInfo to set
     */
    public void setFileInfo(String filePath,String fileName) {
        //用户输入的文件夹有可能不存在，需要先创建
        new File(filePath).mkdirs();
        fileInfo = new File(filePath,fileName);
    }
}
```

UserService 类提供了四个公共方法，分别实现了设置数据文件对象、获得数据文件对

象、循环录入会员、将会员对象写入文件等功能。

在录入过程中，采用了录入一个即保存一个的方式。当然，也可通过调整，将录入与保存设计在一个方法内，实现先全部录入，最后一次保存的方式。

录入方法采用死循环，当用户输入"N"时循环结束，终止录入。

保存数据时，要注意采用追加模式，不然之前录入的数据会被覆盖。

(3) 进行测试，编写测试类 Test.java。

```java
package online;
/**
 * 对录入类进行测试
 * @author hopeful
 *
 */
public class Test {
    public static void main(String[] args) {
        UserService service = new UserService();
        //设置文件位置信息
        service.setFileInfo("E:\\HelloHopeful","God.info");
        //录入
        service.setUserInfo();
        //测试：查看文件位置
        System.out.println(service.getFileInfo().getAbsolutePath());
    }
}
```

在此指定文件位置为E:\HelloHopeful\God.info。通过UserService类的setFileInfo()方法设置文件信息，通过调用setUserInfo()方法录入会员信息并保存。最后测试输出了文件位置。

(4) 运行程序，结果如下。

```
会员姓名：上帝
会员年龄：28
会员性别：男
会员地址：武汉徐东凯旋门广场A座18楼美国硅谷HOPEFUL
录入成功，是否继续(Y/N)? Y
会员姓名：Angel
会员年龄：18
会员性别：female
会员地址：heaven
录入成功，是否继续(Y/N)? N
GoodBye!
E:\HelloHopeful\God.info
```

(5) 打开文件，查看内容是否一致。

使用记事本打开 E:\HelloHopeful\God.info，发现文件内容正是我们输入的数据，如图7-10所示。

图 7-10 数据文件内容

◆ 第二阶段 ◆

练习 3：记事本

【问题描述】

某程序员欲实现 Windows 记事本的部分功能，如读取文件内容、替换、查找字符串位置、删除文件部分文字等。请根据所学到的知识，帮助他完成打开文件及文件部分字符串的替换功能。

【问题分析】

本练习主要是训练 File 类、BufferedReader 类的使用，并通过 String 类的方法来实现替换、查找及删除等功能。

首先可以通过 BufferedReader 将文件内容读取出来，存放于 String 对象中，再针对 String 对象应用方法，实现功能，操作完毕后将被修改后的内容写入原文件。

练习 4：完善记事本

【问题描述】
完善练习 3 中的记事本，实现查找及删除功能。

【问题分析】
使用 String 类的方法进行查找、删除，查找字符串的时候，需要找到每一个匹配的字符串的位置。如果文件有改动，需要将修改后的内容保存至原文件。

【拓展作业】

1. 为上机部分练习 4 的记事本加上菜单。

欢迎使用记事本

1——打开文件

2——查找

3——替换

4——删除

5——退出

请选择功能：

选择 1，系统提示用户输入文件的路径，完毕后显示文件内容，并返回菜单。如果没有选择打开文件就选择 2、3、4，系统提示错误并返回菜单。功能 1、2、3、4 操作完毕后，均显示文件内容并返回菜单。

2. 写一个 Java 程序，检查 E 盘 hopeful 目录中是否有 test.txt 文件。如果文件不存在，在该路径创建文件，并输出文件的名称、长度、路径、是否可读、是否可写等信息。

3. 编写一个程序，将某个文件内的所有字母修改为大写形式。

【指导学习 II：三层架构】

简 介

在单元五的上机部分练习 2 中，我们采用了和以前完全不同的方式来编写程序，即对代码分了层次，不再采取以前的"胡子、眉毛一把抓"的方式，而是将思路梳理清楚，分开代码功能，各个击破，这种编程思想就是分层。

三 层

在软件体系架构设计中，分层式结构是最常见，也是最重要的一种结构。分层式结构一般分为三层，从下至上分别为：数据访问层、业务逻辑层(又或称为领域层)、表示层。可以用图形表示，如图 7-11 所示。

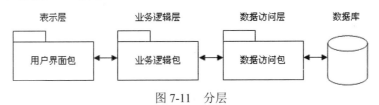

图 7-11 分层

其中，表示层主要用来和用户交互，收集用户输入，并展现业务逻辑层提供的结果集；业务逻辑层则封装了所有商业逻辑，负责接受客户端发起的请求并且通过调用数据访问层来访问数据库，最后把信息反馈给数据表现层。数据访问层则负责数据库(本数据库指数据仓库，并非特指 SQL Server，练习 2 就是使用 Map 来存储数据的)访问，如数据的增删改查等。

我们来看看它们的整个执行过程(假定数据库存储了各位学员的成绩)。

在表示层，用户发起一个请求，想要查看自己的成绩，于是输入自己的用户名和密码，单击"确定"按钮(调用业务层的 String getMyScore(username,password)方法)。

业务层 getMyScore()方法被调用时，将对数据进行处理。其一，通过调用数据访问层的 getUser(username)方法，查看有没有名为 username 的学员。其二，得到结果后，如果没有该学员，那么给表示层返回相应的错误信息；如果有该学员，继续调用数据访问层的 checkUser(username,password)方法进行判断，查看该学员的用户名和密码是否匹配；如果匹配，继续调用数据层的 getScore(username)方法，获得相应的分数(如 59)，并对数据层的数值进行处理,如将 59 处理为"59 分",并返回给表示层,表示层解析业务层返回的结果并显示。所以最终看到的信息为:"哇!李二!你的成绩为 59 分,拖出去赏 50 大板!"

数据层 getUser(username)、checkUser(username,password)及 getScore(username)方法被调用时,对数据源进行读取操作(对于数据库而言,为开启 SQL 连接,对数据库进行查询,得到结果后,关闭连接),同时将结果返回给业务层。

由此看来,数据从表示层的客户端经过层层传递加工到数据库,数据库执行数据操作后再将结果层层传递加工,最终返回到客户端予以显示。

图 7-12 是上面描述的对应流程图。

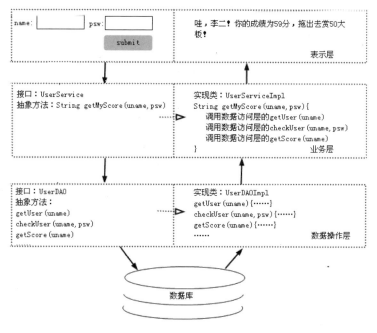

图 7-12 流程图

为什么要采用接口而不直接使用普通类呢?原因很简单,使用接口便于需求变更,便于团队开发。对于上例业务层和数据访问层,如果不采用接口,那么当流程发生变化时(不再使用 UserServiceImpl、UserDAOImpl,换做另外的实现类),会牵扯到其他层次使用过该类的代码的变动,可能一两个无所谓,但如果有成百上千个类,那么修改量就很大了。如果只用了接口,只需要更换部件就可以了,通过组件的 get()和 set()方法,实现了抽拉替换式"抽屉"。这是在学接口时就能体会到的,这正是接口的好处。

而正由于接口的多态特点,以及人为的分层,使得团队开发成为可能。分层后,各个层次可以先只定义好通信的接口,然后就可以各自编码了,编码过程中通过接口来调用已定义的方法。当各层代码完成,执行时,通过多态来访问具体的实现类,如上层改动,完全不影响下层;如下层实现类改动,基本不会影响上层代码的修改;所以这是一种弱耦合的关系。不然,表现层只有等业务层写好了才知道通过什么方法来处理数据,而业务层也只有等数据层写好了才知道如何将数据递交给数据库,极其痛苦。

表示层

表示层(Presentation Layer)位于最外层(最上层)，离用户最近，用于显示数据和接收用户输入的数据，为用户提供一种交互式操作的界面，这种界面可以是目前所学的控制台界面，也可以是后续学习的 Web 页面、窗口界面等。

界面设计应当是优美的(很遗憾，本书没有提供 Java Swing 绘图的讲解，但控制台程序也可以做得很漂亮)，一个界面简陋的产品很难卖到好价钱。

业务逻辑层

业务逻辑层在体系架构中的位置很关键，它处于数据访问层与表示层中间，起到了数据交换中承上启下的作用。由于层是一种弱耦合结构，层与层之间的依赖是向下的，底层对于上层而言是"无知"的，改变上层的设计对于其调用的底层而言没有任何影响。如果在分层设计时，遵循了面向接口设计的思想，那么这种向下的依赖也应该是一种弱依赖关系。因而在不改变接口定义的前提下，理想的分层式架构应该是一个可抽取、可替换的"抽屉"式架构。正因为如此，业务逻辑层的设计对于一个支持可扩展的架构尤为关键，因为它扮演了两个不同的角色。对于数据访问层而言，它是调用者；对于表示层而言，它却是被调用者。依赖与被依赖的关系都纠结在业务逻辑层上，如何实现依赖关系的解耦，则是除了实现业务逻辑之外留给设计师的任务。

数据层

数据访问层也称持久层，主要负责数据库的访问，可以访问数据库系统、二进制文件、文本文档或 XML 文档。

简单地说，就是实现对数据表的 Select、Insert、Update、Delete 操作。如果要加入 ORM 的元素，就会包括对象和数据表之间的 mapping，以及对象实体的持久化。

三层体系的优缺点

优点：
- 开发人员可以只关注整个结构中的其中某一层。
- 可以很容易地用新实现来替换原有层次的实现。
- 可以降低层与层之间的依赖。
- 有利于标准化。
- 有利于各层逻辑的复用。

缺点：
- 降低了系统的性能。这是不言而喻的。如果不采用分层式结构，很多业务可以直接访问数据库，以此获取相应的数据，如今却必须通过中间层来完成。
- 有时会导致级联修改。这种修改尤其体现在自上而下的方向。如果在表示层中需要增加一个功能，为保证其设计符合分层式结构，可能需要在相应的业务逻辑层和数据访问层中增加相应的代码(所以需求的分析、接口的设计非常重要)。

单元 八

多线程

课程目标

- ▶ 了解线程和进程的区别
- ▶ 掌握线程的创建方式
- ▶ 理解线程的生命周期
- ▶ 掌握线程的调度和同步
- ▶ 了解死锁

 简 介

随着社会的进步，时代的发展，大家现在所使用的无论是笔记本、台式机、一体机或商用的应用服务器，普遍使用双核、4核、8核、16核处理器，与以前的单核相比，处理数据信息的能力更强，所用时间更少，极大地节省了大家工作或娱乐需要等待的时间。我们发现，在使用计算机时，可以一边玩游戏一边听音乐，感觉它们是同时运行的，不会出现玩游戏的时候音乐就停了，听音乐的时候游戏就卡了这样的现象。在不同应用程序中，不同程序块是可以同时运行的，我们把多个程序同时运行的情况称为并发执行，而多线程就是指从软件或硬件上实现多个线程并发执行的技术。

8.1 线程概述

8.1.1 进程

提到线程，大家首先要明白什么是进程？在计算机中，每个独立执行的程序都可以称为一个进程，进程是计算机系统进行资源分配和调度的基本单位，是操作系统结构的基础，在现代面向线程设计的计算机结构中，进程是线程的容器。

目前，大家所使用的计算机上安装的操作系统大多是多任务操作系统，即可以同时执行多个应用程序，最常见的操作系统有 Windows、Linux 等，大家可通过任务管理器看到一些允许的进程，操作如下：

右击任务栏，然后左键单击"启动任务管理器(K)"，将打开本系统下的任务管理器，本书使用的是 Windows 操作系统，显示如图 8-1 所示。

图 8-1 Windows 中的任务管理器

从图中可以看到，目前运行的进程有 61 个，有大家常用的 Chrome(谷歌浏览器)，也有

QQ聊天工具，从表面上可以看出这些任务应该是同时执行的，但实际上却不是这样，所有应用程序都通过CPU来执行，也就是说在某个时间节点上，CPU上只能运行一个程序，由于CPU的运行速度非常快，在不同进程进行切换所花费的时间特别短，所以大家会觉得多个进程好像在同时运行。

8.1.2 线程

进程是计算机系统进行资源分配和调度的基本单位，是线程的容器，那么线程又是什么呢？大家都知道一个程序内部可以并发地执行多个任务，那么每个任务就可以称为一个线程，线程是"进程"中某个单一顺序的控制流，也被称为轻量进程(lightweight processes)。有时，一个进程中只有一个线程，剩下的进程必须等当前线程执行完毕，才能继续执行，这样的线程被称为单线程模型，使CPU完成一个小的任务都会花费很长时间；有时，一个进程包含多个线程，每个线程被分为进程中单独的块，这样的线程称为块线程模型，该模型中每个进程含有多个块，进程可以共享多个块中的数据，程序规定每个块中线程的执行时间，所有请求都通过系统消息队列进行串行化，使每个进程只能执行一个块，任务是一个接一个执行的，导致性能方面稍差。在每个进程中只有一个块而不是多个块，这个块控制着多个线程，所有线程都是这个块中的一部分，可以共享，这样的线程称为多线程块模型，该模型降低了系统的负载，可充分利用系统的空闲时间，使进程的运行效率大大提高，也增强了程序的灵活性。

每一个进程都至少有一个主执行线程，是由系统自动创建的，用户无法主动创建。多线程就是多段程序代码交替运行，效果如图8-2所示。

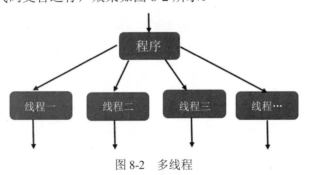

图8-2　多线程

从上图大家可能也觉得多个线程是同时进行的，其实也不是这样的，操作系统为每个线程安排一些CPU时间，线程会以轮换交替的方式运行，只是CPU的运行速度非常快，所以大家会产生多个线程在同时运行的错觉。

8.2　线程创建

我们知道，使用多线程，可让程序更好地使用系统资源，不但能更好地利用系统的空闲时间，还能快速对用户的请求做出响应，使程序的运行效率大大提高，也增加了程序的灵活程度，最重要的是，可通过多线程技术解决不同任务之间的协调操作与运行、数据交互、资源分配等难题。既然线程有这么多优势，那我们怎么去利用线程呢？

大家可以通过两种方式去创建线程，一种是继承 Thread 类并重写 run()方法；另一种是实现 Runnable 接口并重写 run()方法。

8.2.1 继承 Thread 类创建多线程

创建多线程的第一种也是大家比较常用的方式是继承 Thread 类，并重写 run()方法，其代码如下。

```
//创建多线程方式一：继承 Thread 类
class MyThread extends Thread{
    //重写 run()方法，循环打印 100 个数字
    @Override
    public void run() {
        for (int i = 0; i < 100; i++) {
            System.out.println("MyThread 类中输出的数字是： "+i);
        }
    }
}
public class ThreadTest {
//主线程
    public static void main(String[] args) {
        //创建 MyThread 线程对象
        MyThread mt = new MyThread();
        //启动线程。注意，启动线程使用的是 start()方法，不是 run()方法
        mt.start();
        for (int i = 0; i < 100; i++) {
            System.out.println("main()方法输出的数字是： "+i);
        }
    }
}
```

运行程序，结果如图 8-3 所示。

图 8-3 继承 Thread 类创建的多线程

启动程序运行main()方法时，Java虚拟机会启动一个进程，会创建主线程main，然后创建一个自己的线程对象，通过start()方法启动线程，就创建了一个新的线程。大家需要注意，

此处不是通过调用run()方法来启动线程的，run()方法中定义了要执行的任务，如果通过对象调用run()方法，就相当于在main主线程中执行run()方法，与普通的方法调用是一样的，这时是不会创建新的线程来执行程序片段的。通过调用start()方法，会创建一个线程，并且该线程进入可运行状态。

在图 8-3 中，主线程从 0 运行到 78，然后 CPU 的时间片段交给 MyThread 线程，可以发现线程是轮流交替执行的，互不影响，而且每次执行的结果都是随机的，代码的执行顺序也是不确定的。

8.2.2　实现 Runnable 接口创建多线程

创建多线程的第二种方式是实现 Runnable 接口，大家会发现这种方式比通过继承 Thread 类更灵活，我们都知道类是单继承，可以有多个实现，也就是说当某个类已经继承了一个父类，就不能再次继承 Thread 类了。为解决这种难题，Java 提供了 Runnable 接口，该接口只有一个方法，就是 run()方法；让类实现该接口，使得类具备了多线程的特征，其实所有多线程任务都在 run()方法中。我们来看一下如何通过实现 Runnable 接口来创建多线程的。

```java
//创建多线程方式二：实现 Runnable 接口
class MyRunnable implements Runnable{
    //覆写 run()方法，输出打印 100 个数字
    @Override
    public void run() {
        for (int i = 0; i < 100; i++) {
            System.out.println("MyRunnable 输出的数字是："+i );
        }
    }
}
public class RunnableTest {
//主线程
    public static void main(String[] args) {
        //创建 MyRunnable 实例对象
        MyRunnable mr = new MyRunnable();
        //创建线程对象
        Thread thread = new Thread(mr);
        //开启线程，使线程进入就绪状态
        thread.start();
        for (int i = 0; i < 100; i++) {
            System.out.println("main 主线程输出的数字是："+i);
        }
    }
}
```

运行程序，结果如图 8-4 所示。

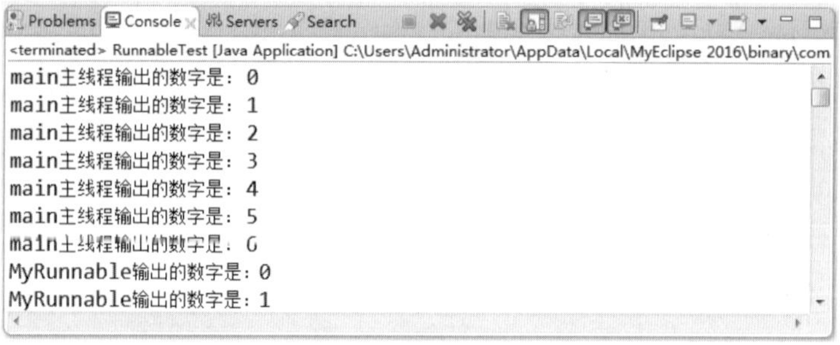

图 8-4 实现 Runnable 创建的多线程

其实大家可以发现，通过实现 Runnable 接口来创建多线程的方式，也是由 Thread 类提供的一个构造方法 Thread(Runnable target)来实现的，需要向带参构造方法中传递一个实现了 Runnable 接口的实例对象，这样创建出来的线程，调用的是 Runnable 接口中的 run()方法，而不是 Thread 类中的 run()方法。

从图 8-4 中也可看到,实现 Runnable 接口创建出来的线程和主线程是交替随机执行的，顺序也是不确定的。

8.2.3 后台线程

有一种线程，是在后台运行的，为其他线程提供服务，这种线程称为后台线程(DaemonThread)，又称为守护线程。JVM 本身带有守护线程，新创建的线程都不是守护线程，如果大家想将该线程转换为守护线程，在线程启动之前调用线程的 setDaemon(true)方法即可，代码显示如下。

```java
class RunableDemo1 implements Runnable{
    private String name;
    public RunableDemo1(String name) {
        super();
        this.name = name;
    }
    @Override
    public void run() {
        System.out.println("启动 runnable 线程：   "+this.name);
        for(int i=10;i<20;i++){
            System.out.println(this.name+" 运行 "+i);
        }
    }
}
public class DaemonThreadTest {
    public static void main(String[] args) {
        Runnable runableDemo1 = new RunableDemo1("runnable1");
        Runnable runableDemo2 = new RunableDemo1("runnable2");
        //1.把 Runnable 接口的实现类对象传给 Thread 的构造方法
        Thread t1 = new Thread(runableDemo1);
```

```
        Thread t2 = new Thread(runableDemo2);
        //2.调用 Thread 中的 start()方法开启线程
        //把 t1 设置为守护线程
        t1.setDaemon(true);
        t1.start();
        t2.start();
    }
}
```

运行程序，结果如图 8-5 所示。

图 8-5　守护线程

对于 Java 而言，与后台线程相对的是前台线程，整个 Java 程序中，只要还有一个前台线程在运行，这个进程就不会结束，但当一个线程中只有后台线程时，这个进程也就结束了。从图 8-5 可以看出，我们开启了两个线程，其中一个是前台线程，一个在调用 start()方法前首先设置 setDaemon(true)，把它设置为后台线程，当后台线程对象输出打印到数字 19 后，后台线程结束，也就是说，当线程中只有后台线程运行时，进程就会结束。

8.3　线程生命周期

Java 是一门面向对象的高级编程语言，对象都是有生命周期的，同样，多线程也有生命周期。多线程的生命周期分为五个阶段，分别是新建状态(New)、就绪状态(Runnable)、运行状态(Running)、阻塞状态(Blocked)、死亡状态(Dead)。对于多线程的这五种生命状态，大家可通过一定的操作，使有些状态之间可以相互转换，状态转换图如图 8-6 所示。

从图 8-6 中大家可明确看到线程 5 种状态的转变情况以及如何进入相应的状态，箭头方向表示可转换的方向，从一种状态进入另一种状态，只能单向转换。例如，线程只能从新建状态转换到就绪状态，而不能从就绪状态转换到新建状态；双向箭头表示两种状态间可以相互转换，例如，就绪状态可以转换为运行状态，运行状态也可以转换为就绪状态，但对于线程是通过什么方式转换的，下面详细介绍一下。

- 新建状态(New)：当创建一个线程对象后，线程就进入新建状态，但该对象和普通创建的对象是一样的，并没有表现出线程的一些动态特征，如 Thread t = new MyThread()。

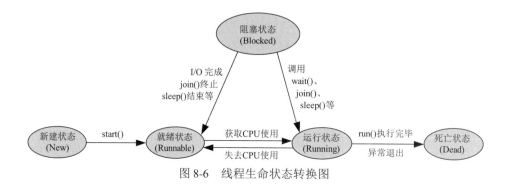

图 8-6 线程生命状态转换图

- 就绪状态(Runnable)：当线程对象调用 start()方法时，如 t.start()，线程就由新建状态转换到就绪状态，此时的线程处于可运行池中，已经具备运行的条件，是否要执行，还要看 CPU 的调度。
- 运行状态(Running)：处于运行池中的线程当获得 CPU 的使用权时，就会得到执行，此时，线程由就绪状态转换为运行状态，而且，大家会发现就绪状态是允许状态的唯一入口，如果线程想要进入运行状态，就必须首先进入就绪状态。
- 阻塞状态(Blocked)：处于运行状态中的线程由于某些特殊原因，暂时放弃对 CPU 的使用权，停止执行，此时线程就会进入阻塞状态，而此时线程就不能再直接进入运行状态了，只有当阻塞的原因被消除后，线程才能进入就绪状态，当 CPU 再次调度线程，线程获取到 CPU 的使用权后，才能再次进入运行状态，产生阻塞的原因不同，一般分为以下三种情况。
    - 等待阻塞：当处于运行状态的线程执行 wait()方法时，线程会进入等待阻塞状态。如果想要消除这种阻塞，就要使用 notify()方法去唤醒线程。
    - 同步阻塞：如果线程想要获取的 synchronized 同步锁被其他线程占用了，线程就会进入到同步阻塞状态。如果线程想要进入就绪状态，就必须获取其他线程所持有的锁。
    - 其他阻塞：如果线程调用了sleep()方法、join()方法或发出I/O请求，线程会进入阻塞状态，如果线程想要消除这种阻塞，需要等到sleep()状态超时、join()等待线程终结或者I/O处理完毕时，此时线程会再次进入就绪状态。
- 死亡状态(Dead)：当线程 run()方法执行完毕后，线程会正常死亡，另一种情况就是非正常死亡，就是当线程抛出一个未捕获的异常或出现一个错误时，此时，线程也会进入死亡状态，而且线程的死亡状态意味着线程的结束，不可能再转换为其他生命状态。

8.4 线程的控制

  线程在操作过程中会出现多种情况，大家都知道对于单核 CPU 来说，在某一时刻只能运行一个线程，如果这个时候转去运行另一个线程，这个过程就称为线程上下文切换。有时当前线程的任务并没有执行结束，就转向运行另一个线程，所以在线程切换时需要保存线程的运行状态，在再次切换回来时可在线程之前的状态下继续执行。简单地说，线程上下文的切换就是存储和恢复 CPU 状态的过程，使线程能从中断点恢复执行。

在线程运行过程中，我们需要对线程进行良好的控制，可以通过线程的一些方法来判断线程是否处于活动状态，可以改变线程的优先级去优先执行某个线程，可中断线程操作(或暂停当前线程)执行其他线程，等等。

8.4.1 判断线程状态

对于一个线程，如果大家想要对其进行调度，我们需要先判断一下该线程是否处于活动状态，代码如下。

```java
//判断线程是否处于活动状态
public class ThreadIsAlive extends Thread {
    @Override
    public void run() {
        System.out.println("线程状态：    "+this.isAlive());
    }
    public static void main(String[] args) throws InterruptedException {
        ThreadIsAlive alive = new ThreadIsAlive();
        System.out.println("启动线程前状态：   "+alive.isAlive());
        //启动线程
        alive.start();
        System.out.println("启动线程后状态：   "+alive.isAlive());
    }
}
```

运行程序，结果如图 8-7 所示。

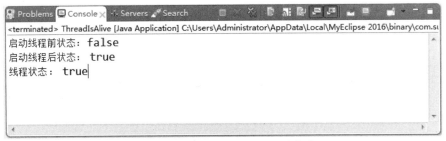

图 8-7　判断线程是否处于活动状态

从图 8-7 中，大家可以看出，在启动线程前，线程是非活动状态的，当启动线程后，线程就处于活动状态了。活动状态就是线程启动并且尚未终止；当线程处于就绪状态或者运行状态，我们就认为线程是"存活"的。

8.4.2 线程优先级

进程中有至少一个线程，在众多线程中，我们有时需要优先调度某一个线程，这个线程的优先级越高,得到 CPU 执行的机会就越大,反之机会越小。线程优先级使用 1~10 之间的整数数字来表示,数字越大,优先级越高;除了通过整数数字来表示优先级外,还可以通过 Thread 类的 3 个静态常量来表示优先级,如表 8-1 所示。

表 8-1 Thread 类的三个静态优先级常量

静态常量	说明
Static int MAX_PRIORITY	表示线程的最高优先级,相当于数字 10
Static int NORM_PRIORITY	表示线程的普通优先级,相当于数字 5
Static int MIN_PRIORITY	表示线程的最低优先级,相当于数字 1

程序运行中,每个处于就绪状态的线程都有自己的优先级,main 主线程拥有的是普通优先级,当然每个线程优先级是不同的,有时我们需要优先执行某个线程。可通过 Thread 类的 setPriority(int newPriority)方法来设置线程的优先级,优先级越高,获得 CPU 执行的机会就越大,代码如下。

```java
//设置线程的优先级,优先执行某个线程
class MyThread1 extends Thread{
    public   MyThread1(String name) {
        super(name);
    }
    @Override
    public void run() {
        for(int i=0;i<2;i++){
            System.out.println("线程名称是: "+Thread.currentThread().getName()+
            "   线程的优先级是: "+Thread.currentThread().getPriority()+
            "   该线程循环执行:  "+i+" 次");
        }
    }
}
public class PriorityThreadTest {
    public static void main(String[] args) {
        System.out.println("线程名称是: "+Thread.currentThread().getName()+
        "  线程优先级是:"+Thread.currentThread().getPriority());
        //创建线程
        MyThread1 mt1 = new MyThread1("mt1");
        MyThread1 mt2 = new MyThread1("mt2");
        MyThread1 mt3 = new MyThread1("mt3");
        MyThread1 mt4 = new MyThread1("mt4");
        mt1.setPriority(1);    //将 mt1 设置为最低优先级
        mt2.setPriority(Thread.MAX_PRIORITY);  //将 mt2 设置为最高优先级
        mt3.setPriority(4);
        mt4.setPriority(8);
        //启动线程
        mt1.start();
        mt2.start();
```

```
            mt3.start();
            mt4.start();
        }
}
```

运行程序，结果如图 8-8 所示。

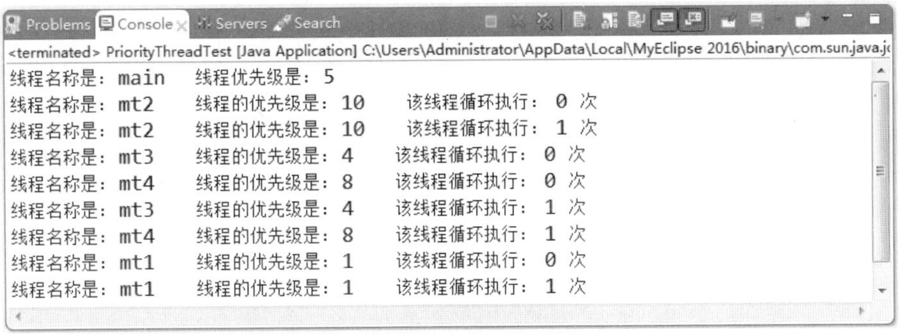

图 8-8　设置线程优先级

通过图 8-8 我们可以看出，main 主线程的优先级是 5，创建了 4 个线程 mt1、mt2、mt3、mt4，并设置了优先级，优先级大小分别为 1、10、4、8，CPU 在执行这 4 条线程时，会根据时间片段进行调度，线程的优先级需要操作系统的支持，不同操作系统对优先级的支持是不一样的，Java 提供的 10 个优先级不能很好地和操作系统一一对应，所以在设计多线程应用程序时，功能的实现不要完全依赖于优先级，只能作为一种提高程序效率的方法，不过优先级越高，被优先调度的机会会越大。

8.4.3　线程中断

在程序运行过程中，有众多线程在并发轮流运行，而且每个线程都有默认的优先级，通过人为设置优先级的方式也只是增加了CPU调度执行的机会。人为地控制线程时，使正在执行的线程中断，让CPU去执行其他线程，大家可使用静态方法sleep(long millis)或sleep(long millis,int nanos)方法来使正在执行的线程以指定的毫秒数暂停，进入睡眠状态，在该线程休眠时间内，CPU会调度其他线程。其代码如下。

```
//调用 sleep()方法，使当前线程中断，去执行其他线程
class SleepThread extends Thread{
    @Override
    public void run() {
        for(int i=0;i<5;i++){
            System.out.println(Thread.currentThread().getName()+" 输出数字："+i);
            if(i==4){
                try {
                    Thread.sleep(200);          //当前线程休眠 200 毫秒
                } catch (InterruptedException e) {
                    e.printStackTrace();
                }
```

```java
            }
        }
    }
}
public class SleepThreadTest {
    public static void main(String[] args) throws InterruptedException {
        SleepThread st = new SleepThread();
        st.start();
        for(int i=0;i<5;i++){
            System.out.println(Thread.currentThread().getName()+" 输出的数字是: "+i);
            if(i==2){
                Thread.sleep(100);    //当前线程休眠 100 毫秒
            }
        }
    }
}
```

运行程序，结果如图 8-9 所示。

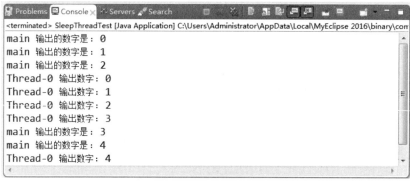

图 8-9　线程休眠

从图 8-9 中大家可以看到，当主线程运行到 i=2 时，线程会休眠 100 毫秒，在这 100 毫秒的时间内，CPU 会调度执行其他线程，运行 Thread-0，然后当运行到 i=3 时，这个线程也要休眠 200 毫秒，这个时间主线程可能已经唤醒了，可直接由 CPU 调度执行到结束，然后 Thread-0 线程休眠结束，继续运行，到线程死亡。sleep 是静态方法，只能控制当前正在运行的线程进入睡眠状态，而不能控制其他线程。当线程休眠结束后，线程会进入就绪状态，并不是直接进入运行状态，需要通过 CPU 的调度才能继续运行。

静态方法 sleep() 是一种使线程中断的方法，为了更好地操作线程，Thread 类还提供了更多方法，如 yield()，以暂停当前正在执行的线程对象，把执行机会让给相同或者更高优先级的线程，也称为线程让步，代码如下。

```java
//线程让步，暂停当前正在执行的线程对象，将执行机会让给相同或更高级的线程对象
class YieldThread extends Thread{
    public YieldThread(String name) {
        super(name);
    }
```

```
        @Override
        public void run() {
            //循环输出。当 i=5，把线程让出来
            for(int i=0;i<5;i++){
                System.out.println(Thread.currentThread().getName()+"输出： "+i);
                if(i==3){
                    System.out.println("当 i=3 时，线程让步，执行相同或更高级线程: ");
                    Thread.yield();
                }
            }
        }
    }
    public class YieldThreadTest {
        public static void main(String[] args) {
            YieldThread yt1 = new YieldThread("建国");
            YieldThread yt2 = new YieldThread("国庆");
            yt1.start();
            yt2.start();
        }
    }
```

运行程序，结果如图 8-10 所示。

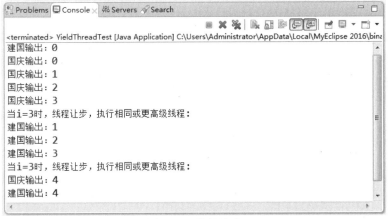

图 8-10　线程让步

线程让步yield()方法和sleep()方法有些类似，都可让当前正在运行中的线程暂停，不过，yield()方法不会阻塞当前线程，只是让当前线程重新进入就绪状态，让系统调度器重新调度一次。当前线程调用到yield方法时，只有当前线程和其他线程的优先级相同或比其他线程优先级更高时，才再次得到执行。

图 8-10 中，我们创建了两个优先级相同的线程。图 8-10 中展示的结果是一种，另一种结果是当 i=3 时，当前线程和"国庆"线程相同，所以"国庆"线程可能再次执行，继续输出打印，到"国庆"线程执行完毕，再执行"建国"线程。

在现实生活中，大家经常遇到在我们排队时，有插队现象发生，在线程中，Thread 类也提供了 join()方法来实现这一功能。当线程调用 join()方法时，线程会进入阻塞状态，直到 join()方法加入的线程执行完毕后，该线程才会继续执行。一般情况下，main 主线程生成并启动了子线程，如果子线程要执行大量的耗时运算，主线程往往将在子线程结束前结束，但如果主线程处理一些线程需要用到子线程的处理结果，也就是主线程结束前子线程要先结束，这个时候就需要使用 join()方法，代码如下。

```java
//join()方法，线程插队
class JoinThread extends Thread{
    private String name;
    public JoinThread(String name){
        super(name);
        this.name = name;
    }
    @Override
    public void run() {
        System.out.println(Thread.currentThread().getName()+" 线程运行开始！");
        for(int i =0;i<=5;i++){
            System.out.println("线程："+name+" 输出   "+i);
        }
        System.out.println(Thread.currentThread().getName()+" 线程运行结束！   ");
    }
}
public class JoinThreadTest {
    public static void main(String[] args){
        System.out.println(Thread.currentThread().getName()+" 线程运行开始   ");
        //创建两个线程对象
        JoinThread jt1 = new JoinThread("毛毛");
        JoinThread jt2 = new JoinThread("彤彤");
        jt1.start();
        jt2.start();
        try {
            jt1.join(300);
        } catch (InterruptedException e) {
            e.printStackTrace();
        }
        try {
            jt2.join(100);
        } catch (InterruptedException e) {
            e.printStackTrace();
        }
        System.out.println(Thread.currentThread().getName()+" 线程运行结束！！");
    }
}
```

运行程序，结果如图 8-11 所示。

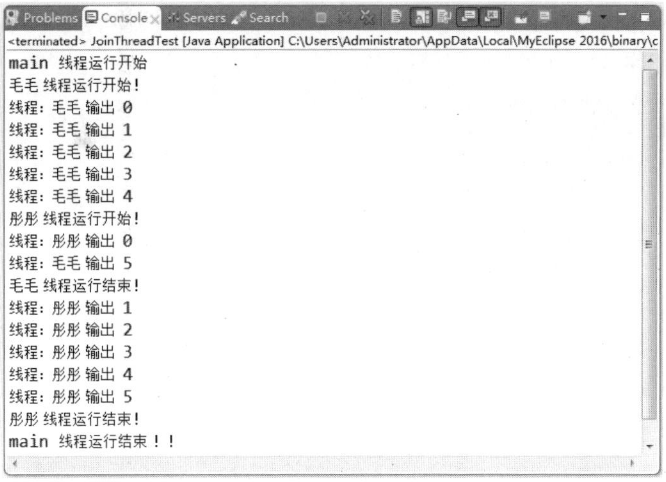

图 8-11 join()插队

主线程会等到子线程都结束才会运行结束。

8.5 线程的同步

在现实生活中，大家出行经常会去购买车票，而售票窗口有许多个，我们可以在始发站城市中的一个售票窗口购买，也可以在其他城市购买，甚至在网上不同客户端都可购买到想要的车票，把这么多售票窗口看成线程，这么多线程同时运行，当 A 去购票时，B 也去购票，还有更多的人也去购票，有可能发生意外情况，那就是一张票可能被售出多次，代码如下。

```java
//定义售票窗口类
class Tickets implements Runnable{
    //定义 10 张可以出售的票
    private int tickets=10;
    @Override
    public void run() {
        while(tickets>0){
            try {
                //让线程休眠 100 毫秒
                Thread.sleep(100);
            } catch (InterruptedException e) {
                e.printStackTrace();
            }
            System.out.println(Thread.currentThread().getName()+"  卖出票   "+tickets--);
        }
    }
}
//无线程同步，开启 4 个线程同时售票
public class NoSynchronized {
```

```
        public static void main(String[] args) {
        //创建线程对象
        Tickets tt = new Tickets();
        //启动 4 个线程
        new Thread(tt, "A").start();
        new Thread(tt, "D").start();
        new Thread(tt, "C").start();
        new Thread(tt, "D").start();
        }
    }
```

运行程序，结果如图 8-12 所示。

图 8-12　无 synchronized 修饰的售票图

从图 8-12 中大家可以发现，卖出了票 0、-1、-2 等不应该出现的票号，为什么会出现这种情况呢？我们在进入循环时已经判断了 tickets>0，怎么还会出现小于 0 的情况？其实是由于线程安全的问题，在售票过程中我们让线程休眠了 100 毫秒，这就导致了线程的延迟，当售到票号 1 时，对票号进行判断，符合要求，这时线程进入休眠状态，后面的 B、C、D 线程都会进入循环。因为此时 tickets 为 1 也是大于 0 的，所以四个线程都会进入循环，休眠结束后，四个线程都进行了售票操作，也就出现了 0、-1、-2 的票号。

上述情况在现实生活中肯定是不能出现的，为解决这一问题，必须确保一个线程在执行统一共享资源时，在某一时间只有这一个线程在操作。线程同步就是若干个线程都需要使用一个 synchronized(同步)修饰的方法，必须遵守同步机制。

同步机制：当一个线程使用 synchronized()方法时，其他线程想要使用这个方法，就必须等到该线程使用完 synchronized()方法。代码如下。

```
//利用线程同步机制解决售票安全问题
    //定义一个 Ticketss 类(不同于上面的 Tickets 类)，实现同步方法
        class Ticketss implements Runnable{
        private int tickets = 10;        //定义车票 10 张
        @Override
        public void run() {
            sale();
```

```java
        }
        //使用 synchronized 修饰,成为同步方法
        public synchronized void sale(){
            while(true){
                if(tickets>0){
                    try {
                        //线程休眠 100 毫秒
                        Thread.sleep(100);
                    } catch (InterruptedException e) {
                        e.printStackTrace();
                    }
                    System.out.println("窗口"+Thread.currentThread().getName()+" 售出   "+tickets--);
                }else{
                    break;
                }
            }
        }
}
public class SynchronizedTest {
    public static void main(String[] args) {
        //创建车票对象
        Ticketss ts = new Ticketss();
        new Thread(ts, "A").start();
        new Thread(ts,"B").start();
        new Thread(ts,"C").start();
        new Thread(ts, "D").start();
    }
}
```

运行程序,结果如图 8-13 所示。

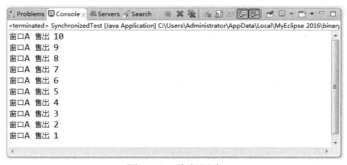

图 8-13　线程同步

将售票程序放入 sale()方法中,该方法使用 synchronized 修饰,然后在 run()方法中调用,就需要遵守线程同步机制。简单而言,当线程运行到 1 的时候,该线程执行完毕后才会交给其他线程执行,但判断 tickets 只有大于 0,才能继续售票;此时票已经减为 0,不符合要求,于是中断循环,线程结束,不会再出现 0、-1、-2 的票号了。

8.6 线程的死锁

在日常生活中，假设遇到这样的情况：有 2 个小孩，琪琪在玩小车，梅梅在玩小鸭子，琪琪想要梅梅的小鸭子，梅梅想要琪琪的小车，两个人都想要彼此的玩具，但自己的东西又不愿意给对方，双方争执不休。琪琪说："你先把小鸭子给我玩，我再把小车给你玩"；梅梅说："你先把小车给我玩，我再把小鸭子给你玩"。结果琪琪没有拿到梅梅的小鸭子，梅梅也没有拿到琪琪的小车，两个人吵个不停。

我们可以把玩具当成资源，把琪琪和梅梅当成两个线程，类似这种两个或多个线程因竞争资源而造成的一种相互等待的情况，我们称之为死锁。示意图如图 8-14 所示。

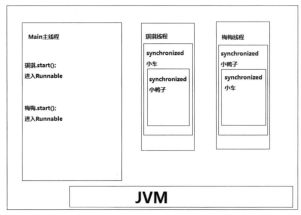

图 8-14 死锁示意图

在主线程中分别启动两个线程，两个线程就都处于就绪状态，也就是可执行状态，但 JVM 先调度哪个线程是不确定的，当调度琪琪线程时，琪琪想要梅梅的小鸭子，但梅梅的小鸭子已被同步，需要等到执行完成才能获得，然而梅梅需要琪琪的小车，琪琪的小车此时也被同步了，梅梅又需要等到琪琪线程执行完毕方可，但琪琪需要梅梅的小鸭子也是同步的情况，这就导致了梅梅不释放小鸭子，琪琪就不会释放小车，陷入了永久的僵持等待状态，代码如下。

```java
//死锁线程。多个线程相互竞争资源而造成的相互等待状态就是死锁
public class DeadLockTest implements    Runnable {
    public int flag = 1;
    //定义两个静态对象，模拟作为两个锁对象
    private static Object o1 = new Object(),o2=new Object();
    public   void run() {
        if(flag == 1){
            synchronized (o1) {
                System.out.println(Thread.currentThread().getName()+"--小车真酷！ ");
                synchronized (o2) {
                    System.out.println(Thread.currentThread().getName()+"==梅梅，小鸭子给我，我就给你小车");
                }
            }
```

```
            }
        if(flag == 0){
            synchronized (o2) {
                System.out.println(Thread.currentThread().getName()+"--小鸭子好可爱！");
                synchronized (o1) {
                    System.out.println(Thread.currentThread().getName()+"==琪琪，小车先给我，小鸭子就给你");
                }
            }
        }
    }
    public static void main(String[] args) {
        DeadLockTest dt1 = new DeadLockTest();
        DeadLockTest dt2 = new DeadLockTest();
        dt1.flag = 1;
        dt2.flag = 0;
        //启动线程
        new Thread(dt1,"琪琪").start();
        new Thread(dt2,"梅梅").start();
    }
}
```

运行程序，结果如图 8-15 所示。

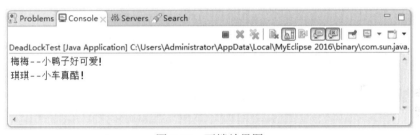

图 8-15　死锁效果图

线程琪琪拥有o1锁，只有获得o2锁，才能执行完毕，才会释放o1锁；梅梅线程拥有o2锁，只有获取o1锁，才会执行完毕，释放o2锁。从图8-15中我们发现线程琪琪获取不到o2锁，线程梅梅也获取不到o1锁，就导致两个线程都处于挂起状态，从而造成死锁。

【单元小结】

- 创建线程有两种方式，分别是继承 Thread 类和实现 Runnable 接口。
- 线程生命周期有新建、就绪、运行、阻塞、死亡 5 种状态。
- 线程分为前台线程和后台线程，一般普通线程是前台线程，守护线程是后台线程。
- 线程的优先级范围是 1~10，表示优先级的静态常量有 3 个。
- 线程休眠使用 sleep()方法，线程让步使用 yield()方法。
- 共享资源的处理需要使用同步方法。
- 多个线程相互竞争资源可能造成相互等待死锁。

【单元自测】

1. Thread 类位于下列哪个包中？（　　）
   A. java.io   B. java.lang   C. java.security   D. java.util

2. 线程调用 sleep()方法后，该线程将进入以下哪种状态？（　　）
   A. 就绪状态   B. 新建状态   C. 阻塞状态   D. 运行状态

3. 线程优先级范围是？（　　）
   A. 1～5   B. 5～10   C. 1～20   D. 1～10

4. 对于线程的声明周期，以下说法正确的是？(多选)（　　）
   A. 调用线程的 start()方法，该线程就进入运行状态
   B. 如果线程 run()方法运行结束，或出现未被捕获 InterruptedException 等异常终止，那么线程进入死亡状态
   C. 线程进入死亡状态后，调用 start()方法仍然可以重新启动
   D. 线程进入死亡状态，该线程仍然是一个 Thread 对象，在没有被垃圾回收器回收前，仍然可以像引用其他对象一样引用它

5. 对于死锁的描述，下列说法正确的是？(多选)（　　）
   A. 当两个线程互相等待对方释放同步锁时，会发生死锁
   B. Java 虚拟机没有检测和处理死锁的措施
   C. 一旦出现死锁，程序会发生异常
   D. 处于死锁状态的线程处于阻塞状态，无法继续运行

【上机实战】

上机目标

- 熟悉线程的创建。
- 熟练掌握线程的启动。
- 熟悉线程的调度。

上机练习

◆ 第一阶段 ◆

练习 1：线程打印字母和数字

【问题描述】

写两个线程，一个线程打印 1～52 的数字，另一个线程打印字母 A～Z，打印两个数

字，打印一个字母，按照顺序依次打印，打印结果类似于 12A、34B、56C 等。

【问题分析】
- 判断打印数字和字母的顺序。
- 线程在执行到一定时刻需要等待。

【参考步骤】

(1) 创建一个新的工程。

(2) 编写类 PrintNumberAndLetter、Printer、NumberPrinter、LetterPrinter。

(3) 编写代码。

```java
public class PrintNumberAndLetter {
    public static void main(String[] args) {
        Printer p = new Printer();
        Thread t1 = new NumberPrinter(p);
        Thread t2 = new LetterPrinter(p);
        t1.start();
        t2.start();
    }
}
//打印结果应该是 12A 34B 56C...5152Z
class Printer{
    private int index = 1;    //下标设为1，方便计算3的倍数
    //打印数字的方法，每打印两个数字，等待打印一个字母
    public synchronized void print(int i){
        while(index%3==0){
            try{
            wait();
            }catch(Exception e){

            }
        }
        System.out.print(""+i);
        index++;
        notifyAll();
    }
    //打印字母，每打印一个字母，等待打印两个数字
    public synchronized void print(char c){
        while(index%3!=0){
            try{
            wait();
            }catch(Exception e){

            }
        }
        System.out.print(""+c+" ");
```

```
                index++;
                notifyAll();
        }
    }
}
//打印数字的线程
class NumberPrinter extends Thread{
    private Printer p;
    public NumberPrinter(Printer p){this.p = p;}
    public void run(){
        for(int i = 1; i<=52; i++){
            p.print(i);
        }
    }
}
//打印字母的线程
class LetterPrinter extends Thread{
    private Printer p;
    public LetterPrinter(Printer p){this.p = p;}
    public    void run(){
        for(char c='A'; c<='Z'; c++){
            p.print(c);
        }
    }
}
```

(4) 运行程序，结果如图 8-16 所示。

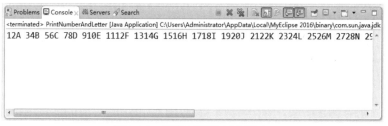

图 8-16　线程打印字母和数字

◆ **第二阶段** ◆

练习 2：交替打印 10 次 ABC

【问题描述】

建立 3 个线程，A 线程打印 10 次 A，B 线程打印 10 次 B，C 线程打印 10 次 C，要求线程同时运行，交替打印 10 次 ABC。

【问题分析】

在打印 A 线程后，A 线程需要休息一下，然后打印 B 线程，B 打印一个后也需要休息一下，再继续打印 C 线程，C 也要进入休息状态，这样循环打印 10 次，则可获取 10 次打印的

ABC,运行效果如图 8-17 所示。

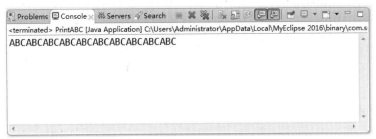

图 8-17 三个线程轮流打印 ABC

【拓展作业】

1. 创建一个子线程,在线程中输出 1~100 之间的偶数,主线程输出 1~100 之间的奇数。

2. 使用 4 个线程取出 1~100 共 100 个数,每个线程取出的数放在不同的集合或者数组里面。

3. 编写一个应用程序,在线程同步情况下解决"生产者-消费者"问题。

单元九 Java 网络编程

 课程目标

- 了解开发系统互联的七层结构及 TCP/IP 分层模型
- 掌握 UDP 协议
- 掌握 TCP/IP 协议
- 掌握 Socket 通信
- 了解 UDP 广播

 简 介

随着互联网行业的蓬勃发展,现如今,人们对计算机网络的依赖程度越来越大,以至于计算机网络成为人们生活、工作和学习的必需品,无论我们在网上购买火车票还是在微信上与家人视频聊天,都离不开计算机网络。计算机网络其实是将位于不同位置的计算机或手机等通信设备,通过通信线路进行连接,在网络操作系统、网络管理软件以及网络通信协议的管理下,实现资源共享和信息传递的计算机系统,简单来说,就是将多台计算机连接起来实现资源共享和数据交换的系统。

9.1 网络概述

9.1.1 计算机网络基础

计算机网络是通过传输媒介、通信设备、网络通信协议,将不同地方的计算机设备连接起来,实现资源共享和数据传输的系统。而网络编程其实就是编写程序使联网的两个或多个通信设备之间进行数据传输,java 语言对网络编程提供了接口,以便我们进行网络编程。

计算机网络最早出现在 20 世纪 60 年代,美国国防部为了应对核攻击威胁,其领导下的 ARPA 研制出一种崭新的网络,在一些专家的努力下,设计出一种分组交换的新型计算机网络,分组交换采用存储转发技术,把将要发送的报文分成一个一个的"分组",在网络中传送。历经这些年的发展,计算机网络时代分别如下。

- 第一代计算机网络:远程终端联机阶段。
- 第二代计算机网络:计算机网络阶段。
- 第三代计算机网络:计算机网络互联阶段。
- 第四代计算机网络:国际互联网与信息高速公路阶段。

我国的计算机网络设备制造行业是改革开放后才成长起来的,早期和世界先进水平存在巨大差距,但随着我国经济的快速发展,目前中国已经成为全球计算机网络设备制造行业重点发展市场。中国的网民目前已达 7.72 亿,是世界上网民最多的国家,人均周上网时长高达 27.7 小时。社交方面,使用社交平台;出行方面,使用网约出租车或快车、专车;购物方面,使用网络购物及网上支付等。我们的衣食住行及娱乐、生活都离不开网络,有人笑言:"失去了网络就等于失去了光明",由此可见网络对于大家的重要程度。

对于网络划分标准也是各不相同,但从地理范围来划分是一种大家都非常认可的通用标准,通过这种标准将网络分为 3 种,分别是局域网、城域网、广域网,局域网是小范围、小区域内的,而城域网可能是不同地区的网络互联,广域网是一种更大范围中的网络互联。

局域网(Local Area Network):就是大家通常所说的 LAN,是最常见并且应用最广泛

的一种网络，几乎每个单位都有自己的局域网，甚至很多家庭也有自己的局域网，其实局域网就是一种局部地区的网络，所覆盖的范围比较小，在计算机数量上没什么限制，多则几百台计算机，少则两台，局域网覆盖的范围一般是几米至10千米以内，此种网络的特点是"连接范围小，用户数量少，配置简易，连接速率非常高"，现如今最快的局域网就是10G以太网了。局域网包含以太网(Ethernet)、令牌环网(Token Ring)、光纤分布式接口网络(FDDI)、异步传输模式网(ATM)以及无线局域网(WLAN)，现在无论我们走到哪里，都可以使用无线 WiFi，也是大家使用最多的网络形式。

城域网(Metropolitan Area Network)：这种网络可覆盖一个城市的范围大小，可连接的距离在10千米到100千米之间，与局域网相比，扩展的距离更远，可连接的计算机数量也更多，是局域网上的一种延伸。在城市中，一个城域网通常连接着多个局域网，会连接政府的局域网、医院的局域网、公司的局域网等。城域网采用 ATM 技术做骨干网，ATM是一种用于数据、语音、视频及媒体应用程序的高速网络传输方法。ATM包括一个接口和一个协议，此协议能使通信量在常规传输信道上，在比特率变化或不变之间进行切换，ATM提供一个可伸缩的主干基础设施，可适应不同规模、速度和寻址技术的网络，但成本太高，所以一般用在政府城域网中。

广域网(Wide Area Network)：这种网络也被称为远程网，覆盖范围比城域网更广，使不同城市之间的局域网或城域网互联，地理范围从几百千米到几千千米，但这种网络由于传输距离较远，导致信息衰减比较严重，为保证信息的质量，这种网络一般需要租用专线，通过接口信息处理(IMP)协议和线路连接起来，构成网状结构。不过由于这种网络连接用户多，而总出口的带宽有限，所以分发到用户终端连接的速率就很低了。

上面从地理范围上对网络进行细分，现如今大家使用最广泛的还是无线网，随着我国IT技术的快速发展，掌上电脑和手机的日益发展和普及，大家经常需要在外出时接打电话、视频聊天、发送邮件以及浏览网上信息，而在路途中也不可能通过有线介质与公司网络连接，所以这时就需要一种能让我们在移动过程中连接网络的无线形式，无线网(特别是无线局域网)最大的优势是易于安装和使用，所以现在大家每到一处，要先找到 WiFi，并且连接上。

以上是按照网络的规模和范围进行的简单划分，其实按照网络拓扑结构可分为星型网络、总线网络、环线网络、树型网络、星型环线网络等，按照网络的传输介质可分为双绞线、同轴电缆、光导纤维、视线介质等。通过不同的标准，大家把计算机网络总体分成各种类型。

9.1.2 网络通信协议

将很多计算机连接在一起，实现信息传递，共享程序和数据，这些需要遵循一定的规则。就像大家在马路上开车是一样的，都要遵守交通规则，只有每个人都遵守了，才能保证大家到达自己想去的地方，使每辆车都行驶有序。同样，对于网络，想要确保信息的完整性和质量，也需要遵守一定的规则。在计算机网络中，这些连接和通信规则就称为网络通信协议，对数据的传输格式、传输速率、传输步骤等做了统一规定，通信双方只有同时遵守这种协议才能完成数据的交换。目前，应用最广泛的是TCP/IP协议(Transmission Control Protocol/Internet Protocol，传输控制协议/因特网互联协议)，它包括TCP协议、IP协议、UDP(User Datagram Protocol)协议、ICMP(Internet Control Message Protocol)协议和其他一些协议的协议组。

为保证数据通信期间，发送端发送的数据和接收端接受的数据保持完全一致，需要在原有数据基础上添加很多信息，来确保数据传输时数据格式完全一致。而计算机网络是一个复杂系统，所以把计算机网络实现的功能分到不同的层次上，1974年IBM公司提出了世界上第一个网络体系结构SNA，后来Digital公司提出DNA，美国国防部提出TCP/IP等，多种网络体系结构并存，导致每个公司的产品只能与同种结构的网络进行互联。为促进网络发展，国际标准化组织(ISO)在1977年成立委员会，提出一种不基于具体机型、操作系统、公司的网络体系结构，称为开放系统互联参考模型，也就是 OSI/RM(Open System Interconnection Reference Model)，把网络通信工作分为7层，分别是物理层、数据链路层、网络层、传输层、会话层、表示层和应用层，如图9-1所示。

- 物理层

物理层处于OSI的最底层，是整个开放系统的基础，物理层设计到通信信道上传输的原始比特流(bits)，主要是为数据端设备提供传输数据的通道。

- 数据链路层

数据链路层主要是实现计算机网络相邻节点之间的可靠传输，把原始的、有差错的物理传输线路加上数据链路协议后，构成逻辑上可靠的数据链路，需要完成链路管理、成帧、差错控制以及流量控制等，数据链路层可对帧的丢失进行处理。

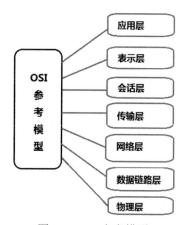

图 9-1 OSI参考模型

- 网络层

网络层涉及源主机节点到目的主机节点之间的可靠网络传输，主要完成路由选择、网络寻址、流量控制、拥塞控制、网络互联等。

- 传输层

传输层起到承上启下的作用，涉及源端节点到目的节点之间可靠的信息传输，解决了跨越网络连接的建立和释放。对底层不可靠的网络，建立连接时需要三次握手，释放连接时需要四次挥手。

- 会话层

会话层主要负责在应用程序之间建立、维持和中断会话，提供对设备和终点之间的会话控制，协调系统和服务之间的交流，并提供单工、半双工和全双工3种不同的通信方式，使系统和服务之间有序建立通信。

- 表示层

表示层主要定义传输数据信息的格式，把应用层提供的信息转换成能够共同理解的形式，提供字符代码、数据格式、控制信息格式、加密等的统一表示。

- 应用层

应用层是 OSI 的最高层，是直接为应用进程提供服务的，当多个系统应用相互通信时，完成一系列业务处理所需的服务。

OSI 参考模型由于存在模型和协议上的缺陷，很难推出成熟的产品，而 TCP/IP 协议在不断发展，定义了电子设备如何连入因特网以及数据如何在计算机中传输的标准，形成了 4 层结构，分别为：网络接口层、网络互联层(IP 层)、传输层(TCP 层)、应用层，每一层都呼叫下一层所提供的协议来完成自己的任务，模型如图 9-2 所示。

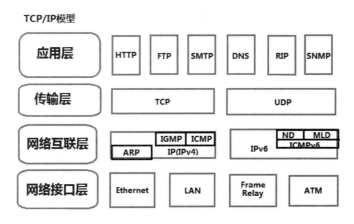

图 9-2 TCP/IP 模型

与 OSI 参考模型相比，TCP/IP 模型没有明确区分服务、接口、协议；该模型产生在协议发明之后；共有 4 层，而且网络互联层仅有无连接的 IP(IP 是互联网的"咽喉")，传输层则面向连接的 TCP 和无连接的 UDP。

9.1.3 IP 地址和端口

要实现两台主机间的通信，需要辨清哪台计算机是发送端，哪台计算机是接收端，需要给定一个标识，就像我们打电话一样，每部手机都有一个手机卡，我们可通过手机号打电话给别人，也可以通过手机号来辨别机主是谁。同样，每台主机上都有一个 IP 地址(Internet Protocol Address)，也称为网络协议地址，是 IP 协议提供的一种统一地址。为互联网上的每个网络和每台主机分配一个逻辑地址，以屏蔽物理地址的差异。

IP 地址是数字型，长 32 位，由 4 个 8 位二进制数组成，每 8 位之间用圆点隔开，使用"点分十进制"方式表示成"a.b.c.d"形式，a、b、c、d 都是 0 到 255 之间的十进制整数，常见的 IP 地址分为 IPv4 与 IPv6 两大类，将 IP 地址空间分为 A、B、C、D、E 五类，其中 A、B、C 是基本类，D、E 作为多播和保留使用。IPv4 有 4 段数字，每一段最大不超过 255，由于 IT 行业的快速发展，家庭计算机的普及，IPv4 的地址已经在 2011 年 2 月 3

且全部分发完毕。IPv6 采用 128 位地址长度，相比 IPv4 有 3 个优势：首先，扩大了地址空间，提高了网络的整体吞吐量；其次，使得整个服务质量得到很大改善，安全性有了很好的保证；最后，支持即插即用和移动性，而且更好地实现了多播功能。

在主机上大家会发现很多服务，为更好地应用某项服务，同样需要一定的标识符，就如主机的 IP 地址一样。如果把 IP 比作一套房子，那么服务就是每道门的钥匙，这里的每把钥匙就是一个端口，根据协议类型可将端口分为 TCP 端口和 UDP 端口。由于这两个协议是独立的，因此协议的端口也相互独立，不受影响。端口号是计算机与外界交流的出入口，是一种抽象的软件结构，包括一些数据结构和 I/O(基本输入/输出)缓冲区。端口号从 0 到 65 535，分为三类。

- 公认端口(Well Known Ports)：从 0 到 1023，紧密绑定一些服务。
- 注册端口(Registered Ports)：从 1024 到 49 151，松散地绑定一些服务。
- 动态和私有端口(Dynamic and Private Ports)：从 49 152 到 65 535，理论上不要为服务分配这些端口。

每个端口都有对应的服务供我们访问，从而进行数据通信，表 9-1 所示是常见的 TCP 端口和对应的服务。

表 9-1　常见的 TCP 端口和对应的服务

端口	对应服务
7	Echo 服务器
21	FTP
23	telnet
25	SMTP
53	DNS
79	Finger
80	HTTP
110	POP3

9.2　URL 及其应用

通过网络可访问不同的主机，Java 语言也提供了网络类可以让大家使用网络或远程连接。目前，已经可以对国际互联网及 URL 资源进行访问，访问网络资源就像访问本地文件一样便捷，可通过 Java 提供的 URL 类来读取和修改数据。

URL 类表示统一资源定位符，能准确定位网络上的某个资源，像指针一样。一般情况下，URL 分为几个部分，如 http://www.baidu.com:580/doc/index.html 使用的协议是 HTTP(超文本传输协议)，信息存储在名为 www.baidu.com 的主机上，580 是指定的一个端口号，在远程主机上进行 TCP 连接。如果没有指定端口，则使用协议的默认端口，HTTP 的默认端口是 80，通过 URL 类便可获取主机上的很多信息，Java 代码如下。

```
import java.io.IOException;
```

```java
import java.net.URL;
public class URLTest {
    public static void main(String[] args) throws IOException {
        //创建 URL 类对象并指定 URL 地址
        URL url = new URL("http://www.baidu.com//docs//index.html");
        //获取该 URL 的协议名称
        System.out.println("协议:"+url.getProtocol());
        //获取该 URL 的授权
        System.out.println("授权:"+url.getAuthority());
        //获取该 URL 的内容
        System.out.println("内容： "+url.getContent());
        //获取该 URL 的文件名
        System.out.println("文件:"+url.getFile());
        //获取该主机名称
        System.out.println("主机:"+url.getHost());
        //获取该 URL 路径部分
        System.out.println("路径:"+url.getPath());
        //获取该 URL 的端口号
        System.out.println("端口:"+url.getPort());
        //获取该 URL 的查询部分
        System.out.println("查询:"+url.getQuery());
        //获取该 URL 的 userinfo 部分
        System.out.println("userinfo:"+url.getUserInfo());
    }
}
```

运行程序，结果如图 9-3 所示。

图 9-3 通过 URL 获取主机数据效果图

从图9-3中的运行效果来看，统一资源定位符采用HTTP协议，主机名为www.baidu.com，文件路径是/docs/index.html，但端口为-1，为什么不是80呢？其实这里没写端口号，采用默认端口号80。当使用URL类获取getPort()时，它的返回值为-1，所以端口值就为-1了。

通过 Java 中的 URL 类，不但可以获取我们想要了解的协议、授权、文件名称、端口号以及主机，还可读取定位文件的详细内容，Java 代码如下所示。

```java
import java.io.BufferedOutputStream;
import java.io.File;
```

```java
import java.io.FileOutputStream;
import java.io.IOException;
import java.io.InputStream;
import java.net.URL;
public class URLReader {
    public static void main(String[] args) throws IOException {
        //创建一个 URL 对象
        URL url = new URL("http://www.baidu.com");
        //打开此 URL，返回 InputStream 用于读取文件
        InputStream is = url.openStream();
        //创建一个文件，用于写入信息
        File file = new File("C:\\userfile\\java\\baidu.html");
        BufferedOutputStream bos = new BufferedOutputStream(new FileOutputStream(file));
        byte[] buf = new byte[1024];
        @SuppressWarnings("unused")
        int length = 0;
        while((length = is.read(buf)) != -1){
            bos.write(buf);
        }
        //释放资源
        bos.close();
        is.close();
    }
}
```

执行程序后，大家会发现，其会在本地磁盘C盘的/userfile/java目录中创建一个名为baidu.html的文件，会把定位符指向的数据页面的内容读入baidu.html文件中。通过URL类创建的对象，我们也可对数据进行读写操作，这将更加便捷。

9.3 InetAddress 及其应用

在执行互联网操作时，我们通常需要获取主机的 IP 地址，IP 地址是由 IP 使用 32 位或 128 位无符号数字，构建 UDP 和 TCP 协议的低级协议。如果要获取自己计算机上的 IP 地址，在命令行中输入 ipconfig 就可以直接获取。如何获取其他主机的 IP 地址呢？在别人主机中使用 ipconfig 命令也能获取到，但显然非常耗费时间和精力，这时可通过 Java 中提供的 InetAddress 执行这种操作。Java 代码如下所示。

```java
import java.net.InetAddress;
import java.net.UnknownHostException;
//获取计算机地址及名称
public class InetAddressTest {
    public static void main(String[] args) throws UnknownHostException {
        InetAddress localHost = InetAddress.getLocalHost();
        System.out.println("本地计算机地址: "+localHost.getHostAddress());
        System.out.println("本地计算机名称:   "+localHost.getHostName());
```

```
        InetAddress address = InetAddress.getByName("www.baidu.com");
        System.out.println("百度的 IP 地址是: "+address.getHostAddress());
        System.out.println("百度的主机名称是: "+address.getHostName());
    }
}
```

运行程序，结果如图 9-4 所示。

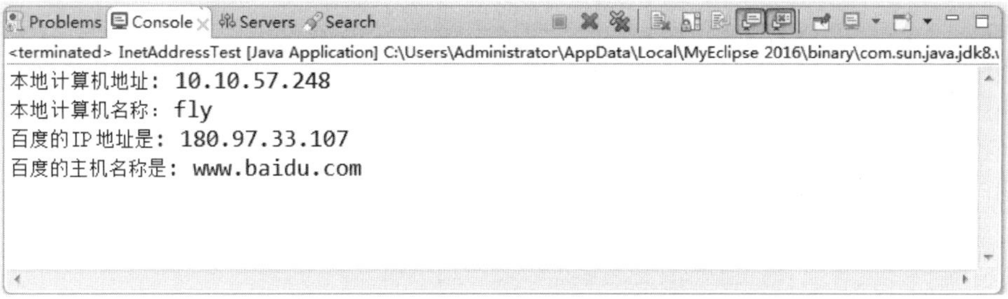

```
本地计算机地址: 10.10.57.248
本地计算机名称: fly
百度的IP地址是: 180.97.33.107
百度的主机名称是: www.baidu.com
```

图 9-4　获取本地及远程主机的地址和名称

从图 9-4 中大家可以发现，我们不但可以获取本地计算机的 IP 地址和计算机名称，还可以根据计算机的名称获取远程计算机的 IP 地址，这样，大家就可以远程操作计算机了。

可以直接通过 InetAddress 提供的静态方法 getLocalHost()获取本地 IP 地址和名称。如果要单独获取地址或名称，可分别使用返回的对象调用 getHostAddress()方法获取 IP 地址，调用 getHostName()方法获取主机名。通过调用 InetAddress 的静态方法 getByName(String host)可获取远程 IP 地址和主机名称。

9.4　使用 TCP 协议的 Socket 编程

要让两台机器之间实现通信，就需要在两台机器之间建立连接，在网络通信过程中，我们将第一次主动发起通信的程序称为客户端(Client)，把第一次通信过程中等待连接的程序称为服务器端(Server)。就本质而言，客户端和服务器端没有什么差别。

在机器进行通信的过程中，大家需要使用一个重要的类 Socket，也就是套接字。套接字是两台机器之间通信的端点。单个套接字是一个端点，两个套接字就可构成一个双向通信信道，使两个没有联系的程序通过该类在本地或远程进行网络数据通信。套接字一旦建立连接，就可以在程序中进行数据的单向或双向交换，直到我们把其中一个端点关闭。

TCP/IP 套接字是最可靠的双向流协议，使用 TCP/IP 可发送任意数量的数据。可在客户端以及服务器端同时建立 Socket，给定连接的主机地址和端口地址，为两端的程序建立连接，图 9-5 显示服务器和客户端的通信。

从图 9-5 中可以看到，为使程序之间实现通信，需要有一个客户端和一个服务器端。两者之间建立连接后，就可以在彼此之间进行数据通信了，最后关闭一方或双方的资源，结束通信。

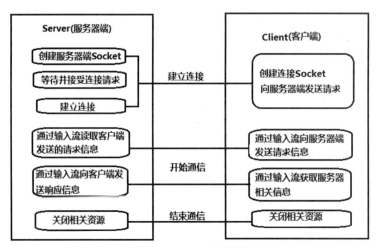

图 9-5 Socket 通信模型

9.4.1 单向通信

基于客户端和服务器端可以进行单向通信、双向通信，下面首先讲述如何进行通信。创建 TCP 服务端的步骤如下。

(1) 创建一个 ServerSocket 对象。
(2) 调用 accept()方法接受客户端请求。
(3) 从 Socket 中获取 I/O 流。
(4) 对 I/O 流进行读写操作，完成与客户端的交互。
(5) 关闭 I/O 流和 Socket。

基于 TCP 服务器端的代码如下。

```java
import java.io.BufferedWriter;
import java.io.IOException;
import java.io.OutputStreamWriter;
import java.net.ServerSocket;
import java.net.Socket;
public class Server {
    public static void main(String[] args) {
        Socket socket = null;
        BufferedWriter bw = null;
        try {
            // (1) 建立服务器端套接字：指定监听的接口
            ServerSocket ss = new ServerSocket(6688);
            System.out.println("服务端建立监听");
            // (2) 监听，等待客户端请求，并愿意接收连接
            socket = ss.accept();
            // (3) 获取 Socket 的输出流，并使用缓冲流进行包装
            bw = new BufferedWriter(new
                OutputStreamWriter(socket.getOutputStream()));
```

```java
            // (4) 向客户端发送反馈信息
            bw.write("客户端，你好！！！");
        } catch (IOException e) {
            e.printStackTrace();
        } finally {
            // (5) 关闭流及 Socket 连接
            if (bw != null) {
                try {
                    bw.close();
                } catch (IOException e) {
                    e.printStackTrace();
                }
            }
            if (socket != null) {
                try {
                    socket.close();
                } catch (IOException e) {
                    e.printStackTrace();
                }
            }
        }
    }
}
```

服务器端程序创建完毕，下面需要创建客户端程序，基于 TCP 创建客户端程序的步骤如下。

(1) 创建一个 Socket 对象。

(2) 从 Socket 中获取 I/O 流。

(3) 对 I/O 流进行读写操作，完成与服务器端的交互。

(4) 关闭 I/O 流和 Socket。

客户端代码如下。

```java
import java.io.BufferedReader;
import java.io.IOException;
import java.io.InputStreamReader;
import java.net.InetAddress;
import java.net.Socket;
public class Client {
    public static void main(String[] args) {
        Socket socket = null;
        BufferedReader br = null;
        try {
            //(1) 创建一个 Socket 对象
            socket = new Socket(InetAddress.getLocalHost(), 6688);
            //(2) 获取 Scoket 的输入流，并使用缓冲流进行包装
            br = new BufferedReader(new
                InputStreamReader(socket.getInputStream()));
```

```
            //(3) 接收服务器端发送的信息
            System.out.println(br.readLine());
        } catch (Exception e) {
            e.printStackTrace();
        } finally {
            //(4) 关闭流及 Socket 连接
            if (br != null) {
                try {
                    br.close();
                } catch (IOException e) {
                    e.printStackTrace();
                }
            }
            if (socket != null) {
                try {
                    socket.close();
                } catch (IOException e) {
                    e.printStackTrace();
                }
            }
        }
    }
}
```

需要先运行服务器端程序，服务器端运行效果如图 9-6 所示。

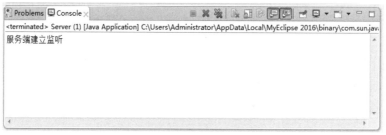

图 9-6　服务器端单向通信

服务器端进入监听状态，随时连接将要启动的客户端，此时需要运行客户端程序，效果如图 9-7 所示。

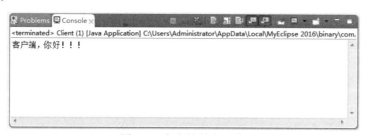

图 9-7　客户端单向通信

客户端出现一段话"客户端，你好！！！"。该段话由服务器端发向客户端，此后客户端执行 I/O 流操作，读取信息，完成了客户端和服务器端的单向通信。但是通常情况下的交流都是双向的。下面分析一下客户端和服务器端如何进行双向通信。

9.4.2 双向通信

单向通信存在很大的弊端，并不能真正达到通信效果，真正的通信应该是相互交流，客户端发出请求，服务器端给予响应。

首先需要创建服务器端程序，步骤与单向通信的步骤是类似的，Java 代码如下。

```java
import java.io.BufferedReader;
import java.io.BufferedWriter;
import java.io.IOException;
import java.io.InputStreamReader;
import java.io.OutputStreamWriter;
import java.net.ServerSocket;
import java.net.Socket;
public class DoubleServer {
    public static void main(String[] args){
        Socket socket = null;
        BufferedReader in = null;
        BufferedWriter out = null;
        BufferedReader br = null;
        try {
            //创建服务器端套接字：指定监听端口
            ServerSocket server = new ServerSocket(8888);
            //监听客户端的连接
            socket = server.accept();
            //获取 Socket 的输入输出流来接收和发送信息
            in = new BufferedReader(new InputStreamReader(socket.getInputStream()));
            out = new BufferedWriter(new OutputStreamWriter(socket.getOutputStream()));
            br = new BufferedReader(new InputStreamReader(System.in));
            while (true) {
                //接收客户端发送的信息
                String str = in.readLine();
                System.out.println("客户端说：" + str);
                String str2 = "";
                //如果客户端发送的是"end"，则终止连接
                if (str.equals("end")){
                    break;
                }
                //否则，发送反馈信息
                str2 = br.readLine();        //读到\n 为止，因此一定要输入换行符！
                out.write(str2 + "\n");
                out.flush();
            }
        } catch (IOException e) {
```

```
                    e.printStackTrace();
                } finally {
                    //关闭资源
                    if(in != null){
                        try {
                            in.close();
                        } catch (IOException e) {
                            e.printStackTrace();
                        }
                    }
                    if(out != null){
                        try {
                            out.close();
                        } catch (IOException e) {
                            e.printStackTrace();
                        }
                    }
                    if(br != null){
                        try {
                            br.close();
                        } catch (IOException e) {
                            e.printStackTrace();
                        }
                    }
                    if(socket != null){
                        try {
                            socket.close();
                        } catch (IOException e) {
                            e.printStackTrace();
                        }
                    }
                }
            }
        }
```

服务器端程序创建完毕后，需要创建客户端程序，步骤也与单向通信的客户端类似，客户端 Java 代码如下。

```
import java.io.BufferedReader;
import java.io.BufferedWriter;
import java.io.IOException;
import java.io.InputStreamReader;
import java.io.OutputStreamWriter;
import java.net.InetAddress;
import java.net.Socket;
import java.net.UnknownHostException;
public class DoubleClient {
    public static void main(String[] args) {
```

```java
        Socket socket = null;
        BufferedReader in = null;
        BufferedWriter out = null;
        BufferedReader wt = null;
        try {
            //创建 Socket 对象，指定服务器端的 IP 与端口
            socket = new Socket(InetAddress.getLocalHost(), 8888);
            //获取 Scoket 的输入输出流来接收和发送信息
            in = new BufferedReader(new InputStreamReader(socket.getInputStream()));
            out = new BufferedWriter(new
            OutputStreamWriter(socket.getOutputStream()));
            wt = new BufferedReader(new InputStreamReader(System.in));
            while (true) {
            //发送信息
            String str = wt.readLine();
            out.write(str + '\n');
            out.flush();
            //如果输入信息为"end"，则终止连接
            if (str.equals("end")) {
                break;
            }
            //否则，接收并输出服务器端信息
                System.out.println("服务器端说：" + in.readLine());
            }
        } catch (UnknownHostException e) {
            e.printStackTrace();
        } catch (IOException e) {
            e.printStackTrace();
        } finally {
            // 关闭资源
            if (out != null) {
                try {
                    out.close();
                } catch (IOException e) {
                    e.printStackTrace();
                }
            }
            if (in != null) {
                try {
                    in.close();
                } catch (IOException e) {
                    e.printStackTrace();
                }
            }
            if (wt != null) {
                try {
                    wt.close();
```

```
                } catch (IOException e) {
                    e.printStackTrace();
                }
            }
            if (socket != null) {
                try {
                    socket.close();
                } catch (IOException e) {
                    e.printStackTrace();
                }
            }
        }
    }
}
```

当客户端程序也创建完毕后,我们需要首先运行服务器端,然后运行客户端程序,在客户端发出问候"你好,服务器端",此信息会在服务器端展示,然后服务器端对信息进行响应,客户端与服务器端的交互效果如图9-8、图9-9所示。

图9-8　双向通信之客户端

图9-9　双向通信之服务器端

从运行效果图中可以看到,客户端首先问候一句,服务器端给出回应,客户端再询问,服务器端继续给出回应,最后客户端输入 end,通信结束。这样才能实现彼此之间的双向通信,即真正的通信。

9.4.3　使用多线程实现多客户端通信

从上面的程序运行效果可以发现,在进行双向通信时,程序必须遵循一定顺序,客户端和服务器端一问一答，这样非常不灵活。为实现更好的应答效果，可以采用多线程方式，在服务器端通过一个线程发送消息，通过另一个线程接收消息。服务器端 Java 代码如下。

```java
import java.io.BufferedReader;
import java.io.BufferedWriter;
import java.io.IOException;
import java.io.InputStreamReader;
import java.io.OutputStreamWriter;
import java.net.ServerSocket;
import java.net.Socket;
public class ThreadServer {
    public static void main(String[] args) {
        ServerSocket server = null;
        Socket socket = null;
        BufferedReader in = null;
        try {
            server = new ServerSocket(8888);
            socket = server.accept();
            //创建向客户端发送消息的线程，并启动
            new ServerThread(socket).start();
            // main 线程负责读取客户端发来的信息
            in = new BufferedReader(new InputStreamReader(socket.getInputStream()));
            while (true) {
                String str = in.readLine();
                System.out.println("客户端说: " + str);
            }
        } catch (IOException e) {
            e.printStackTrace();
        } finally {
            try {
                if (in != null) {
                    in.close();
                }
            } catch (IOException e) {
                e.printStackTrace();
            }
            try {
                if (socket != null) {
                    socket.close()
                }
            } catch (IOException e) {
                e.printStackTrace();
            }
        }
    }
}
/*
```

```java
 * 专门向客户端发送消息的线程
 */
class ServerThread extends Thread {
    Socket ss;
    BufferedWriter out;
    BufferedReader br;
    public ServerThread(Socket ss) {
        this.ss = ss;
        try {
            out = new BufferedWriter(new OutputStreamWriter(ss.getOutputStream()));
            br = new BufferedReader(new InputStreamReader(System.in));
        } catch (IOException e) {
            e.printStackTrace();
        }
    }
    public void run() {
        try {
            while (true) {
                String str2 = br.readLine();
                out.write(str2 + "\n");
                out.flush();
            }
        } catch (IOException e) {
            e.printStackTrace();
        } finally {
            try {
                if(out != null){
                    out.close();
                }
            } catch (IOException e) {
                e.printStackTrace();
            }
            try {
                if(br != null){
                    br.close();
                }
            } catch (IOException e) {
                e.printStackTrace();
            }
        }
    }
}
```

客户端 Java 代码如下。

```java
import java.io.BufferedReader;
import java.io.BufferedWriter;
import java.io.IOException;
import java.io.InputStreamReader;
```

```java
import java.io.OutputStreamWriter;
import java.net.InetAddress;
import java.net.Socket;
import java.net.UnknownHostException;
public class ThreadClient {
    public static void main(String[] args) {
        Socket socket = null;
        BufferedReader in = null;
        try {
            socket = new Socket(InetAddress.getByName("127.0.1.1"), 8888);
            // 创建向服务器端发送信息的线程，并启动
            new ClientThread(socket).start();
            in = new BufferedReader(new InputStreamReader(socket.getInputStream()));
            // main 线程负责接收服务器发来的信息
            while (true) {
                System.out.println("服务器说: " + in.readLine());
            }
        } catch (UnknownHostException e) {
            e.printStackTrace();
        } catch (IOException e) {
            e.printStackTrace();
        } finally {
            try {
                if (socket != null) {
                    socket.close();
                }
            } catch (IOException e) {
                e.printStackTrace();
            }
            try {
                if (in != null) {
                    in.close();
                }
            } catch (IOException e) {
                e.printStackTrace();
            }
        }
    }
}
/**
 * 用于向服务器发送消息
 */
class ClientThread extends Thread {
    Socket s;
    BufferedWriter out;
    BufferedReader wt;
    public ClientThread(Socket s) {
```

```java
            this.s = s;
            try {
                out = new BufferedWriter(new OutputStreamWriter(s.getOutputStream()));
                wt = new BufferedReader(new InputStreamReader(System.in));
            } catch (IOException e) {
                e.printStackTrace();
            }
        }
        public void run() {
            try {
                while (true) {
                    String str = wt.readLine();
                    out.write(str + "\n");
                    out.flush();
                }
            } catch (IOException e) {
                e.printStackTrace();
            } finally {
                try {
                    if (wt != null) {
                        wt.close()
                    }
                } catch (IOException e) {
                    e.printStackTrace();
                }
                try {
                    if (out != null) {
                        out.close();
                    }
                } catch (IOException e) {
                    e.printStackTrace();
                }
            }
        }
    }
```

运行服务器端程序，再运行客户端程序，执行效果如图 9-10、图 9-11 所示。

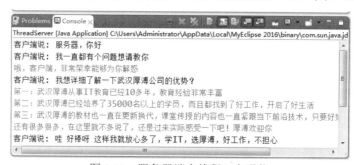

图 9-10　服务器端多线程双向通信

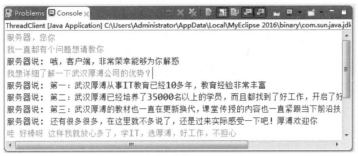

图 9-11　客户端多线程双向通信

使用多线程进行客户端和服务器端的双向通信效果会更好，因为我们使用一个线程专门接收消息，另一个线程专门发送消息。把接收消息和发送消息分开，互不影响，就不必单调地一问一答。

9.5　数据报通信(UDP)

TCP 是可靠的传输协议，它包含专门的传递保证机制，当数据接收方收到发送方传递过来的消息时，会自动向发送方确认接收到消息，而发送方只有在接收到确认消息后才会继续传送其他消息，否则会一直等待。需要经过三次握手，确保准确地传递信息，就像我们打电话一样。

不过有时我们的通信不需要如此复杂，不需要确认别人是否接收到我们发送的消息，就像发短信一样，不用确认，直接就把消息发送过去，可能存在数据的丢失。从发送方到接收方的传递过程中出现数据报的丢失，协议本身又不做任何检测和提示，我们把这样的协议称为不可靠协议，UDP 就是一种不可靠的协议。

由于 UDP 协议不需要向 TCP 协议那样维持端到端的状态，也就不需要三次握手，所以一般情况下，UDP 协议比 TCP 协议更高效。发短信、发邮件、飞秋、广播等使用的就是这种协议，非常便捷。UDP 协议通信原理如图 9-12 所示。

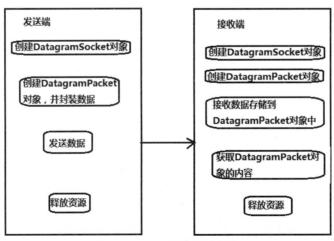

图 9-12　UDP 协议通信原理

9.5.1 UDP 网络通信

UDP 中使用的是发送端和接收端,而非客户端和服务器端,UDP 协议的主要特点如下。

(1) 无连接。发送数据前不需要建立连接,减少了开销和发送数据前的时延。

(2) 尽最大努力交付。不保证可靠的交付,主机不需要维持复杂的链接状态表。

(3) 面向报文。对应用程序交来的报文,发送方的 UDP 在添加首部后就向下交付给 IP 层,既不拆分,也不合并,而是保留这些报文的边界。因此,应用程序需要选择合适的报文大小。

(4) 没有拥塞控制。

(5) 支持一对一、多对一和多对多的交互通信。

(6) 首部开销小,只有 8 个字节。

UDP 是一种无连接的传输层协议,提供简单但不可靠的信息传送服务,UDP 通信主要使用 DatagramPacket 类和 DatagramSocket 类。DatagramSocket 类表示用来发送和接收数据报的套接字,每个在数据报套接字上发送或接收的包都单独编址和路由,从一台机器发送到另一台机器的多个包可能选择不同的路由,也可能按不同的顺序到达。在 DatagramSocket 上始终启用 UDP 广播发送,为接收广播包,需要将 DatagramSocket 绑定到通配符地址。DatagramPacket 表示数据报包,用于实现无连接分组传送服务,但信息仅基于数据包中包含的信息,每个消息从一台机器路由到另一台机器。从一台机器发送到另一台机器的多个分组可能有不同的路由,并可能以任何顺序到达,不对包的投递做出保证。

下面来看这两个类如何实现 UDP 通信,一般是先运行接收端程序,然后运行发送端程序,接收端的创建步骤如下。

(1) 创建接收端 Socket 对象。

(2) 创建一个数据报包(接收数据的容器)。

(3) 调用 Socket 的对象接收方法接收数据。

(4) 获取数据包对象的内容。

(5) 释放流资源。

Java 代码如下。

```java
import java.io.IOException;
import java.net.DatagramPacket;
import java.net.DatagramSocket;
//基于 UDP 通信协议的接收端
public class UDPReceive {
    public static void main(String[] args) throws IOException {
        // 创建接收端 Socket 对象,指定端口
        DatagramSocket ds = new DatagramSocket(8866);
        // 创建一个数据报包对象,接收数据
        byte[] buf = new byte[1024];
        DatagramPacket dp = new DatagramPacket(buf, buf.length);
        ds.receive(dp);        //将接收的数据放进 dp 数据报包中
```

```
            // 解析数据,获取 IP 地址以及数据报包中的内容
            String s = new String(dp.getData(), 0, dp.getLength());
            System.out.println("发送端说: " + s);
            // 释放资源
            ds.close();
    }
}
```

发送端创建步骤如下。

(1) 创建发送端的 Socket 对象。

(2) 创建数据报包,并封装数据。

(3) 发送数据。

(4) 释放资源。

Java 代码如下。

```
import java.io.IOException;
import java.net.DatagramPacket;
import java.net.DatagramSocket;
import java.net.InetAddress;
//基于 UDP 协议的发送端
public class UDPSend {
    public static void main(String[] args) throws IOException {
        // 发送端 Socket 对象
        DatagramSocket ds = new DatagramSocket();
        // 数据打包
        byte[] bys = "我想学 Java".getBytes();
        DatagramPacket dp = new DatagramPacket(bys, bys.length,
                InetAddress.getByName("fly"), 8866);
        // 发送数据
        ds.send(dp);
        // 释放资源
        ds.close();
    }
}
```

大家需要先运行接收端程序,然后运行发送端程序,运行效果如图 9-13 所示。

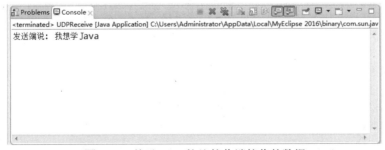

图 9-13　基于 UDP 协议接收端接收的数据

在控制台上,接收端接收到发送端发送的数据信息。在发送端,通过创建的

DatagramSocket 对象将打包好的数据报包发送到接收端，接收端将接收的数据也放进数据报包对象中进行解析，显示数据，最后两个程序都需要释放资源。

上例是一个简单的基于 UDP 协议进行发送和接收的单向通信程序。UDP 协议具有一个非常好的优势，就是高效，所以在短信、直播等面向更多用户的情况下更适用。通过多线程，我们可给对方发送更多数据信息。下面分析通过多线程如何进行通信。

首先我们需要一个接收端的线程类，通过该类我们把数据解析和数据接收封装到 run() 方法中。当调用线程的 start() 方法时，会运行该方法。Java 代码如下。

```java
import java.io.IOException;
import java.net.DatagramPacket;
import java.net.DatagramSocket;
public class ReceiveThread implements Runnable {
    private DatagramSocket ds;
    public ReceiveThread(DatagramSocket ds) {
        // 通过构造方法进行初始化
        this.ds = ds;
    }
    @Override
    public void run() {
        while (true) {
            try {
                //创建数据报包对象，接收数据
                byte[] buf = new byte[1024];
                DatagramPacket dp = new DatagramPacket(buf, buf.length);
                ds.receive(dp);          //将接收的数据放入 dp 数据报包中
                //解析数据，获取数据报包中的内容
                String s = new String(dp.getData(), 0, dp.getLength());
                System.out.println("发送端说： " + s);
            } catch (IOException e) {
                e.printStackTrace();
            }
        }
    }
}
```

接收端线程创建完毕后，需要创建发送端线程，同样需要在 run() 方法中创建一个在控制台输入的输入流，把输入的数据进行打包，并发送数据。但当输入 886 时，程序会停止，Java 代码如下。

```java
import java.io.BufferedReader;
import java.io.IOException;
import java.io.InputStreamReader;
import java.net.DatagramPacket;
import java.net.DatagramSocket;
import java.net.InetAddress;
public class SendThread implements Runnable{
```

```java
        private DatagramSocket ds;
        public SendThread(DatagramSocket ds) {
            this.ds = ds;
        }
        @Override
        public void run() {
            try {
                //创建输入流对象
                BufferedReader br = new BufferedReader(new InputStreamReader(
                        System.in));
                String line = null;
                //当输入886时，循环结束
                while ((line = br.readLine()) != null) {
                    if ("886".equals(line)) {
                        break;
                    }
                    //打包数据
                    byte[] buf = line.getBytes();
                    DatagramPacket dp = new DatagramPacket(buf, buf.length,
                            InetAddress.getByName("fly"), 8866);
                    //发送端发送数据
                    ds.send(dp);
                }
            } catch (IOException e) {
                e.printStackTrace();
            }
        }
    }
}
```

接收端和发送端线程创建完毕，需要再创建一个主程序。在主程序中需要创建接收端和发送端的Socket对象，并开启线程。Java代码如下。

```java
import java.io.IOException;
import java.net.DatagramSocket;
public class UDPThreadTest {
    public static void main(String[] args) throws IOException {
        // 接收端、发送端Socket
        DatagramSocket dsSend = new DatagramSocket();
        DatagramSocket dsReceive = new DatagramSocket(8866);
        SendThread st = new SendThread(dsSend);
        ReceiveThread rt = new ReceiveThread(dsReceive);
        // 线程开启
        Thread sendThread = new Thread(st);
        Thread receiverThread = new Thread(rt);
        sendThread.start();
        receiverThread.start();
    }
}
```

运行主程序，效果显示如图 9-14 所示。

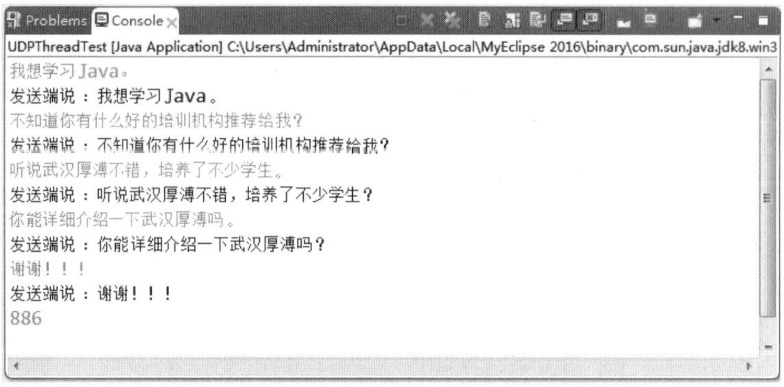

图 9-14　基于 UDP 协议的多线程通信

9.5.2　UDP 数据广播

在通用的以太网(Ethernet)构架下，计算机之间的数据交换都通过交换机来完成。如果一份数据需要传送给多个接收者，在使用 TCP/IP 连接的情况下，数据发送者需要向交换机发送 N 个同样的拷贝，而交换机则负责将这 N 个拷贝分发给所有接收者。在使用 UDP 数据广播的情况下，数据发送者只需要向交换机发送一个拷贝，交换机负责将这个信息制作 N 个拷贝发送给所有机器。这种情况下，使用 TCP/IP 连接会极大地增加网络负担。在普通局域网络中，可认为由于网络状况较差而造成数据丢失的可能性比较小，而利用 UDP 数据广播进行数据交换能大幅减轻网络负担。

广播(broadcast)网络中的所有主机都会接收到一份数据副本，而广播和单播的区别在于 IP 地址的不同，广播使用的 IP 地址是 255.255.255.255，将消息发送到同一广播网络上的每个主机上。需要说明一点的是，本地广播信息是不会被路由器转发的，因为如果路由器转发了广播信息，势必会引起网络瘫痪。在网络游戏中，广播地址通常用于在同处本地的网络玩家之间交流状态信息。

广播接收端 Java 代码如下。

```java
import java.io.IOException;
import java.net.DatagramPacket;
import java.net.DatagramSocket;
import java.net.SocketException;
//UDP 广播接收端程序
public class UDPBroadcastReceive {
    public static void main(String[] args) {
        int port = 8866;            //开启监听端口
        DatagramSocket ds = null;
        DatagramPacket dp = null;
        byte[] buf = new byte[1024];        //存储发来的消息
        try {
            // 绑定端口
```

```java
                ds = new DatagramSocket(port);
                dp = new DatagramPacket(buf, buf.length);
                System.out.println("监听广播端口打开：");
                while (true) {
                    ds.receive(dp);
                    int i;
                    StringBuffer sb = new StringBuffer();
                    for (i = 0; i < 1024; i++) {
                        if (buf[i] == 0) {
                            break;
                        }
                        sb.append((char) buf[i]);
                    }
                    System.out.println("收到广播消息：" + sb.toString());
                    try {
                        Thread.sleep(1000);
                    }
                    catch (InterruptedException e) {
                        e.printStackTrace();
                    }
                }
            }
        catch (SocketException e) {
            e.printStackTrace();
        }
        catch (IOException e) {
            e.printStackTrace();
        }
    }
}
```

广播发送端 Java 代码如下。

```java
import java.io.IOException;
import java.net.DatagramPacket;
import java.net.DatagramSocket;
import java.net.InetAddress;
import java.net.SocketException;
import java.net.UnknownHostException;
//UDP 广播发送端程序
public class UDPBroadcastSend {
    public static void main(String[] args) {
        // 广播的实现：由客户端发出广播，服务器端接收
        String host = "255.255.255.255";       // 广播地址
        int port = 8866;         // 广播的目的端口
        String message = "Welcome to wuhan HOPE to learn Java programming";   // 用于发送的字符串
        try {
            InetAddress adds = InetAddress.getByName(host);
```

```
                    DatagramSocket ds = new DatagramSocket();
                    DatagramPacket dp = new DatagramPacket(message.getBytes(),
                            message.length(), adds, port);
                    while (true) {
                        ds.send(dp);
                        try {
                            Thread.sleep(1000);
                        }
                        catch (InterruptedException e) {
                            e.printStackTrace();
                        }
                    }
                }
                catch (UnknownHostException e) {
                    e.printStackTrace();
                }
                catch (SocketException e) {
                    e.printStackTrace();
                }
                catch (IOException e) {
                    e.printStackTrace();
                }
            }
        }
```

下面运行接收端程序,然后运行发送端程序,显示效果如图 9-15 所示。

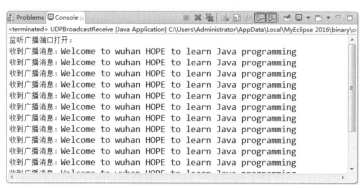

图 9-15 UDP 广播接收端

【单元小结】

- OSI 将网络通信的工作分为 7 层,分别是物理层、数据链路层、网络层、传输层、会话层、表示层和应用层。
- 端口号从 0 到 65535,分为三类,分别是公认端口、注册端口、动态和私有端口。
- URL 类表示统一资源定位符,能准确定位到网络上的某个资源。

- TCP协议需要经过三次握手，首先客户端向服务器端发送请求，然后服务器端响应请求，最后客户端向服务器端发送确认消息，维持端到端的连接，是可靠传输协议；UDP协议是不可靠的，但更高效。

【单元自测】

1. TCP 协议的"三次握手"中，第一次握手指的是什么？（　）
   A. 客户端再次向服务器端发送确认信息，确认连接
   B. 服务器端向客户端回送一个响应，通知客户端收到了连接请求
   C. 客户端向服务器端发出连接请求，等待服务器确认
   D. 以上回答全部错误
2. 下面不是 TCP/IP 模型的是（　）。
   A. 传输层　　　　B. 网络互联层　　C. 网络接口层　　D. 表示层
3. 以下哪个是 ServerSocket 类用于接收来自客户端请求的方法？（　）
   A. accept()　　　B. get()　　　　C. receive()　　　D. getOutputStream()
4. 以下哪个类用于实现 TCP 通信的客户端程序？（　）。
   A. Client　　　　B. Socket　　　C. Server　　　　D. ServerSocket
5. 下面哪些说法是正确的？（　）。
   A. TCP 协议必须明确客户端和服务器端
   B. UDP 协议是面向无连接的协议，可保证数据的完整性
   C. TCP 协议是面向连接的通信协议，提供两台机器之间可靠的数据传输
   D. UDP 协议消耗资源少，通信效率高，通常用于视频、音频和普通的数据传输

【上机实战】

上机目标

- 客户端和服务器端的通信
- 复习流的操作

上机练习

◆ 第一阶段 ◆

练习1：把客户端的一个文件发送到服务器端，在服务器端把数据存储到文件中

【问题描述】
把客户端的文件复制一份到服务器端。

【问题分析】

首先需要在客户端和服务器端之间建立连接，然后读取客户端的文件，最后把客户端的文件内容输出到服务器端的一个文件中。

【参考步骤】

(1) 进行服务器端和客户端的连接。

```
客户端：
//创建 Socket 对象，并指明 IP 地址和端口
Socket s=new Socket("10.10.57.248",8866);
服务器端：
//创建服务器端 Socket
ServerSocket ss=new ServerSocket(8866);
//接受连接
Socket s=ss.accept();
```

(2) 读取客户端文件中的内容。

```
BufferedReader bur= new BufferedReader(new InputStreamReader(new FileInputStream("client.txt")));
PrintWriter pw=new PrintWriter(s.getOutputStream(),true);
String line=null;
while((line=bur.readLine())!=null){
    pw.println(line);
}
```

(3) 再读取内容，并输出到服务器端文件中。

```
BufferedReader burIn=new BufferedReader(new InputStreamReader(s.getInputStream()));
PrintWriter pw=new PrintWriter(new FileOutputStream("server.txt"),true);
String line=null;
while((line=burIn.readLine())!=null){
    pw.println(line);
}
pw.close();
```

(4) 整体的代码如下所示。

```
服务器端代码：
import java.io.BufferedReader;
import java.io.FileOutputStream;
import java.io.IOException;
import java.io.InputStreamReader;
import java.io.PrintWriter;
import java.net.ServerSocket;
import java.net.Socket;
public class TxtCopyTestServer {
    public static void main(String[] args) throws IOException {
        //创建服务器端 Socket
        ServerSocket ss=new ServerSocket(8866);
```

```java
    //接受连接
        Socket s=ss.accept();
        //读取 client.txt 文件的内容，并打印到 server.txt 文件中
        BufferedReader burIn=new BufferedReader(new InputStreamReader(s.getInputStream()));
        PrintWriter pw=new PrintWriter(new FileOutputStream("server.txt"),true);
        String line=null;
        while((line=burIn.readLine())!=null){
            pw.println(line);
        }
        pw.close();
        PrintWriter pwOut=new PrintWriter(s.getOutputStream(),true);
        pwOut.println("上传成功");
        //释放资源
        s.close();
        ss.close();
    }
}
```

客户端代码：

```java
import java.io.BufferedReader;
import java.io.FileInputStream;
import java.io.IOException;
import java.io.InputStreamReader;
import java.io.PrintWriter;
import java.net.Socket;
import java.net.UnknownHostException;
public class TxtCopyTestClient {
    public static void main(String[] args) throws UnknownHostException, IOException {
    //创建 Socket 对象，并指明 IP 地址和端口
    Socket s=new Socket("10.10.57.248",8866);
        BufferedReader bur= new BufferedReader(new InputStreamReader(
            new FileInputStream("client.txt")));
        PrintWriter pw=new PrintWriter(s.getOutputStream(),true);
        String line=null;
        while((line=bur.readLine())!=null){
            pw.println(line);
        }
        //禁用此套接字的输出流
        s.shutdownOutput();
        BufferedReader burIn=new BufferedReader(new InputStreamReader(s.getInputStream()));
        String str=burIn.readLine();
        System.out.println(str);
        bur.close();
        s.close();
    }
}
```

◆ 第二阶段 ◆

练习2：将客户端的图片并发上传到服务器端

【问题描述】

多个客户端将图片上传到服务器上。

【问题分析】

在第一阶段文件复制的基础上，添加多线程的内容，将文件上传到服务器。

【拓展作业】

服务器端和客户端聊天内容要求如下。
- 要求客户端发送的信息显示在服务器端。
- 服务器端发送的信息显示在客户端。
- 两端程序都可以发送多行信息。

单元 十
反 射

课程目标

- 了解反射的概念
- 掌握获取 Class 对象的三种方式
- 通过 Class 类获取方法
- 通过 Class 类获取字段
- 了解反编译

 **简 介**

在前面的单元中，我们一直使用 Java 程序实现一些功能。在 Java 代码中我们定义属性和各种不同的方法，分别利用这些属性和方法去实现一些不一样的操作，可以去读写文件，也可以在不同网络上进行通信，还可以循环打印更多信息，通过每一个类我们可执行很多操作。但硬盘上存储的是字节码文件，是一个一个的.class 文件，而不是我们可以直接看懂的.java 文件，这时我们就根本不清楚这些功能是如何实现的。如果能获取字节码文件的类名、属性、方法，就可以详细了解这个类如何实现这些功能，本单元就介绍反射，分析如何把这些文件转化为 Java 文件。

10.1 反射概述

10.1.1 反射的概念

反射机制是 Java 动态性之一，对于不同语言，有时我们根据其所具有的动态性分为动态和静态，大家经常会听到动态绑定(dynamic binding)、动态链接(dynamic linking)、动态加载(dynamic loading)等。通常情况下，大家认为在程序运行时，允许改变程序结构或变量类型的语言称为动态语言，如 JavaScript 就是动态语言，除此之外，Ruby、Python 等也属于动态语言。而 C、C++和 Java 就不属于动态语言了，但是 Java 却有一个非常突出的与动态相关的机制：反射机制。

Java 可通过反射机制，在程序运行时加载、探知、使用编译期间完全未知的类，简单来说，就是 Java 程序可加载一个运行时才得知名称的 class，得到其完整结构，并生成相关类的对象实例，从而可以调用其方法以及改变某个属性值。从这方面看，Java 语言可以当成是一种半动态语言。

Java 的反射机制就是在运行状态中，对于任意一个类，都能够知道这个类的所有属性和方法；对于任意一个对象，都能调用它的任意方法和属性。这种动态获取信息以及动态调用对象方法的能力称为 Java 语言的反射机制。

类的字节码文件是在硬盘上存储的，是一个一个的.class 文件，当我们通过 new 创建一个对象时，JVM 会首先把字节码文件的信息读出来放到内存中，当第二次使用时，我们就可以直接使用先前缓存的字节码信息，而不用第二次加载了。这些字节码主要包含类名、声明的方法、声明的字段等信息，而 Java 是属于"万物皆对象"的一种面向对象的语言，所以这些信息也被封装为一个对象，也就是 Class 类、Method 类、Field 类。我们通过 Class 类、Method 类、Field 类等类可以得到这个类型的一些信息，甚至不用 new 关键字就可以创建一个实例，可以获取和设置字段的值，这种技术我们称为 Java 的反射技术。

Java 的反射机制主要提供以下 4 个功能。

(1) 在运行时判断任意一个对象所属的类。
(2) 在运行时构造任意一个类的对象。
(3) 在运行时判断任意一个类所具有的成员变量和方法。
(4) 在运行时调用任意一个对象的方法。

10.1.2　反射的使用场景

在 Java 程序中，对象的类型通常有两种，分别是编译时类型和运行时类型。编译时类型是由声明对象时使用的类型决定，运行时类型由实际赋值给对象的类型来决定，例如：

```
Animal an = new Cat();
```

上述程序中编译时类型是 Animal，运行时类型是 Cat。程序在运行时可能还会接收外部传入的对象，该对象编译时类型是 Object，但程序又需要调用该对象的运行时类型的方法，为处理这样的问题，程序需要在运行时发现对象和类的真实信息。然而，在编译时通常无法预知该对象和类型属于哪些类，程序只能依靠运行时信息来发现该对象和类的真实信息，这时，我们就必须使用反射。

10.2　Java 反射 API

Java 反射 API 由 Java 反射核心 API 和辅助 Java 反射 API 组成，核心 API 位于 java.lang 包，是正在运行的 Java 应用程序中的类和接口的 Class 类；辅助 Java 反射的 API 位于 java.lang.reflect 包，包括表示类的成员变量的 Field 类、表示类方法的 Method 类以及表示类构造方法的 Constructor 类。通过这些类，可获取类的属性、方法以及获取设置类中的属性值，还可得到方法信息以及执行方法。

10.2.1　反射核心类——Class 类

Class 类表示正在运行的 Java 应用程序中的类和接口，它封装当前对象所对应的类的信息。一个类中有字段、方法、构造方法等，如大家经常会写 Person 类、Book 类、Employee 类等，这些类都是不同的。现在需要一个类，来描述这些类，那就是 Class 类，它具有类名、属性、方法、构造方法等。Class 类是用来描述类的类，简单来说，Class 类就是一个对象照完镜子后的结果，对象可看到自己拥有哪些属性、方法和构造方法，以及实现了哪些接口等。对于每个类，JRE 都会为其保留一个不变的 Class 类型的对象，Class 对象只能由系统建立对象，一个类在 JVM 中只有一个 Class 实例。Class 类中的一些常用方法如表 10-1 所示。

表 10-1　Class 类的方法

方　法	摘　要
Static Class<?> forName(String className)	返回与给定字符串名称的类或接口相关联的类对象
Static Class<?> forName(StringclassName, boolean initialize,ClassLoader loader)	使用给定的类加载器返回与给定字符串名称的类或接口相关联的类对象
ClassLoader getClassLoader()	返回类的类加载器
Constructor<T> getConstructor(Class<?>... parameterTypes)	返回一个 Constructor 对象，该对象反射Constructor对象表示的类的指定公共类函数
Constructor<?>[] getConstructors()	返回包含一个数组 Constructor 对象，反射由此表示的类的所有公共构造类对象
Field getDeclaredField(String name)	返回一个 Field 对象，它反射此表示的类或接口的指定已声明字段类对象
Field[] getDeclaredFields()	返回数组 Field 对象，它反射此表示的类或接口声明的所有字段类对象
Method getDeclaredMethod(String name, Class<?>... parameterTypes)	返回一个方法对象，它反射此表示的类或接口的指定声明的方法类对象
Method[] getDeclaredMethods()	返回包含一个数组方法对象，反射类或接口的所有声明的方法。类对象包括公共、保护、默认(包)访问和私有方法，但不包括继承的方法
Field getField(String name)	返回一个 Field 对象，它反射此表示的类或接口的指定公共成员字段类对象
Field[] getFields()	返回包含一个数组 Field 对象，反射由此表示的类或接口的所有可访问的公共字段类对象
Class<?>[] getInterfaces()	确定由该对象表示的类或接口实现的接口
Method getMethod(String name, 类<?>... parameterTypes)	返回一个方法对象，它反射此表示的类或接口的指定公共成员方法类对象
Method[] getMethods()	返回包含一个数组方法对象，反射由此表示的类或接口的所有公共方法类对象，包括由类或接口及从超类和超接口继承的声明
int getModifiers()	返回此类或接口的 Java 语言修饰符，以整数编码
String getName()	返回由类对象表示的实体(类、接口、数组类、原始类型或空白)的名称，作为 String
URL getResource(String name)	查找具有给定名称的资源
String getSimpleName()	返回源代码中给出的基础类的简单名称
Class<? super T> getSuperclass()	返回所表示实体(类、接口、基本类型或 void)的超类
String getTypeName()	为此类型的名称返回一个内容丰富的字符串
boolean isArray()	确定此类对象是否表示数组类
T newInstance()	创建由此类对象表示的类的新实例
String toString()	将对象转换为字符串

下面通过 Class 类获取类中的一些详细信息，先创建一个 Person 类，如示例 10.1 所示。

示例 10.1：

```java
package com.hope.reflectTest;

public class Person {
    private String name;
    private int age;
    private String sex;
    public Person() {
        super();
    }
    public Person(String name, int age, String sex) {
        super();
        this.name = name;
        this.age = age;
        this.sex = sex;
    }
    public String getName() {
        return name;
    }
    public void setName(String name) {
        this.name = name;
    }
    public int getAge() {
        return age;
    }
    public void setAge(int age) {
        this.age = age;
    }
    public String getSex() {
        return sex;
    }
    public void setSex(String sex) {
        this.sex = sex;
    }
    @Override
    public String toString() {
        return "Person [name=" + name + ", age=" + age + ", sex=" + sex + "]";
    }
    public static void say(){
        System.out.println("我会说话");
    }
    public void eat(){
        System.out.println("我要吃饭");
    }
}
```

对于对象，我们为何需要获取它的详细信息？因为有可能这个对象是别人传过来的，我们不清楚它里面封装了什么内容；也有可能是它没有对象，只有一个全类名。通过反射就可以获取这个类中的信息，不过首先需要先获取类的对象，有以下 3 种方式可以让我们获得类的对象。
- 通过类名获取：类名.class。
- 通过对象获取：对象名.getClass()。
- 通过全类名获取：Class.forName(全类名)。

代码如示例 10.2 所示。

示例 10.2：

```java
package com.hope.reflectTest;
//获取 Class 对象的 3 种方式
public class GetClassName {
    public static void main(String[] args) {
        Class clazz = null;
        //1. 如果我们知道类名，可通过类名获取
        clazz = Person.class;
        System.out.println("1 通过类名获取："+clazz);
        //2. 通过对象名获得。在传进来一个对象，但不知道对象类型时使用该方式
        Person person = new Person();
        clazz = person.getClass();
        System.out.println("2 通过对象获取："+clazz);
        //本示例意义不大，因为已经知道 person 类型是 Person 类，可尝试传入 object 类
        Object obj = new Person();
        clazz = obj.getClass();
        System.out.println("2 通过对象获取："+clazz);
        //3. 通过全类名获取对象。在框架开发中这种使用比较多，在文件配置时一般使用的是全类名，
        //通过这种方式就可以获得 Class 实例
        String className = "com.hope.reflectTest.Person";
        try {
            clazz = Class.forName(className);
            System.out.println("3 通过全类名获取："+clazz);
        } catch (ClassNotFoundException e) {
            e.printStackTrace();
        }
    }
}
```

运行程序，结果如图 10-1 所示。

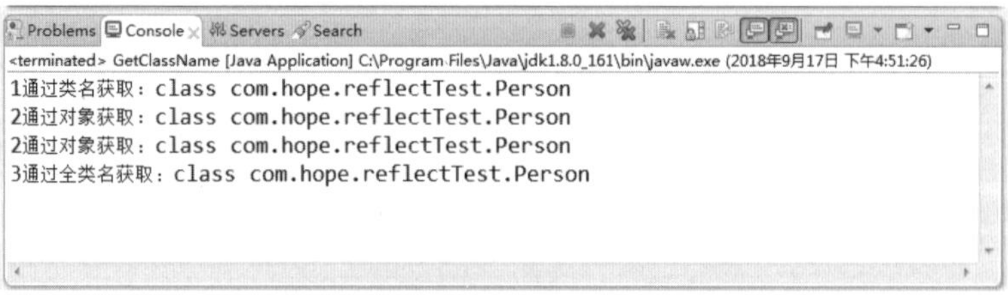

```
1通过类名获取: class com.hope.reflectTest.Person
2通过对象获取: class com.hope.reflectTest.Person
2通过对象获取: class com.hope.reflectTest.Person
3通过全类名获取: class com.hope.reflectTest.Person
```

图 10-1 获取 Class 对象的 3 种方式

大家可根据需要，通过任意一种方式获取 Class 对象，然后根据对象获取类中的一些信息。下面创建一个 ReflectTest 类，通过该类获取 Person 类的对象及其一些详细字段，如

示例 10.3 所示。

示例 10.3：

```java
package com.hope.reflectTest;
import java.lang.reflect.Constructor;
import java.lang.reflect.InvocationTargetException;
public class ReflectTest {
    public static void main(String[] args) {
        //1. 获取类对象
        Class clazz = Person.class;
        //获取类的名称(全名)
        System.out.println("类的名称："+clazz.getName());
        //获取类的简单名称(不带包名)
        System.out.println("类的简单名称："+clazz.getSimpleName());
        //获取类的修饰符
        System.out.println("类的修饰符："+clazz.getModifiers());
        try {
            //构建对象
            Object obj = clazz.newInstance();
            Person p1 = (Person)obj;
            System.out.println(p1);
            Constructor con1 = clazz.getConstructor(String.class,int.class,String.class);
            Object obj2 = con1.newInstance("张三",38,"男");
            Person p2 = (Person)obj2;
            System.out.println(p2);
        } catch (InstantiationException e) {
            e.printStackTrace();
        } catch (IllegalAccessException e) {
            e.printStackTrace();
        } catch (NoSuchMethodException e) {
            e.printStackTrace();
        } catch (SecurityException e) {
            e.printStackTrace();
        } catch (IllegalArgumentException e) {
            e.printStackTrace();
        } catch (InvocationTargetException e) {
            e.printStackTrace();
        }
    }
}
```

运行程序，结果如图 10-2 所示。

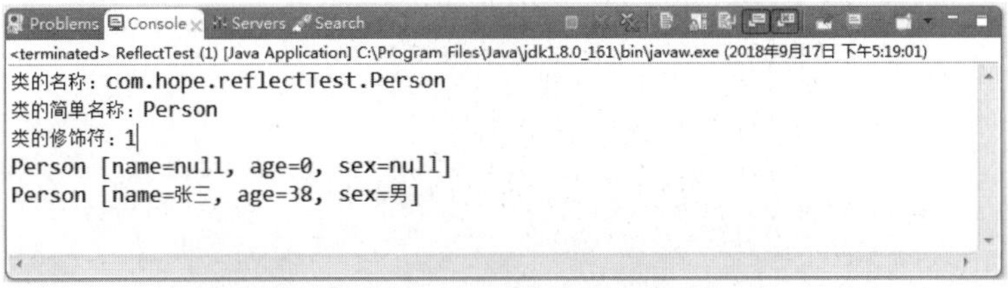

```
<terminated> ReflectTest (1) [Java Application] C:\Program Files\Java\jdk1.8.0_161\bin\javaw.exe (2018年9月17日 下午5:19:01)
类的名称：com.hope.reflectTest.Person
类的简单名称：Person
类的修饰符：1
Person [name=null, age=0, sex=null]
Person [name=张三, age=38, sex=男]
```

图 10-2　Class 类运行效果

在上例中，我们使用 Class 类的 getName()方法获取类的全名；通过 getSimpleName()方法获取类的简单名称(不带包的那种简单名称)；通过 getModifiers()方法获取类的修饰符，返回的是一个 int 类型的值，返回的值和相对应的修饰符如表 10-2 所示。

表 10-2　使用 getModifiers()方法返回值和对应的修饰符

返回的 int 值	代表的修饰符
1	代表的修饰符是 public
2	代表的修饰符是 private
4	代表的修饰符是 protected
8	代表的修饰符是 static
16	代表的修饰符是 final
32	代表的修饰符是 synchronized
64	代表的修饰符是 volatile
128	代表的修饰符是 transient
256	代表的修饰符是 native
512	代表的修饰符是 interface
1024	代表的修饰符是 abstract
2048	代表的修饰符是 strict

Person 类修饰符的返回值是 1，代表所使用的修饰符是 public 类型，当我们使用 newInstance()方法构建一个实例对象时，需要通过构造函数给指定的对象赋值，否则显示为空。

10.2.2　反射辅助类——Method 类

Method 是一个最终类，提供有关类和接口上单一方法的信息和访问权限，反射的方法可以是类方法或实例方法(包括抽象方法)。通过封装的 Method 类，我们可以获取类中的方法信息。先创建一个抽象的动物父类，在该类中定义一些属性和方法。代码如示例 10.4 所示。

示例 10.4：

```java
public abstract class Animal {
    private String color;
    public Animal() {
    }
    public Animal(String color) {
        this.color = color;
    }
    public String getColor() {
        return color;
    }
    public void setColor(String color) {
        this.color = color;
    }
```

```
    protected abstract void shout();
}
```

然后定义一个名为 Dog 的子类来继承该 Animal 类，本类中也定义了一些属性和方法，并实现了 Animal 类中的抽象方法。代码如示例 10.5 所示。

示例 10.5：

```
class Dog extends Animal {
    private String name;
    public String getName() {
        return name;
    }
    public void setName(String name) {
        this.name = name;
    }
    public void eat() {
        System.out.println("小狗在啃骨头...");
    }
    public void eat(String food) {
        System.out.println("小狗在啃" + food);
    }
    @Override
    protected void shout() {
        System.out.println("小狗汪汪叫...");
    }
    public static void play() {
        System.out.println("小狗最喜欢到处玩耍...");
    }
    private void hitMan(String name) {
        System.out.println("恶狗咬伤了" + name);
    }
}
```

然后需要通过 Class 类获取类型中的方法，如示例 10.6 所示。

示例 10.6：

```
public class GetReflectMethodClass {
    public static void main(String[] args) throws Exception {
        Class<?> cls = Class.forName("com.hope.reflectTest.Dog");
        //获取非私有方法(包括从 Animal 继承的方法)
        Method[] ms1 = cls.getMethods();
        System.out.println("非私有方法:");
        for (int i = 0; i < ms1.length; i++) {
            System.out.print(ms1[i].getName()+" ");
        }
        System.out.println();
        Method m1 = cls.getMethod("eat");    //获取 eat()无参方法
```

```
        m1.invoke(cls.newInstance());
        //获取 eat(String food)的单参数方法
        Method m2= cls.getMethod("eat", String.class);
        m2.invoke(cls.newInstance(), "包子");
        //获取静态方法
        Method m3 = cls.getMethod("play");
        m3.invoke(null);      //调用静态方法不需要对象
        //获取私有方法
        Method m4 = cls.getDeclaredMethod("hitMan", String.class);
        m4.setAccessible(true);     //暴力反射
        m4.invoke(cls.newInstance(), "路人");
    }
}
```

运行程序，结果如图 10-3 所示。

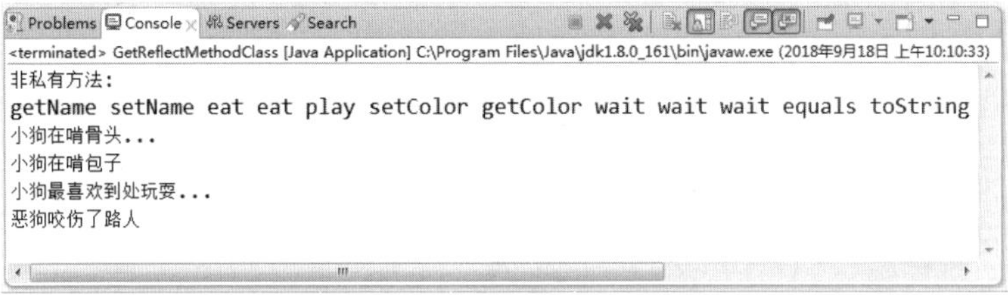

图 10-3 获取类型中的方法

在上例中，我们可使用 getMethods()方法获取一个公有方法数组，遍历后可得到类中的方法信息；可通过 getMethod("setName",String.class)获取指定参数的公有方法，如果该方法是用 private 或其他非 public 修饰符修饰的，就会发出 NoSuchMethodException 异常；通过 getDeclaredMethods()方法返回一个方法数组，获取的是所有方法，包括私有的；通过 getDeclaredMethod(String name,Class<?>…parameterTypes)获取指定参数的方法，也可以获取私有的。

在本例中我们需要执行 hitMan()这个私有方法，如果直接使用反射就会出错，这时需要使用暴力反射，使用 setAccessible(true)方法。实际上，对于公共成员、默认成员、受保护成员以及私有成员，在使用 Field、Method 以及 Constructor 对象来设置或获取字段、方法，或者在创建和初始化类的新实例时，都会执行访问检查。对于 setAccessbile(boolean flag)，当我们将 flag 值设为 true 时则表示反射的对象在使用时应该取消 Java 语言访问检查，flag 值为 false 时则指示反射的对象应该实施 Java 访问检查，简单来说，setAccessible 是启用和禁用访问安全检查的开关。

10.2.3 反射辅助类——Field 类

Field 类也是一个最终类，提供了有关类或接口的单个字段的信息，支持动态访问，反射的字段可以是类字段或实例字段。我们首先创建一个类，该类包含多个字段，如示例 10.7 所示。

示例 10.7：

```java
public class ReflectField{
    public int field1 = 20;
    protected int field2 = 40;
    int field3 = 80;
    private int field4 = 160;

    public String str1 = "wang";
    protected String str2 = "zhou";
    String str3 = "wu";
    private String str4 ="zheng";
}
```

在示例 10.7 中，field1、field2 等属性都是 Field 类的实例。Field 类的实例描述了属性的全部信息，包括属性名称、属性类型、属性修饰符等。我们可通过 getFields()方法获取类中 public 类型的属性；可通过 getField(String name)获取类特定属性，name 指定了属性的名称；通过 getDeclaredFields() 方法获取所有属性，但不包含继承的属性；通过 getDeclaredField(String name)方法获取特定方法，name 指定了属性的名称。代码如示例 10.8 所示。

示例 10.8：

```java
public class GetReflectFieldClass {
    public static void main(String[] args) throws Exception {
        //使用反射第一步：获取操作类 FieldDemo 所对应的 Class 对象
        Class<?> cls = Class.forName("com.hope.reflectTest.ReflectField");
        //使用 FieldDemo 类的 class 对象生成实例
        Object obj = cls.newInstance();
        //通过 Class 类中的 getField(String name)获取类特定的方法，name 参数指定了属性的名称
        Field field = cls.getField("field1");
        System.out.println("属性为 field1 的字段："+field);
        //获取 Field 类的实例后就可以调用其中的方法了
        //方法 getModifiers()以整数形式返回由此 Field 对象表示的字段的 Java 语言修饰符
        System.out.println("修饰符： " + Modifier.toString(field.getModifiers()));
        //方法 getType()返回一个 Class 对象，它标识了此 Field 对象所表示字段的声明类型
        System.out.println("类型："+field.getType());
        //方法 get(Object obj)返回指定对象 obj 上此 Field 表示的字段的值
        System.out.println("属性值："+field.get(obj));
        //方法 set(Object obj, Object value)将指定对象变量上此 Field 对象表示的字段设置为指定的新值
        field.set(obj, 55);
        System.out.println("修改属性值后  --> get(Object obj)： "+field.get(obj));
        //通过 getDeclaredFields()方法获取所有属性
        Field[] fields = cls.getDeclaredFields();
        System.out.println("获取所有属性字段:");
        for (Field field2 : fields) {
```

```
            System.out.print(field2.getName()+"\t");
        }
        System.out.println();
        //通过 getDeclaredField(String name)获取特定的字段，name 表示指定的属性名称
        Field declaredField = cls.getDeclaredField("str4");
        System.out.println("name 为 str4 的字段: "+declaredField.getName());
    }
}
```

运行程序，结果如图 10-4 所示。

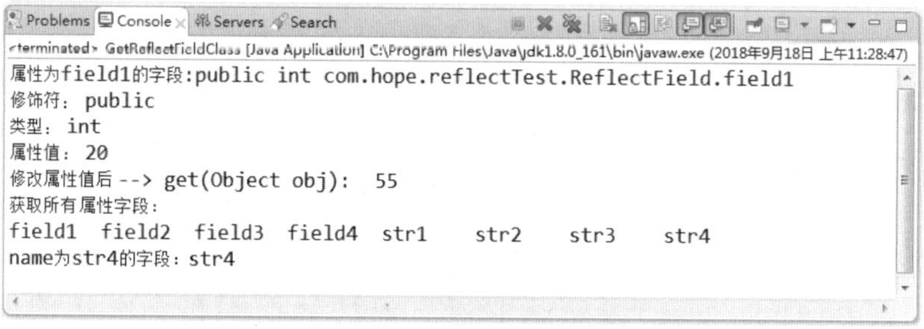

```
属性为field1的字段:public int com.hope.reflectTest.ReflectField.field1
修饰符: public
类型: int
属性值: 20
修改属性值后 --> get(Object obj):  55
获取所有属性字段:
field1    field2   field3   field4   str1     str2     str3     str4
name为str4的字段: str4
```

图 10-4　获取类型中字段的信息

10.2.4　反射辅助类 Constructor 类

Constructor 类同样是一个最终类，允许访问一个类的单个构造函数的信息。如果指定的类中没有空参的构造函数，或者要创建的类对象需要通过指定的构造函数进行初始化，就不能使用 Class 类中的 newInstance()方法了，此时需要先获取这个构造函数，而 Constructor 就代表了某个类的构造方法。

创建实例对象有两种方式。

(1) 普通方式：Person　p　=　new　Person("张三",28,"男");

(2) 反射方式：Constructor con = Person.class.getConstructor(String.class,int.calss,String.class);

　　　　　　　Person　p　=　(Person)con.newInstance("张三",28,"男");

在创建实例时，newInstance()方法中的参数列表必须和获取的Constructor的getConstructor()方法中的参数列表一致，每当调用一次newInstance()方法时就会创建一个新的实例对象。使用Constructor来创建类实例的优势是可以指定构造函数，而Class类只能使用无参构造函数创建实例对象。代码如示例 10.9 所示。

示例 10.9：

```
import java.lang.reflect.Constructor;
public class GetReflectConstructorClass {
    public static void main(String[] args) {
        //获取 Person 类的 Class 对象
        String className = "com.hope.reflectTest.Person";
```

```
        try {
            Class<?>  clazz = Class.forName(className);
            //获取指定构造函数的类实例
            Constructor<?> con = clazz.getConstructor(String.class,int.class,String.class);
            Person p   = (Person)con.newInstance("张三",28,"男");
            System.out.println(p.toString());
        } catch (Exception e) {
            e.printStackTrace();
        }
    }
}
```

运行程序，结果如图 10-5 所示。

```
Person [name=张三, age=28, sex=男]
```

图 10-5　获取类型中构造方法的信息

10.3　反编译

　　高级语言源程序经过编译变成可执行文件，反编译是逆过程。但通常不能把可执行文件变成高级语言源代码，只能转换成汇编程序。反编译是一个非常复杂的过程，越是高级的语言，就越难进行反编译。目前对于不同的语言有不同的反编译工具，通过对他人软件的目标程序进行逆向分析，然后推导出别人软件产品所使用的思路、原理、结构以及算法等重要信息，便可能推导出源代码。Java 相关的反编译工具有 JD(Java Decompiler)、JAD(Joint Application Development)等，大家可根据需要使用不同的反编译工具。

　　通过对反射中 Class 类、Field 类、Method 类以及 Constructor 类的学习，我们知道可获取类对象中的字段、方法以及修饰符等信息，那能否通过这些内容反编译输出一个类？首先创建一个 User 类，在该类中，我们创建不同类型的字段，创建构造方法以及各种不同的方法，然后通过反射方式把该类中的一些信息简单地反编译输出到控制台，如示例 10.10 所示。

示例 10.10：

```
package com.hope.reflectTest;
public class User {
    public static int id = 1;
    protected   String name = "tom";
    private int age;
```

```java
    boolean sex ;
    public User() {
    }
    public User(String name, int age, boolean sex) {
    }
    public void run1(String a,int b){
    }
    public void run2(int a,int b){
    }
    @Override
    public String toString() {
        return "User [name=" + name + ", age=" + age + ", sex=" + sex + "]";
    }
}
```

本类中，我们需要先获取类的修饰符及类名，类修饰符可通过 getModifiers()方法获取，然后拼接代表类的关键字 class，之后带上类名。

```java
String className = "com.hope.reflectTest.User";
Class c1 = Class.forName(className);
StringBuffer sb = new StringBuffer();
sb.append(Modifier.toString(c1.getModifiers())+" class "+c1.getSimpleName()+"{\n"};
```

获取了类的修饰符和类名后，需要拼接类中的一些内容，包含字段信息、构造函数以及方法等。首先获取字段信息，通过 getDeclaredFields()方法获取类中的所有属性，然后把这些属性一一遍历出来，放到 StringBuffer 中。

```java
Field[] dfs = c1.getDeclaredFields();
for(Field df:dfs){
    sb.append("\t");
    sb.append(Modifier.toString(df.getModifiers())+" ");
    sb.append(df.getType().getSimpleName()+" ");
    sb.append(df.getName());
    sb.append(" = ");
    df.setAccessible(true);
    Object newInstance = c1.newInstance();
    sb.append(df.get(newInstance)+";");
    sb.append("\n");
}
```

这样就把整个类中的字段都追加到 StringBuffer 中，获取了字段。使用 getConstructors()方法可得到所有构造函数，然后将构造函数的信息追加到 StringBuffer 中。

```java
Constructor[] con = c1.getConstructors();
for (Constructor ct : con) {
    sb.append("\t");
    sb.append(Modifier.toString(ct.getModifiers())+" ");
    sb.append(c1.getSimpleName());
    sb.append("(");
```

```java
        Class[] types = ct.getParameterTypes();
        for(int i =0;i<types.length;i++){
            if(i!=types.length-1){
                sb.append(types[i].getSimpleName()+" a"+i+",");
            }else{
                sb.append(types[i].getSimpleName()+" a"+i);
            }
        }
    sb.append(")");
    sb.append("{}\n");
 }
```

此时构造函数中的所有信息也可通过上述代码输出，最后只剩一些普通方法了，同样可通过 getMethods() 方法去获取类中的所有方法，包含继承方法。

```java
Method[] methods = c1.getMethods();
for (Method m : methods) {
    sb.append("\t");
    sb.append(Modifier.toString(m.getModifiers())+" ");
    sb.append(m.getReturnType().getSimpleName()+" ");
    sb.append(m.getName());
    sb.append("(");
    Class[] pts = m.getParameterTypes();
    for(int i = 0 ;i<pts.length;i++){
        if(i!=pts.length-1){
            sb.append(pts[i].getSimpleName()+" a"+i+",");
        }else{
            sb.append(pts[i].getSimpleName()+" a"+i);
        }
    }
    sb.append(")");
    sb.append("{}\n");
}
```

最后将这些信息输出到控制台，反编译类的全部代码如示例 10.11 所示。

示例 10.11：

```java
package com.hope.reflectTest;
import java.lang.reflect.Constructor;
import java.lang.reflect.Field;
import java.lang.reflect.Method;
import java.lang.reflect.Modifier;
public class DecompileUser {
    //反编译 User 类
    public static void main(String[] args) throws Exception {
        String className = "com.hope.reflectTest.User";
        Class c1 = Class.forName(className);
        //取出类中的所有属性
```

```java
Field[] dfs = c1.getDeclaredFields();
StringBuffer sb = new StringBuffer();
sb.append(Modifier.toString(c1.getModifiers())+" class "+c1.getSimpleName()+"{\n");
for(Field df:dfs){
    sb.append("\t");
    sb.append(Modifier.toString(df.getModifiers())+" ");
    sb.append(df.getType().getSimpleName()+" ");
    sb.append(df.getName());
    sb.append(" = ");
    df.setAccessible(true);
    Object newInstance = c1.newInstance();
    sb.append(df.get(newInstance)+";");
    sb.append("\n");
}
//获取构造函数
Constructor[] con = c1.getConstructors();
for (Constructor ct : con) {
    sb.append("\t");
    sb.append(Modifier.toString(ct.getModifiers())+" ");
    sb.append(c1.getSimpleName());
    sb.append("(");
    Class[] types = ct.getParameterTypes();
    for(int i =0;i<types.length;i++){
        if(i!=types.length-1){
            sb.append(types[i].getSimpleName()+" a"+i+",");
        }else{
            sb.append(types[i].getSimpleName()+" a"+i);
        }
    }
    sb.append(")");
    sb.append("{}\n");
}
//取出类中的所有方法
Method[] methods = c1.getMethods();
for (Method m : methods) {
    sb.append("\t");
    sb.append(Modifier.toString(m.getModifiers())+" ");
    sb.append(m.getReturnType().getSimpleName()+" ");
    sb.append(m.getName());
    sb.append("(");
    Class[] pts = m.getParameterTypes();
    for(int i = 0 ;i<pts.length;i++){
        if(i!=pts.length-1){
            sb.append(pts[i].getSimpleName()+" a"+i+",");
        }else{
            sb.append(pts[i].getSimpleName()+" a"+i);
        }
    }
}
```

```
            sb.append(")");
            sb.append("{}\n");
        }
        sb.append("}");
        System.out.println(sb);
    }
}
```

运行程序，结果如图 10-6 所示。

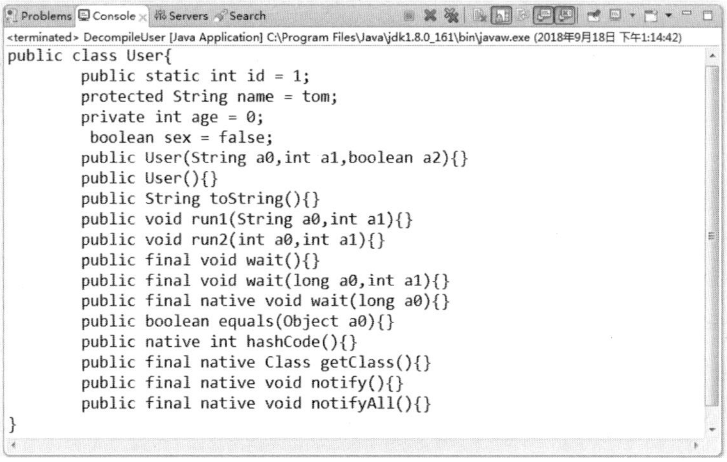
Problems Console Servers Search
<terminated> DecompileUser [Java Application] C:\Program Files\Java\jdk1.8.0_161\bin\javaw.exe (2018年9月18日 下午1:14:42)
public class User{
public static int id = 1;
protected String name = tom;
private int age = 0;
boolean sex = false;
public User(String a0,int a1,boolean a2){}
public User(){}
public String toString(){}
public void run1(String a0,int a1){}
public void run2(int a0,int a1){}
public final void wait(){}
public final void wait(long a0,int a1){}
public final native void wait(long a0){}
public boolean equals(Object a0){}
public native int hashCode(){}
public final native Class getClass(){}
public final native void notify(){}
public final native void notifyAll(){}
}

图 10-6　反编译 User 类

从图中大家可以看出，比 User 类多出了 wait()、equals()、hashCode()等方法，其实这些是 User 类的父类 Object 中的方法，我们使用 getMethods()方法获取的是所有方法，也包含父类中的方法。

一般情况下，大家使用的软件是看不到源代码的，但通过反编译方式，可知道这些程序应用了哪些第三方库文件，代码是如何编写的，功能是通过什么过程实现的，是一种非常高级的技术。

【单元小结】

- 获取 Class 对象的 3 种方式。
- 反射的核心类——Class 类。
- 反射的辅助类 Method 类、Constructor 类和 Field 类。
- Java 的反编译。

【单元自测】

1. 以下哪项不是 java.lang.reflect 包下的类？(　　)

A. Method　　　　B. Class

C. Field　　　　D. Constructor

2. 下列哪些方法在 Class 类中定义？（　　）(多选)
   A. getImports()　　　　　　　　　B. getConstructors()
   C. getDeclaredFields()　　　　　　D. getPrivateMethods()
3. 关于获取 Class 对象的方式，下列说法错误的是(　　)。
   A. 可通过类名直接获取 Class 对象
   B. 可通过全类名获取 Class 对象，此种方法在文件配置时使用最多
   C. 可通过对象名获取 Class 对象，但如果知道了对象类型，使用此方法意义不大
   D. 以上说法都不正确
4. 使用 getModifiers ()方法时，如果返回值为 8，代表的修饰符是(　　)。
   A. public　　　　　　　　　　　　B. final
   C. static　　　　　　　　　　　　D. strict
5. 下列哪种写法可获得 Person 对象？（　　）(多选)
   A. Class clazz = Person.class;
   B. Object obj = new Person();
      Class clazz = obj.getClass();
   C. String className = "com.hope.reflectTest.Person";
      Class clazz = Class.forName(className);
   D. 以上写法都不正确

【上机实战】

上机目标

- 熟练使用反射的一些类

上机练习

◆ 第一阶段 ◆

练习 1：克隆对象

【问题描述】
利用反射功能获取一个类中的方法并执行。

【问题分析】
创建一个 Customer 类，该类中包含 name、age 以及 id 3 个字段，有一个空参构造方法，一个带有 name、age 参数的构造方法，以及 set()和 get()方法。在测试类中创建出一个方法，通过反射方式调用 Customer 类中的 get()和 set()方法。

【参考步骤】

(1) 创建一个 Customer 类。

```java
class Customer{
    private long id;
    private String name;
    private int age;
    public Customer() {
    }
    public Customer(String name, int age) {
        this.name = name;
        this.age = age;
    }
    public long getId() {
        return id;
    }
    public void setId(long id) {
        this.id = id;
    }
    public String getName() {
        return name;
    }
    public void setName(String name) {
        this.name = name;
    }
    public int getAge() {
        return age;
    }
    public void setAge(int age) {
        this.age = age;
    }
}
```

(2) 创建一个 CloneObject 类，在该类中创建一个克隆的方法。

```java
public class CloneObject {
    public Object clone(Customer cust){
        Object o = null;
        Class<? extends Customer> c = cust.getClass();
        //通过默认构造方法创建一个新对象
        try {
            o = c.getConstructor(new Class[]{}).newInstance(new Object[]{});
            Field[] fields = c.getDeclaredFields();
            for (int i = 0; i < fields.length; i++) {
                Field field = fields[i];
                String fieldName = field.getName();
                String firstLetter = fieldName.substring(0, 1).toUpperCase();
                //获得与属性对应的 getXXX()方法的名称
                String getMethodName = "get"+firstLetter+fieldName.substring(1);
```

```java
            //获取与属性对应的setXXX()方法的名称
            String setMethodName = "set"+firstLetter+fieldName.substring(1);
            //获取与属性对应的getXXX()方法
            Method getMethod = c.getMethod(getMethodName, new Class[]{});
            //获取与属性对应的setXXX()方法
            Method setMethod = c.getMethod(setMethodName, new Class[]{field.getType()});
            //调用原对象的getXXX()方法
            Object value = getMethod.invoke(cust, new Object[]{});
            //调用拷贝对象的setXXX()方法
            setMethod.invoke(o, new Object[]{value});
        }
    } catch (Exception e) {
        e.printStackTrace();
    }
    return o;
}
```

(3) 测试类。

```java
public class CloneObject {
    public static void main(String[] args) throws CloneNotSupportedException {
        CloneObject co = new CloneObject();
        Customer customer = new Customer();
        customer.setName("张三");
        customer.setAge(28);
        Customer customer2 = (Customer)co.clone(customer);
        System.out.println("克隆对象的 name:"+customer2.getName());
        System.out.println("克隆对象的 age:"+customer2.getAge());
    }
}
```

这样就可以把对象克隆出来了。

◆ **第二阶段** ◆

练习2：通过反射方式执行指定包中指定类下的指定方法

写一个类，类中有一个静态方法 Object methodInvoker(String classMethod)，如果传入一个实参字符串 java.lang.String.length()，那么可通过反射执行 String 类中的 length()方法，而如果传入的是 com.hope.reflectTest.Person.say()，那么执行的就是我们自己写的 Person 类中的 say()方法。

【拓展作业】

反编译 Person 类。要求把类的修饰符以及类中所有的字段信息、构造函数以及普通方法都通过反射方式打印到控制台上。

单元十一

JDBC 基础知识

课程目标

- 了解 JDBC 的概念
- 了解 JDBC 的驱动类型
- 掌握 java.sql 包中常用类的使用
- 了解 SQL 攻击
- 运用 JDBC 编写数据库应用程序

 简 介

在前面的单元中,我们已经学习了各种集合类的区别,学习了如何通过集合来存储和操作对象,甚至将对象信息存入文件及将文件中的信息读入集合。如果是永久性地存储大量数据、执行高性能操作,毋庸置疑,必然要用到数据库。目前各位应已了解了基础数据库 DML、DCL、DDL 语句及 DBMS 的操作等知识,缺乏的就是如何使用 Java 工具对数据库执行操作。

众所周知,数据库产品有很多,如 Microsoft 出品的 SQL Server,甲骨文的 Oracle,IBM 的 DB2,以及已被 Sun 公司收购的 MySQL 等。这些数据库应用广泛,而且有各自独特之处,如果要每个程序员来针对每一种数据库的连接与操作写一个专用程序的话,这无疑是繁杂的。那么 Java 语言有没有办法简化这些操作呢?答案是肯定的,JDBC(Java DataBase Connectivity,Java 数据库连接)提供了对多种关系数据库进行统一访问的可能,而且是跨平台的。

在后续课程中,我们会学习轻量级 ORM 框架(Object Relational Mapping,对象-关系映射,如 Hibernate)。ORM 对 JDBC 进行封装,并提供更灵活便捷的数据库访问方式。所以掌握好本单元内容可为后续课程的学习打下良好基础。

11.1 JDBC 概述

对于任意程序来说,访问特定的数据库都离不开数据库引擎的本地操作。知道了这一点,那么接下来的任务是:如何将我们想要做的事情让数据库引擎知道并执行,也就是说,如何驱动引擎运行。在以前,程序开发人员都需要写一个繁杂的驱动程序,不过目前我们有了强大的 JDBC,就不再需要手写了,可以直接使用。JDBC 由 Sun 公司开发,JDBC(Java DataBase Connectivity)就是 Java 数据库连接,原先大家操作数据库是通过控制台使用 SQL 语句来操作数据库,而 JDBC 是用 Java 语言向数据库发送 SQL 语句,可为多种关系数据库提供统一访问,由一组用 Java 语言编写的类和接口组成。

其实通过 ODBC 也能访问数据库,但为什么不直接使用 ODBC 呢?这是因为 ODBC 不适合直接在 Java 中使用,它使用 C 语言接口。从 Java 调用本地 C 代码在安全性、实现、可靠性和程序的可移植性方面都有许多缺点。

JDBC 驱动程序担当了翻译器的角色,将用户的旨意翻译并传达给底层数据库引擎以执行。由于数据库产品的底层实现的区别,不同的数据库拥有不同的 JDBC 驱动程序。为便于管理,JDBC 提供了一个 java.sql.Driver 接口,各个数据库厂商根据自己数据库产品的特点来实现这个接口,提供驱动程序。由此可见,Driver 接口的应用,实现了代码的数据库平台无关性,我们写程序时,只需要将数据库的对应驱动加载,通过标准接口来访问各种数据库即可。如果数据库平台换了,仅需要将驱动换掉就可以了,其他代码基本无须修改(面向接口的编程,好处多多!)。

JDBC 驱动程序根据其实现方式分为 4 种类型。

- 类型 1："JDBC-ODBC bridge driver"，JDBC-ODBC 桥驱动程序。将 JDBC 调用转换为 ODBC 的调用，这意味着每个客户端都要安装数据库对应的 ODBC 驱动及驱动管理器才能使用，而且从程序到数据库需要转译两次，效率低下。所以 Sun 公司说了，"a JDBC-ODBC Bridge driver, which is appropriate for experimental use and for situations in which no other driver is available"——这是拿来做试验玩的，或者实在没有其他驱动可以使用的情况下才使用。
- 类型 2："native-API, partly Java driver driver"，将 JDBC 调用转换为特定的数据库调用。与类型 1 的桥连一样，这类驱动程序也要求客户端的机器安装相应的二进制代码，无疑这是极不友好的。此类驱动程序将 JDBC 调用转换为 Oracle、Sybase、Informix、DB2，或其他 DBMS 上的客户端 API 的调用。注意，与桥驱动类似，此类驱动程序要求在每个客户机上加载一些二进制代码。
- 类型 3："JDBC-Net pure Java driver"，它能将 JDBC 的调用转换为独立于数据库的网络协议。这种类型的驱动程序特别适合于具有中间件(middleware)的分布式应用，但目前这类驱动程序的产品不多。
- 类型 4："native protocol, pure Java driver"，它能将 JDBC 调用转换为数据库直接使用的网络协议。这种直接连接方式不需要安装客户端软件，而且是纯净的百分百 Java 程序(它使用 Java Socket 来连接数据库)，所以特别适合于 Internet 应用。直连示意图如图 11-1 所示。这类驱动程序将 JDBC 调用转换为 DBMS 直接使用的网络协议，允许从客户机直接调用 DBMS 服务器，并为内联网访问提供实用解决方案。

图 11-1　直连示意图

JDBC 提供了一种基准，通过 JDBC 可构建更多工具和接口，可以说有了 JDBC，我们向各种关系数据库发送 SQL 语句就非常简单了。不用再像以前一样，想要使用 Sybase 数据库，要专门写一个程序，但要使用 Oracel 数据库，又要专门写另一个程序那样繁杂了。JDBC 直接把这些驱动提供给我们了，大家可以直接使用。

11.1.1　JDBC API

JDBC API 由核心 Java API 和扩展 Java API 两部分组成。核心 API 位于 java.sql 包中，包括建立 DBMS 连接和访问 DBMS 数据所需的基本 Java 数据对象；扩展 API 位于 javax.sql

包中，是 J2EE 的一部分，包括一些 JDBC 高级特性(如数据库连接池管理)，以及与 JNDI 进行交互的 Java 数据对象。Java 程序使用 JDBC API 来访问 JDBC 驱动程序，JDBC 驱动程序再把这些访问消息翻译成能被 DBMS 理解和处理的底层消息，并完成交互。

Java.sql 包内常用的接口/类如下。

1. DriverManager

DriverManager 类用于获得数据库连接，它所有的成员都是静态成员，所以在程序中无须对它进行实例化，直接通过类名就可以访问它。DriverManager 类是 JDBC 的管理层，作用于用户和驱动程序间。

2. Connection

Connection 对象是为我们与数据存储提供连接的对象，但这并非 Connection 对象的全部功能。除了存储连接的细节外(如数据存储的类型，以及其支持的特性)，也可以利用 Connection 对象运行命令。

这些命令可以是查询动作，如更新、插入或删除操作，也可以是返回一个记录集的命令。从 Connection 对象运行的命令一般是查询动作，能够得到返回的记录集也是非常有用的。可使用下面方法获得一个连接。

```
Class.forName("com.mysql.jdbc.Driver");
Connection conn = DriverManager.getConnection
("jdbc:mysql://localhost;8080/hopeful",name,password);
```

第一行代码使用 Class 类的静态方法 forName()加载类对象(Driver)，而且，还默默做了另外一件事，就是将 Driver 注册到 DriverManager 中。加载一个 Driver 类时，应当创建自身的实例，并在 DriverManager 注册。

3. Statement

Statement 对象用于将SQL语句发送到数据库中。实际上有 3 种 Statement对象，它们都作为在给定连接上执行SQL语句的包容器：Statement、PreparedStatement(继承Statement)和CallableStatement(继承PreparedState+ment)。它们都专用于发送特定类型的SQL语句。

- Statement 对象用于执行不带参数的简单 SQL 语句。
- PreparedStatement 对象用于执行带或不带 IN 参数的预编译 SQL 语句。
- CallableStatement 对象用于执行对数据库存储过程的调用。
- Statement 接口提供了执行语句和获取结果的基本方法。PreparedStatement 接口添加了处理 IN 参数的方法；CallableStatement添加了处理OUT 参数的方法。

Statement 对象的使用方法如下。

```
stmt = conn.createStatement();//创建语句对象
rs = stmt.executeQuery(String sql);//将 SQL 语句发送至 DBMS 并执行查询
//stmt.executeUpdate(String sql);//执行更新
```

4. PreparedStatement

当 SQL 语句将运行许多次时，使用 PreparedStatement 对象性能更好(SQL 语句可以预编译，第一次执行后，后续执行不需要再编译，所谓 prepared 就是代表"事先已准备好")。与使用 Statement 对象多次运行同一条语句(在每次运行语句时都要对其进行编译)相比，此方法效率更高。另外，PreparedStatement 对象中包含的 SQL 语句可能有一个或多个 IN 参数。使用方法如下。

```
PreparedStatement pstm = conn.prepareStatement(String sql);
//pstm.execute();执行任意类型的语句
//pstm.executeQuery();执行查询语句，返回结果集
//pstm.executeUpdate(); 执行更新语句，如 Insert、Update、Delete 及 DDL 语句
```

用户可以使用成批更新功能将单个 PreparedStatement 对象与多组输入参数值相关联。然后，可将此部件发送至数据库，作为单一实体进行处理。因为处理一组更新操作通常比每次处理一个更新操作要快，所以成批更新可获得更好的性能。

PreparedStatement 和 Statement 的区别是：PreparedStatement 后面直接带 SQL 语句，且 SQL 语句中可以带"？"，所以当 SQL 语句中的条件不确定的时候，用 PreparedStatement 比较方便。Statement 是 PreparedStatement 的父类，只有在 executeQuery 或 executeUpdate 构造时才会有 SQL 语句，并且 PreparedStatement 大批量操作数据库时可提高效率，是一种预编译方法。

5. ResultSet

装载查询结果。ResultSet 包含符合 SQL 语句中条件的所有行，且它通过一套 get()方法(这些 get()方法可访问当前行中的不同列)提供了对这些行中数据的访问。记录是一张二维表，其中有查询所返回的列标题及相应的值，类似于图 11-2。

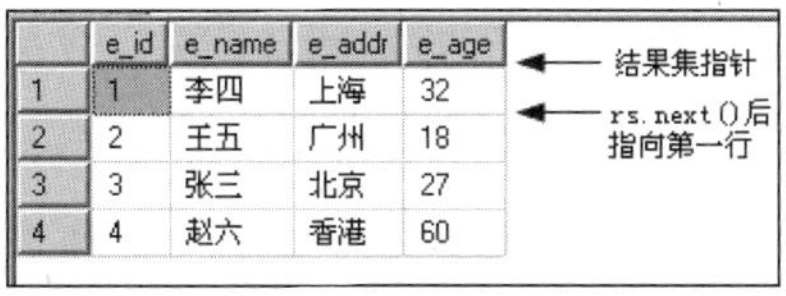

图 11-2 结果集指针

例如：

```
rs = pstm.executeQuery();    //获得结果集
```

获得的结果集是一张二维表，我们可以对其内的数据进行读取，如：

```
rs.next();         //指针往后移动，此时指向第一行。同时将第一行的数据准备好供用户读取
String e_id1 = rs.getInt(1);        //以 int 类型获得第 1 行第 1 列的值：1
String e_name1 = rs.getString(2); //以字符串方式获得第 1 行第 2 列的值：李四
//……
rs.next();         //指针往后移动，此时指向第二行
```

其中，rs.next()用于测试指针能否往下移动。ResultSet 指针最初位于第一行之前，第一

次调用 next()方法使第一行成为当前行，第二次调用使第二行成为当前行。依此类推，指针移动的同时，还会把所指向的行的数据提取出来供用户读取。如果能往下移动，返回 true，否则返回 false，所以我们可以使用循环对所有数据进行读取。

```
while(rs.next()){
    String e_id = rs.getInt(1);
    String e_name=rs.getString(2);
    String e_addr = rs.getString(3);
    String e_age = rs.getInt(4);
    //对 4 个字段的处理
}
```

6. SQLException

SQLException 类是 Exception 类的子类，它提供关于数据库访问错误或其他错误的信息。

11.1.2 使用直连操作数据库

了解了 JDBC API，我们尝试使用它来完成一个简单的 Java 操作数据库的小程序，大致需要以下步骤(为了便于测试，需要创建相应数据库及测试表，本例创建了 hopeful 数据库，其内创建 employ 表，包括 e_id(标识列)、e_name、e_age、e_addr 4 个属性，并插入测试值)。

1. 加载数据库驱动程序

由于 JDBC API 提供了接口，具体实现交由数据库厂商，所以开发时，首先要将数据库对应的 JDBC 驱动程序下载，并导入工程。

以 mysql 数据库为例，其提供的 JDBC 驱动程序为5.1.47，目前最新版本为8.0.12，下载地址为 https://dev.mysql.com/downloads/connector/j。

下载得到名为“mysql-connector-java-5.1.47.tar.gz”的压缩文件，解压后的文件目录如图 11-3 所示。

名称	类型	大小
src	文件夹	
build.xml	XML 文件	90 KB
CHANGES	文件	243 KB
COPYING	文件	18 KB
mysql-connector-java-5.1.47.jar	Executable Jar File	984 KB
mysql-connector-java-5.1.47-bin.jar	Executable Jar File	984 KB
README	文件	60 KB
README.txt	TXT 文件	63 KB

图 11-3　mysql 提供的驱动程序

其中，mysql-connector-java-5.1.47-bin.jar 正是我们需要的基本驱动文件，src 保存的是源代码文件。

驱动文件下载完毕后，在myEclipse开发工具中创建一个新的Web项目，步骤是“File→

New→Web Project"，依次添加相应的内容。项目创建完毕后，需要把下载的JDBC驱动程序添加到项目中，先把驱动程序复制到新建项目的WebRoot的WEB-INF下的lib文件下，然后右击，选择"Build Path"菜单中的"Configure Build Path..."命令，打开"Java Build Path"对话框，配置方式如图11-4所示。

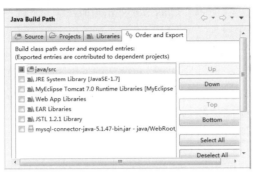

图 11-4　将 jar 包添加到编译路径

接下来就可以编写代码了，首先在类内部定义操作对象，包括连接对象、语句对象、结果集对象，以便后续使用。

```
private Connection conn;
private PreparedStatement pstm;
private ResultSet rs ;
```

接着，专门定义一个方法，用于获取一个连接。

```
//获得连接
public Connection getConn(){
    String driver = "com. mysql.jdbc.Driver";
    String url = "jdbc:mysql://localhost:3306/hopeful";
    String user = "root";
    String password = "root";
    try {
        //使用反射装载驱动(记住怎么写就行)，交由驱动管理器(DriverManager)管理
        Class.forName(driver);
        //从驱动管理器获得合适的连接
        conn=DriverManager.getConnection(url,user,password);
    } catch (ClassNotFoundException e) {
        e.printStackTrace();
    }catch(SQLException e){
        e.printStackTrace();
    }
    return conn;
}
```

方法 getConn()返回一个 Connection 对象，其内定义了如下 4 个字符串。
- driver 表示要使用的 JDBC 驱动类的位置。对于 mysql 数据库来说为"com.mysql.jdbc.Driver"。

- url 表示链接地址，类似于一个网址，而且通过 3306 端口通信，还指定了要操作的数据库名称。
- user 表示登录数据库的用户名。
- password 表示 user 对应的登录密码。

有了上述信息，我们可以使用"Class.forName(driver)"装载并注册驱动程序。

2. 获得连接

当注册驱动程序成功后，使用 DriverManager 的 getConnection()方法获得连接，该方法需要给定三个参数，连接地址、用户名、密码，其中用户名和密码需要数据库管理员(DBA)分配，还应该具有对数据库操作的适当权限。获得连接的语句为：

```
conn = DriverManager.getConnection(url,user,password);
```

其中 url 根据数据产品的不同，有不同的写法，如 MySql 为：

```
"jdbc:oracle:thin:@dbip:port:databasename"
```

3. 使用 Connection 创建 PreparedStatement 语句对象

使用 Connection 类的 prepareStatement(String sql)方法，依照传入的 SQL 语句创建预编译的 PreparedStatement 对象。如：

```
pstm = conn.prepareStatement("select * from employ");   //使用 PreparedStatement 对象
Statement stmt = conn.createStatement();                //使用 Statement 对象
```

SQL 语句是任意的，可以是 Select 语句，也可以是 Insert、Update 等语句。

4. 使用 PreparedStatement 对象执行 SQL 语句

创建语句对象后，可执行语句对象，执行方式有以下 3 种。
- pstm.executeUpdate()执行更新语句，如 Insert、Update、Delete 语句，返回受影响的行数。
- pstm.executeQuery()执行查询语句，返回得到的结果集。
- pstm.execute()可执行任意 SQL 语句。如果数据库返回的第一个结果是结果集，则方法返回 true，如果数据库返回的是数字(受影响的行数)或没有返回值，则方法返回 false。

例如：

```
pstm = conn.prepareStatement("select * from employ");              //查询语句
rs = pstm.executeQuery();                                          //得到结果集
pstm1= conn.prepareStatement("delete from employ where e_id >1");  //更新语句
int rows = pstm1.executeUpdate();                                  //得到受影响的行数
```

如果使用 Statement 对象，写法类似，上述语句应改为：

```
Statement stmt = conn.createStatement()
rs = stmt.executeQuery(String sql);        //执行查询语句，得到结果集
```

```
Statement stmt1 = conn.createStatement()
int rows = stmt1.executeUpdate(String sql);    //得到受影响的行数
```

5. 对结果集进行操作

当执行的语句为查询语句时，可以通过 ResultSet 获得数据库返回的结果集，这是一个虚拟的二维表，行指针最初指向第一行的上方。

可通过 next()、previous()、first()、last()、absolute() 等方法移动指针指向不同的行。通过 getXXX(int colIndex) 方法或 getXXX(String colName) 方法，获得本行第 colIndex 列或名为 colName 列的值。

6. 回收资源

操作完毕后，需要对资源进行回收，包括关闭 ResultSet、关闭语句对象 PreparedStatment、关闭 Connection。

示例 11.1 演示了上述 6 个步骤的完成代码。

示例 11.1：

```java
package com.hopeful.lesson11;

import java.sql.Connection;
import java.sql.DriverManager;
import java.sql.PreparedStatement;
import java.sql.ResultSet;

public class EmployDemo {
private Connection conn;
private PreparedStatement pstm;
private ResultSet rs ;
//获得连接
public Connection getConn(){
    //驱动位置
    String driver = "com.mysql.jdbc.Driver";
    //连接 URL
    String url = "jdbc:mysql://localhost:3306/hopeful";
    //用户名
    String user = "root";
    //密码
    String password = "root";
    try {
        //使用反射装载驱动(记住怎么写就行)，交由驱动管理器(DriverManager)管理
        Class.forName(driver);
        //从驱动管理器中获得合适的连接
        conn=DriverManager.getConnection(url,user,password);
    }catch (ClassNotFoundException e) {
        e.printStackTrace();
```

```java
        }catch(SQLException e){
            e.printStackTrace();
        }
        return conn;
    }
    //查询所有员工数据并显示
    public void showAllEmploy(){
        //获得连接
        this.getConn();
        try {
            //创建一个基于该连接的语句对象
            pstm = conn.prepareStatement("select * from employ");
            //发送并执行查询语句,返回数据库结果集
            rs = pstm.executeQuery();
            System.out.println("编号\t 姓名\t 地址\t 年龄");
            //对结果集的每一行进行读取,第一次调用 next 时将指针移到第一行
            while(rs.next()){
                //rs.getXXX(index),从该行的第 index 列获得 XXX 类型的数据
                System.out.print(rs.getString(1)+"\t");
                System.out.print(rs.getString(2)+"\t");
                System.out.print(rs.getString(3)+"\t");
                System.out.println(rs.getString(4));
            }
        } catch (SQLException e) {
            e.printStackTrace();
        }finally{
            try {
                //依次关闭结果集、语句、连接
                if(rs!=null){rs.close();}
                if(pstm!=null){pstm.close();}
                if(conn!=null){conn.close();}
            } catch (SQLException e) {
                e.printStackTrace();
            }
        }
    }
    //测试
    public static void main(String[] args) {
        EmployDemo demo = new EmployDemo();
        demo.showAllEmploy();
    }
}
```

运行程序,结果如图 11-5 所示。

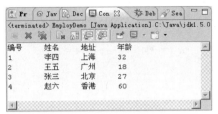

图 11-5 运行结果

上例通过 executeQuery()方法查询出 employ 表中所有的员工数据,并按预定的格式显示出来。下面在该类中添加方法,以演示 executeUpdate()方法的用法。

```
//执行更新
public boolean updateEmploy(String sql){
    boolean isSuc = false;
    //获得连接
    this.getConn();
    try {
        //创建一个基于该连接的语句对象
        pstm = conn.prepareStatement(sql);
        //执行更新,得到受影响的行数
        int effect = pstm.executeUpdate();
        if(effect > 0){
            isSuc = true;
        }
    } catch (SQLException e) {
        e.printStackTrace();
    }finally{
        try {
            //依次关闭结果集、语句、连接
            if(rs!=null){rs.close();}
            if(pstm!=null){pstm.close();}
            if(conn!=null){conn.close();}
        } catch (SQLException e) {
            e.printStackTrace();
        }
    }
    return isSuc;
}
```

该方法接收一个字符串 SQL 语句参数 sql,通过"pstm = conn.prepareStatement(sql)",创建语句对象,而后执行语句,并得到受影响的行数。

改写 main 方法如下:

```
//测试
public static void main(String[] args) {
    EmployDemo demo = new EmployDemo();
    //执行插入更新
    String sql = "insert into employ values('孙悟空','花果山',10000)";
```

```
                demo.updateEmploy(sql);
                //执行更新
                sql = "update employ set e_addr='澳门' where e_id = 1";
                demo.updateEmploy(sql);
                //执行删除更新
                sql = "delete from employ where e_age<20";
                demo.updateEmploy(sql);
                //查询最后结果
                demo.showAllEmploy();
            }
```

程序中，根据 updateEmploy(String sql)方法，分别对表进行了插入、更新、删除等操作。最终运行结果如图 11-6 所示。

图 11-6　运行结果

请同学们将示例 11.1 中的 PreparedStatement 写法换为 Statement 写法，重新运行程序，看能否得到相同的结果。

11.2　SQL 攻击

11.2.1　什么是 SQL 攻击

SQL 攻击就是通过把 SQL 命令插入 Web 表单提交，或输入域名或页面请求的查询字符串，最终达到欺骗服务器执行恶意的 SQL 命令。简单来说就是利用现有的应用程序，将恶意的 SQL 命令注入到后台数据库，从而控制远程服务器上的数据库。

在 mysql 数据库中创建一个名为 hopeful 的数据库，该数据库下有一个 user 的表，表中数据如图 11-7 所示。

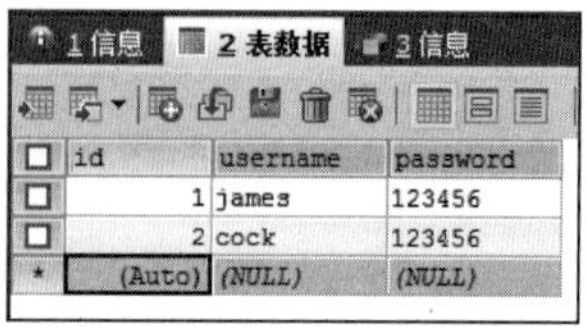

图 11-7　user 表数据

在该表中，我们插入两条数据，一条的username为james，password为123456；另一条的username为cock，password为123456。接下来，我们去访问这个数据库，如示例11.2所示。

示例 11.2：

```java
package com.hope.lesson11;

import java.sql.Connection;
import java.sql.DriverManager;
import java.sql.ResultSet;
import java.sql.SQLException;
import java.sql.Statement;

//SQL 攻击
public class SQLAttackDemo {
    public String url;
    public Connection conn;
    public Statement st;
    public ResultSet rs;
    //用户登录
    public void login(String username,String password){
        try {
            //1.注册驱动
            Class.forName("com.mysql.jdbc.Driver");
            //2.建立连接
            url = "jdbc:mysql://localhost:3306/hopeful";
            String user ="root";
            String pwd ="root";
            conn = DriverManager.getConnection(url, user, pwd);
            //3.创建 statement 对象
            st = conn.createStatement();
            String sql = "select * from user where username='"+username+"'and password='"+password+"' ";
            //4.执行结果集
            rs = st.executeQuery(sql);
            if(rs.next()){
                System.out.println("恭喜你登录成功");
                System.out.println("SQL 语句是:"+sql);
            }else{
                System.out.println("你的账号或密码有误，请核查...");
                System.out.println("SQL 语句是:"+sql);
            }
        } catch (ClassNotFoundException e) {
            e.printStackTrace();
        } catch (SQLException e) {
            e.printStackTrace();
        }finally{
            if(rs!=null){
                try {
                    rs.close();
                } catch (SQLException e) {
                    e.printStackTrace();
```

```
                }
            }
            if(st!=null){
                try {
                    st.close();
                } catch (SQLException e) {
                    e.printStackTrace();
                }
            }
            if(conn!=null){
                try {
                    conn.close();
                } catch (SQLException e) {
                    e.printStackTrace();
                }
            }
        }
    }
    public static void main(String[] args) {
        //调用 login()方法
        SQLAttackDemo sad   = new SQLAttackDemo();
        sad.login("zjd' or 1=1 #" , "768");
    }
}
```

运行程序，结果如图 11-8 所示。

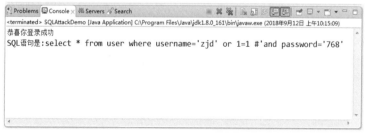

图 11-8 SQL 攻击

从图 11.8 中可以看到，我们使用的用户名是"zjd' or 1=1 #"，使用的密码是"768"，在数据库中是不存在这样一条数据的，但通过这条数据，我们却可以访问 user 表，从而也可对 user 表进行操作，主要是因为用户名账号后面使用了单引号"'"以及随后的"or 1=1"和"#"号。#在 SQL 解析器解析的时候，会告诉解析器，#右侧的都是注释，就不用去考虑后面的内容了，SQL 语句也就变成"select * from user where username= 'zjd' or 1=1"，username 在执行 or 的过程中取 1=1，大家知道 1=1 在做判断时是为 true 的，所以我们不必知道账号和密码就可以直接登录了。

11.2.2 防止 SQL 攻击

大家了解完 SQL 攻击，是不是都吓出一身冷汗。如果我们的账户都这样的话，那岂不是很危险，尤其是账户中可能绑定银行卡或其中有重要信息。大家不必担心，我们有方法防止此类事情发生。

第一种方法是采用正则表达式，将包含单引号(')、分号(;)和注释符号(#)的语句替换掉，这里就不多做解释了。

第二种方法是采用预编译语句集，它内置了处理 SQL 攻击的能力，我们只使用 setString 方法传递值就可以了。

例如：

```
String sql = "select * from user where username=? and password =?";
PreparedStatement preState = conn.prepareStatement(sql);
preState.setString(1, userName);
preState.setString(2, password);
ResultSet rs = preState.executeQuery();
....
```

使用第二种方式防止 SQL 攻击示例 11.3 所示。

示例 11.3：

```java
package com.hope.lesson11;

import java.sql.Connection;
import java.sql.DriverManager;
import java.sql.PreparedStatement;
import java.sql.ResultSet;
import java.sql.SQLException;

//防止 SQL 攻击，使用预编译方式
public class PreventSqlAttackDemo {
    public void preStatementLogin(String username, String password){
        Connection conn=null;
        PreparedStatement ps=null;
        ResultSet rs = null;
        try {
            Class.forName("com.mysql.jdbc.Driver");
            String url = "jdbc:mysql://localhost:3306/hopeful";
            String user = "root";
            String pwd = "root";
            conn = DriverManager.getConnection(url, user, pwd);
            String sql = "select * from user where username=? and password=?";
            ps = conn.prepareStatement(sql);
            ps.setString(1, username);
            ps.setString(2, password);
```

```java
            rs = ps.executeQuery();
            if(rs.next()){
                System.out.println("恭喜你登录成功");
                System.out.println("SQL语句是："+sql);
            }else{
                System.out.println("你的用户名或密码有误，请核查……");
                System.out.println("SQL语句是："+sql);
            }
        } catch (ClassNotFoundException e) {
            e.printStackTrace();
        }catch (SQLException e) {
            e.printStackTrace();
        }finally{
            if(rs!=null){
                try {
                    rs.close();
                } catch (SQLException e) {
                    e.printStackTrace();
                }
            }
            if(ps!=null){
                try {
                    ps.close();
                } catch (SQLException e) {
                    e.printStackTrace();
                }
            }
            if(conn!=null){
                try {
                    conn.close();
                } catch (SQLException e) {
                    e.printStackTrace();
                }
            }
        }
    }
    public static void main(String[] args) {
        //调用 preStatementLogin()方法
        PreventSqlAttackDemo sad   = new PreventSqlAttackDemo();
        sad.preStatementLogin("zjd' or 1=1 #" , "768");
    }
}
```

运行程序，结果如图11-9所示。

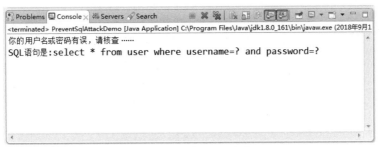

图 11-9 防止 SQL 攻击

从图 11.9 中发现，我们登录的用户名和密码有误，难以登录成功，也就很好地防止了 SQL 攻击，在以后编写程序的过程中，建议使用预编译方式创建对象，这样程序更安全。

11.3 完成注册功能

以上介绍了很多 JDBC 的用法，现在我们以注册功能为例去看看 JDBC 在应用功能中到底是如何使用的。

首先生成数据库代码如下。

```
--为可能存在的 hopeful 数据库删除做准备，先使用 master 数据库
use master
go

--如果数据库 hopeful 存在即删除
if exists(select * from sys.databases where [name]='hopeful')
    drop database hopeful
go

--创建 hopeful 数据库
create database hopeful
go

--使用 hopeful 数据库
use hopeful
go

--如果用户信息表存在即删除
if exists(select * from sys.objects where [name]='users')
    drop table users
go

--创建用户信息表
create table users
(
    uid int identity primary key,
```

```
    username varchar(50),
    userpwd varchar(50)
)
go

select * from users
```

然后生成需要的主界面代码片段：

```java
//处理主界面的功能模块
    public static void show_main(){
        int num;
        Scanner scan = new Scanner(System.in);

        do{
            System.out.println("-----------------------");
            System.out.println("1.注册");
            System.out.println("2.退出");
            System.out.println("-----------------------");
            System.out.print("请选择(1～2):");
            num = scan.nextInt();
            //1. 显示注册子界面
            switch(num){
            case 1:
                //1. 显示注册子界面
                System.out.println("显示注册子界面");
                register();
                break;
            case 2:
                //2. 准备退出
                System.out.println("Bye!");
                break;
            default:
                //其他情形
                System.out.println("请输入 1 到 2 之间的数据！");
            }
        }while(num != 2);
    }
```

进入注册界面后，提示用户输入需要的用户名和密码，当然这里可提示用户输入需要的更多信息(代码片段)。

```java
//处理注册界面的功能模块
    public static void register(){
        String username,userpwd;
        char ch;

        Scanner scan = new Scanner(System.in);
        do{
```

```java
            System.out.println("------------------------");
            System.out.println("进入注册：");
            System.out.print("请输入用户名：");
            username = scan.next();
            System.out.print("\n 请输入密码：");
            userpwd = scan.next();
            //将得到的用户名和密码放入数据库中
            if(insertDB(username,userpwd) > 0){
                System.out.println("数据添加成功！");
            }else{
                System.out.println("没有数据添加到数据库！");
            }
            System.out.println("是否继续（Y/N）:");
            ch = scan.next().charAt(0);
            System.out.println("------------------------");
            System.out.println();
        }while(ch != 'n' && ch != 'N');
    }
```

当用户输入需要的信息后，就应该使用 JDBC 的相关知识将这些信息放入数据库中。为提升代码的复用性，将需要的操作按功能进行划分，提取出一个向数据库插入数据的方法。

```java
//将得到的数据放入数据库
    public static int insertDB(String username,String userpwd){
        int num = 0;
        Connection con = null;
        Statement s = null;
        try {
            Class.forName("com.mysql.jdbc.Driver");
            con = DriverManager.getConnection(
                    "jdbc:mysql://localhost:3306/hopeful",
                    "root","root");
            s = con.createStatement();
            num = s.executeUpdate("insert into users values('"+username+"','"+userpwd+"')");
            System.out.println("insertOk");
        } catch (Exception e) {
            e.printStackTrace();
        } finally{
            try {
                if(s != null){
                    s.close();
                }
                if(con != null){
                    con.close();
                }
            } catch (SQLException e) {
                e.printStackTrace();
```

```
            }
        }
        return num;
}
```

这样我们就实现了简单的注册功能，细心的同学应该发现这个程序存在很多可能出现问题的地方，例如，主界面中对可能存在的错误输入进行了过滤，而注册页面中没有等。感兴趣的同学可尝试完善功能！

【单元小结】

- JDBC API 提供了对数据库进行操作的接口。
- 使用直连将提高数据库访问性能。
- SQL 攻击。
- PreparedStatement 是预编译语句。
- JDBC 的使用。

【单元自测】

1. 以下哪个接口是经过预编译的？（　　）
   A. ResultSet   B. DriverManager
   C. PreparedStatement   D. Statement
2. 在 JDBC 中，哪个类用来存放记录集？（　　）
   A. HashSet   B. CallableStatement
   C. ResultSet   D. Statement
3. rs.next()返回(　　)，代表记录集中有更多数据。
   A. true   B. 1   C. false   D. 0
4. 下列 JDBC 直连方式中，正确连接字符串的是(　　)。
   A. jdbc:mysql://localhost:3306   B. jdbc:mysql://localhost:1433
   C. mysql:jdbc://localhost:1433   D. microsoft:jdbc:mysql://localhost:1433
5. 下列写法正确的是(　　)。
   A. PreparedStatement pstme=con.prepareStatement("insert into EMP
      (EMPNO,ENAME)values(?,?)");
      Pstmt.setInt(1,7);
      Pstmt.setStrinPg(2, "Admin");
   B. PreparedStatement pstme=con.prepareStatement("insert into EMP
      (EMPNO,ENAME)values(?,?)");
      Pstmt.setInt(1, "7");
      Pstmt.setString(2, "Admin");

C. Statement stmt=con.createStatement("insert into EMP(EMPNO,ENAME)values(7, "Adnmin"));
D. PreparedStatement stmtl=con.prepareStatement("insert into EMP(EMPNO, ENAME)values(7, "Amin"));

【上机实战】

上机目标

- 使用直连编写简单的数据库应用程序
- 对 JDBC 数据库程序进行优化

上机练习

◆ 第一阶段 ◆

练习1：实现登录功能

【问题描述】
参考理论部分的注册功能的实现，尝试为其添加一个对应的登录功能。

【问题分析】
现在需要在原有的基础上添加一个实现登录的子模块，需要在主界面中添加内容，并且需要有一个子模块(方法)提供对应的操作。同时，由于登录需要查询数据库中对应的用户名或密码是否存在，所以还需要提供一个在数据库中查找并返回是否存在对应用户名或密码的功能子模块(方法)。

【参考步骤】
(1) 数据库代码参考理论部分提供的内容。
(2) 修改主界面内容。

```
//处理主界面的功能模块
    public static void show_main(){
        int num;
        Scanner scan = new Scanner(System.in);
        do{
            System.out.println("------------------------");
            System.out.println("1.登录");
            System.out.println("2.注册");
            System.out.println("3.退出");
            System.out.println("------------------------");
```

```java
            System.out.print("请选择(1~3):");
        num = scan.nextInt();
        //1. 显示登录子界面；2. 显示注册子界面
        switch(num){
        case 1:
            //1. 显示登录子界面
            login();
            break;
        case 2:
            //2. 显示注册子界面
            register();
            break;
        case 3:
            //3. 准备退出
            System.out.println("Bye!");
            break;
        default:
            //其他情形
            System.out.println("请输入 1 到 3 之间的数据！");
        }
    }while(num != 3);
}
```

(3) 添加登录子功能模块。

```java
//处理登录界面的功能模块
    public static void login(){
        String username,userpwd;
        char ch;
        int i;

        Scanner scan = new Scanner(System.in);
        do{
            System.out.println("------------------------");
            System.out.println("进入登录：");
            System.out.print("请输入用户名：");
            username = scan.next();
            System.out.print("\n 请输入密码：");
            userpwd = scan.next();
            //统一的数据
            if(checkDB(username,userpwd)){
                System.out.println("登录成功！");
            }else{
                System.out.println("用户名或密码有误！");
            }
            System.out.println("是否继续 (Y/N) :");
            ch = scan.next().charAt(0);
            System.out.println("------------------------");
```

```
        }while(ch != 'n' && ch != 'N');
    }
```

(4) 添加用于操作数据库的功能子模块。

```
//查询数据库，返回是否存在对应的用户名和密码
    public static boolean checkDB(String username,String userpwd){
        boolean flag = false;
        Connection con = null;
        Statement s = null;
        ResultSet rs = null;
        try {
            Class.forName("com.mysql.jdbc.Driver");
            con = DriverManager.getConnection(
                    "jdbc:mysql://localhost:3306/hopeful",
                    "root","root");
            s = con.createStatement();
            rs = s.executeQuery("select uid from users where username='"
                    +username+"' and userpwd ='"+userpwd+"'");
            if(rs.next()){
                flag = true;
            }
        } catch (Exception e) {
            e.printStackTrace();
        } finally{
            try {
                if(rs != null){
                    rs.close();
                }
                if(s != null){
                    s.close();
                }
                if(con != null){
                    con.close();
                }
            } catch (SQLException e) {
                e.printStackTrace();
            }
        }
        return flag;
    }
```

这样就可以实现登录功能模块了。

◆ 第二阶段 ◆

练习2：完善注册功能

运行现有内容时各位会发现一个问题，如果我们多次注册一个用户，程序是允许的，而且是存入数据库的；这存在一个问题，一个用户名可能对应多个密码，这与现实是不相符的。所以我们需要改进现有的程序代码，希望程序在注册时考虑到这一点，如果存在重复的用户名，就提示用户名存在，然后提示用户可以重新输入对应的内容。

【拓展作业】

实现某学院的职员管理系统，功能包括如下几项。
- 添加新职员。
- 更新职员信息(如更新联系方式、住址等)。
- 辞退职员(删除其信息)。
- 按照职员姓名查找职员。
- 按照职员编号查找职员。
- 更换职员岗位。

请设计数据库，通过 Java 三层架构实现这些功能，并提供功能菜单。

 提示

可创建职员信息表(编号、姓名、地址、联系方式、出生日期、岗位等)、岗位表(编号、岗位名称)。

单元十二

JDBC 高级知识

 课程目标

- ▶ 掌握 java.sql.Connection 的用法
- ▶ 掌握 java.sql.Statement 的用法
- ▶ 掌握 java.sql.ResultSet 的用法

 简 介

本单元将带领大家学习在JDBC中经常用到的可提高操作性能的PreparedStatement对象以及可操作存储过程的CallableStatement对象等。

12.1 带参数的 PreparedStatement

PreparedStatement 继承 Statement，它们均可以包含一条 SQL 语句，并且发送给 DBMS 执行。表面看来，与 Statement 对象不同的是，PreparedStatement 对象的主要特性是创建时就指定 SQL 语句。

```
Statement stmt = conn.createStatement();
stmt.executeQuery(String sql);
PreparedStatement pstm = conn.prepareStatment(String sql);
pstm.executeQuery();
```

这看起来并没有太多不同之处，但其实不然，我们先来了解一下数据库是如何处理SQL 语句的。

当数据库接收到一个语句时，数据库引擎首先解析该语句，分析是否存在语法错误；其次进行语义分析，检查语句中涉及的所有数据库对象是否存在，且用户是否有相应的权限。如果没有错误，数据库将编译该 SQL 语句，并进行优化，计算出如何高效地执行该语句。一旦得出执行策略，就由数据库引擎执行该语句，最后把执行结果反馈给用户。虽然数据库厂商对各自的数据库做了最大限度的优化，但可以想象这的确是一个开销很大的工作。

于是，我们考虑如何使数据库操作变得更高效呢？显然，如果一条语句执行一次后，数据库就记录下该语句的执行策略，那么以后执行相同语句时，就可以省去上面的种种麻烦了。来看看 Statement 和 PreparedStatement 是怎么做的。

Statement 发送给 DBMS 的每一条语句都会重新编译，而 PreparedStatment 对象代表一个预编译的动态语句。某条 SQL 语句第一次被 DBMS 编译后，存放在 DBMS 的命令缓冲区内，以后再执行这条语句时，无须重新编译，所以效率更高，更重要的是，它可以防止 SQL 注入。

这里有必要讲清楚，在某条 SQL 语句执行的次数很少时，其实 Statement 的效率比 PreparedStatement 还高，原因在于 DBMS 预编译耗费时间比直接编译要高一些。而对于企业级应用来说，大部分语句均会被重复执行很多次(新浪网每天就有 3 亿的页面访问量)，所以这种情况下有必要采用 PreparedStatement 而舍弃 Statement。

那么如何通过使用 PreparedStatement 提高性能呢？要做到以下两点。

- 多条 SQL 语句具有一致的语法结构及可变的参数值。例如，insert into employ values (?,?,?)，通过循环将三个问号替换为具体值而执行。

- 将数据库 Connection 的自动提交模式设为 false(事务)。

先来看看 PreparedStatement 是如何携带参数来执行的，如示例 12.1 所示。

示例 12.1：

```java
package com.hopeful.lesson12.pre;

import java.sql.Connection;
import java.sql.DriverManager;
import java.sql.PreparedStatement;
import java.sql.ResultSet;
import java.sql.SQLException;
/**
 * 带参数的 PreparedStatement
 * @author hopeful
 *
 */
public class PreDemo {
    private Connection conn;
    private PreparedStatement pstm;
    private ResultSet rs ;
    //获得连接
    public Connection getConn(){
        //驱动位置
        String driver = "com.mysql.jdbc.Driver";
        //连接 URL
        String url= "jdbc:mysql://localhost:3306/hopeful";
        //用户名
        String user= "root";
        //密码
        String password = "root";
        try {
            //使用反射装载驱动(记住怎么写就行)，交由驱动管理器(DriverManager)管理
            Class.forName(driver);
            //从驱动管理器中获得合适的连接
            conn = DriverManager.getConnection
                    (url,user,password);
        }catch (ClassNotFoundException e) {
            e.printStackTrace();
        }catch(SQLException e){
            e.printStackTrace();
        }
        return conn;
    }
    //插入新雇员，所有雇员存放在 List 中
    public void insertNewEmp(Employee emp){
        //获得连接
```

```java
            this.getConn();
            //sql 语句，由于 e_id 列是标识列，只需要 3 个变量就够了
            String sql = "insert into employ values(?,?,?)";
            try {
                pstm = conn.prepareStatement(sql);
                //按照数据库次序设置 3 个参数：姓名、地址、年龄
                pstm.setString(1, emp.getE_name());
                pstm.setString(2, emp.getE_addr());
                pstm.setInt(3, emp.getE_age());
                //执行
                pstm.executeUpdate();
            } catch (SQLException e) {
                e.printStackTrace();
            }finally{
                try {
                    //依次关闭结果集、语句、连接
                    if(rs!=null){rs.close();}
                    if(pstm!=null){pstm.close();}
                    if(conn!=null){conn.close();}
                } catch (SQLException e) {
                    e.printStackTrace();
                }
            }
        }
        public static void main(String[] args) {
            PreDemo demo = new PreDemo();
            Employee emp = new Employee("张三","武汉",21);
            demo.insertNewEmp(emp);
        }
}
package com.hopeful.lesson12.pre;
/**
 * 雇员类
 * @author hopeful
 *
 */
public class Employee {
    private int e_id;
    private String e_name;
    private String e_addr;
    private int e_age;
    public Employee(){

    }
    public Employee(String e_name, String e_addr, int e_age) {
        this.e_name = e_name;
        this.e_addr = e_addr;
```

```
            this.e_age = e_age;
        }
        public Employee(int e_id, String e_name, String e_addr, int e_age)
        {
            this.e_id = e_id;
            this.e_name = e_name;
            this.e_addr = e_addr;
            this.e_age = e_age;
        }
        //……对应4个属性的getter()和setter()方法
}
```

示例中定义了方法 insertNewEmp(Employee emp)，用于将一个 Employee(雇员)对象插入数据库中。注意示例中的**斜体**部分，该部分使用带参数的预备语句(insert into employ values(?,?,?))，这 3 个问号的值是可以改动的，针对不同的 Employee 对象，使用 pstm.setXXX(第几个问号,值)来完善 SQL 语句，如本例中的 pstm.setInt(3,emp.getE_age)。最终在 main()方法中进行了测试。

如果使用 Statement 改写该例，那么需要拼接字符串，如示例 12.2 所示。

示例 12.2：

```java
package com.hopeful.lesson12.pre;

import java.sql.Connection;
import java.sql.DriverManager;
import java.sql.ResultSet;
import java.sql.SQLException;
import java.sql.Statement;
/**
 * 带参数的 PreparedStatement
 * @author hopeful
 *
 */
public class StmtDemo {
    private Connection conn;
    private Statement stmt;
    private ResultSet rs ;
    //获得连接
    public Connection getConn(){
        //同示例 12.1
    }
    //插入新雇员，所有雇员存放在 List 中
    public void insertNewEmp(Employee emp){
        //获得连接
        this.getConn();
        String sql = "insert into employ values('"+emp.getE_name()
            +"','"+emp.getE_addr()+"','"+emp.getE_age()+"')";
```

```java
            try {
                stmt = conn.createStatement();
                stmt.executeUpdate(sql);
            } catch (SQLException e) {
                e.printStackTrace();
            }finally{
                try {
                    //依次关闭结果集、语句、连接
                    if(rs!=null){rs.close();}
                    if(stmt!=null){stmt.close();}
                    if(conn!=null){conn.close();}
                } catch (SQLException e) {
                    e.printStackTrace();
                }
            }
        }
        public static void main(String[] args) {
            StmtDemo demo = new StmtDemo();
            Employee emp = new Employee("张三","武汉",21);
            demo.insertNewEmp(emp);
        }
    }
```

可以看到，在Statement中，由于String sql 的定义采用字符串拼接方式，导致可读性极差，而且容易出错。

12.2 事务处理

默认情况下，当我们获得一个连接(conn)时，这个连接是自动提交的(默认就是自动提交的)，也就是说，我们执行的每一条语句，均当作一个完整事务被执行，每个Statement.execute() 方法调用都如同由一条 BEGIN TRANSACTION 命令开始，并由一条 COMMIT 命令结束。可通过 Connection 的 getAutoCommit()来查看当前的自动提交状态。

```
System.out.println("autoCommit:"+conn.getAutoCommit());
```

某些情况下，我们可能遇到以下情况，假如我们执行两条更新语句：

```
----转账
update card set balance = balance +1000 where card_id = 10001----对卡号为 10001 的加上 1000 元
update card set balance = balance -1000 where card_id = 10000----对卡号为 10000 的减去 1000 元
```

如果我们在处理这种情况时，不把这两句话放在一个事务里面，那么可能导致第一条语句执行成功，而第二条语句执行失败，导致数据不一致，所以此时有必要开启事务，手工提交。

JDBC 通过 Connection 对象的 setAutoCommit(boolean b)方法来设置是否开启事务，使用 commit()方法来提交事务，使用 rollback()方法来回滚事务。代码如下。

```java
//转账
public void transfer(){
    //获得连接
    this.getConn();
    String sql1 =
            "update card set balance=balance+? where card_id = ?";
    String sql2 =
            "update card set balance=balance-? where card_id = ?";

    try {
        //开启事务
        conn.setAutoCommit(false);
        pstm = conn.prepareStatement(sql1);
        pstm.setInt(1,1000);
        pstm.setString(2, "10000");
        pstm.executeUpdate();
        pstm = conn.prepareStatement(sql2);
        pstm.setInt(1,1000);
        pstm.setString(2, "10001");
        pstm.executeUpdate();
        //手工提交
        conn.commit();

    } catch (SQLException e) {
        //出现异常，回滚事务
        try {
            conn.rollback();
        } catch (SQLException e1) {
            e1.printStackTrace();
        }
        e.printStackTrace();
    }finally{
        try {
            //依次关闭结果集、语句、连接
            if(rs!=null){rs.close();}
            if(pstm!=null){pstm.close();}
            if(conn!=null){conn.close();}
        } catch (SQLException e) {
            e.printStackTrace();
        }
    }
}
```

12.3 批处理

从 JDBC API 2.2 开始，提供了对批处理更新(batch update)的支持。这个特性使我们可在一次数据库请求中执行多个更新语句(INSERT、UPDATE 或 DELETE)。在存在大量更新语句的情况下，采用批处理可显著提高系统性能。

使用批处理时，可使用 PreparedStatement 提供的 addBatch()方法将本条语句加入队列，所有预备语句加入完毕后，使用 executeBatch()方法一次执行这些语句，减少了数据库服务器的负担。

批处理更新语句执行后，返回每条语句的执行结果，由于是更新语句，返回 int 值，所以多条语句将返回一个 int 数组。

需要注意，由于批处理往往代表一个完整操作，所以必须使用事务。示例 12.3 演示了如何使用批处理结合事务，根据员工列表(List)向数据库插入多条数据。

示例 12.3：

```java
//插入新雇员，所有雇员存放在 List 中
public void insertNewEmp(List<Employee> empList){
    //获得连接
    this.getConn();
    try {
        //开启事务
        conn.setAutoCommit(false);
        //创建一个基于该连接的语句对象
        pstm = conn.prepareStatement(
                "insert into employ values(?,?,?)");
        //对列表进行迭代
        Iterator<Employee> it = empList.iterator();
        while(it.hasNext()){
            //迭代出 Employee 对象
            Employee emp = it.next();
            //语句是一样的，只是参数发生了变化
            pstm.setString(1,emp.getE_name() );
            pstm.setString(2, emp.getE_addr());
            pstm.setInt(3,emp.getE_age());
            //加入批处理
            pstm.addBatch();
        }
        //执行批处理
        int [] counts = pstm.executeBatch();
        //提交事务
        conn.commit();
    } catch (SQLException e) {
        try {
            conn.rollback();
```

```
                    } catch (SQLException e1) {
                        e1.printStackTrace();
                    }
                    e.printStackTrace();
                }finally{
                    try {
                        //依次关闭结果集、语句、连接
                        if(rs!=null){rs.close();}
                        if(pstm!=null){pstm.close();}
                        if(conn!=null){conn.close();}
                    } catch (SQLException e) {
                        e.printStackTrace();
                    }
                }
            }
```

实际应用中，这种情况一般用在批量更新、批量删除，偶尔也用于批量插入。

12.4 调用存储过程

之前提到了 3 种 Statement，即普通的 Statement、预编译的 PreparedStatement 及能调用存储过程的 CallableStatement，它们 3 个是父、子、孙的关系。下面来看看 CallableStatement 是如何调用存储过程的。

建立连接后，可通过 Connection 的 prepareCall(String sql)方法获得一个 CallableStatement 对象，与 Statement 一样，也需要传递一个 SQL 语句作为参数。调用存储过程的格式为：{call procedure-name(?,?,?……)}，其中 procedure-name 代表数据库保存的存储过程名，问号代表调用该存储过程时传递的参数。如：

```
CallableStatement cstmt = conn.prepareCall("call doadd(?,?,?)");
```

我们知道存储过程可接受输入参数，也可向外返回值，不管是 IN 参数还是 OUT 参数，均放在存储过程的括号内。在数据库中，由"output"指定 OUT 参数。不过在 JDBC 中，IN 参数值是使用从 PreparedStatement 继承的 setXXX(position,value)方法设置的。在执行存储过程前，必须通过 registerOutParameter(int position, int sqlType)方法注册所有 OUT 参数的类型，最终返回的值通过 getXXX(position)取出。代码如示例 12.4 所示。

示例 12.4：

```
--创建存储过程
create procedure doAdd(@x int ,@y int ,@z int output )
as
  set @z = @x + @y
go
--调用存储过程
declare @z int
```

```
exec doAdd 1,2,@z output
print 'result is ' + convert(varchar(5),@z)
```

```java
package com.hopeful.lesson12.pre;

import java.sql.CallableStatement;
import java.sql.Connection;
import java.sql.DriverManager;
import java.sql.ResultSet;
import java.sql.SQLException;
import java.sql.Types;

public class ProcedureDemo {
    private Connection conn;
    //声明对象
    private CallableStatement cstmt;
    private ResultSet rs;

    // 获得连接
    public Connection getConn() {
    //同示例 12.1
    }

    // 调用存储过程
    public void callProc() {
        //获得连接
        this.getConn();
        //存储过程调用方式
        String callSql = "{call doAdd(?,?,?)}";
        int x = 10, y = 20, z;
        try {
            //创建 CallableStatement 对象
            cstmt = conn.prepareCall(callSql);
            //设置前两个问号的值，类型要与数据库内的定义兼容
            cstmt.setInt(1, x);
            cstmt.setInt(2, y);
            //指定第三个问号为输出参数，并指定类型为整数
            cstmt.registerOutParameter(3, Types.INTEGER);
            //执行
            cstmt.execute();
            //获得最终结果
            z = cstmt.getInt(3);
            System.out.println(x + " + " + y + " = " + z);
        } catch (SQLException e) {
            e.printStackTrace();
        } finally {
            try {
                // 依次关闭结果集、语句、连接
```

```
                    if (rs != null) {
                        rs.close();
                    }
                    if (cstmt != null) {
                        cstmt.close();
                    }
                    if (conn != null) {
                        conn.close();
                    }
                } catch (SQLException e) {
                    e.printStackTrace();
                }
            }
        }
        public static void main(String[] args) {
            ProcedureDemo demo = new ProcedureDemo();
            demo.callProc();
        }
    }
```

程序运行后最终结果为30,其中Types类位于java.sql包内,定义了所有SQL类型(JDBC类型)。

12.5 使用 properties 文件

此前的示例中,我们一直在使用如下方式创建连接。

```
private Connection conn;
private PreparedStatement pstm;
private ResultSet rs ;
//获得连接
public Connection getConn(){
    //驱动位置
    String driver = "com.mysql.jdbc.Driver";
    //连接 URL
    String url= "jdbc:mysql://localhost:3306/hopeful";
    //用户名
    String user= "root";
    //密码
    String password = "root";
    try {
        Class.forName(driver);
        //从驱动管理器中获得合适的连接
        conn=DriverManager.getConnection(url,user,password);
    } catch (ClassNotFoundException e) {
        e.printStackTrace();
```

```
        }catch(SQLException e){
            e.printStackTrace();
        }
        return conn;
    }
```

可将这个方法放在一个单独的类中，专门用于提供连接支持。不过，对于大型开发来说，仍然不是很方便。例如，某些时候我们需要对用户名和密码进行调整，或者开发时所使用的环境和实际环境有出入，那么也需要改动类文件中的 driver、url 等字符串，而有时我们发布的是整个 jar 包，所以这会导致重新编译类文件及重新发布 jar 包，带来很多问题。那么该如何使这些动态字符串脱离类而存在，根据实际需求随意改动而不用重新编译呢？办法就是采用属性文件。

目前限于知识的原因，我们只能采取比较原始的属性文件，即用 Properties 属性集来保存数据库配置文件。在后续的学习过程中，会封装更完善的属性文件配置。

Properties 类位于 java.util 包下，继承 HashTable 类，它提供了属性集的读取，其中属性集是指属性名、属性值的组合字符串集合(key-value 对)。

可以定义如下的属性文件。

```
#jdbc 连接信息文件：jdbcInfo.properties
jdbc.driver=com.mysql.jdbc.Driver
jdbc.url= jdbc:mysql://localhost:3306/hopeful
jdbc.username=root
jdbc.password=root
```

注意，在此使用#代表注释，并起名为 jdbcInfo.properties(文件名、后缀名随意，只需要在内部存放格式规范的文本内容即可)，然后将文件放在工程根目录。随后使用 Properties 类并结合 Java IO，根据 key 找到相应的 value。代码如示例 12.5 所示。

示例 12.5：

```java
package com.hopeful.lesson12.properties;

import java.io.FileInputStream;
import java.sql.Connection;
import java.sql.DriverManager;
import java.util.Properties;

/**
 * 提供连接
 * @author hopeful
 *
 */
public class DBHelper {
    //属性字符串
    private String driver;
    private String url;
```

```java
    private String username;
    private String password;

    private Connection conn;
    //默认构造方法
    public DBHelper() throws Exception{
        //创建属性集对象
        Properties props = new Properties();
        //载入输入流，读取文件
        props.load(DBHelper.class.getResourceAsStream ("jdbcInfo.properties"));
        driver = props.getProperty("jdbc.driver");
        url = props.getProperty("jdbc.url");
        username = props.getProperty("jdbc.username");
        password = props.getProperty("jdbc.password");
    }
    //提供连接
    public Connection getConn(){
        try {
            Class.forName(driver);
            conn=DriverManager.getConnection(url,username,password);
        } catch (Exception e) {
            e.printStackTrace();
        }
        return conn;
    }
    //测试
    public static void main(String[] args) throws Exception {
        DBHelper dbHelper = new DBHelper();
        dbHelper.conn = dbHelper.getConn();
        System.out.println(dbHelper.driver);
        System.out.println(dbHelper.url);
        System.out.println(dbHelper.username);
        System.out.println(dbHelper.password);
        //连接是否关闭
        System.out.println(dbHelper.conn.isClosed());
        dbHelper.conn.close();
    }
}
```

上例在构造方法中创建 Properties 对象，载入输入流，进而使用 getProperty(String key) 方法获取了各个属性值；在 getConn()方法中，通过各个属性值创建了连接。这样，就将配置信息与代码分开了。其他类在获取连接时，只需要创建 DBHelper 类对象，并调用 getConn() 方法即可。

【单元小结】

- PreparedStatement 是预编译的语句。
- CallableStatement 与 PreparedStatement 的关系。
- CallableStatement 输入参数及输出参数的使用。

【单元自测】

1. 使用 Connection 的(　　)方法可建立一个 PreparedStatement 接口。
   A. createPrepareStatement()　　　　B. prepareStatement()
   C. createPreparedStatement()　　　　D. preparedStatement()
2. 在 JDBC 中可调用数据库的存储过程的接口是(　　)。
   A. Statement　　　　　　　　　　B. PreparedStatement
   C. CallableStatement　　　　　　D. PrepareStatement
3. 下面的描述正确的是(　　)。
   A. PreparedStatement 继承自 Statement
   B. Statement 继承自 PreparedStatement
   C. ResultSet 继承自 Statement
   D. CallableStatement 继承自 PreparedStatement
4. 下面的描述错误的是(　　)。
   A. Statement 的 executeQuery()方法会返回一个结果集
   B. Statement 的 executeUpdate()方法会返回是否更新成功的 boolean 值
   C. 使用 ResultSet 中的 getString()方法可获得一个对应于数据库中 char 类型的值
   D. ResultSet 中的 next()方法会使结果集中的下一行成为当前行
5. 在 JDBC 中使用事务,想要回滚事务的方法是(　　)。
   A. Connection 的 commit()　　　　B. Connection 的 setAutoCommit()
   C. Connection 的 rollback()　　　　D. Connection 的 close()

【上机实战】

上机目标

- 使用 PreparedStatement 进行编程
- 使用 CallableStatement 进行编程

上机练习

◆ 第一阶段 ◆

练习1：添加通讯录信息

【问题描述】

在一个通讯录中添加对应的信息。

【问题分析】

现在有个通讯录小程序，希望将每次用户输入的数据放入数据库保存，按照之前涉及的知识点，我们知道现在可以使用 Properties 文件存放需要的链接信息，而且可以使用 PreparedStatement 对象处理 SQL 语句中的参数问题，而不再像之前去拼接字符串。

数据库如下。

```sql
--如果用户分组表存在即删除
if exists(select * from sys.objects where [name]='usergroup')
    drop table usergroup
go

--创建用户分组表
create table usergroup
(
    gid int identity primary key,
    groupname varchar(50)
)
go
--如果通讯录信息表存在即删除
if exists(select * from sys.objects where [name]='addressbook')
    drop table addressbook
go

--创建通讯录信息表
create table addressbook
(
    abid int identity primary key,
    groupid int references usergroup(gid),
    realname varchar(50),
    phone varchar(11),
    birthday datetime,
    address varchar(200),
    usersex varchar(4),
    remarks varchar(2000)
)
go
```

【参考步骤】

(1) 构建 Properties 文件 jdbc.properties。

```
driver=com.mysql.jdbc.Driver
conStr=jdbc\:mysql\://localhost\:3306\/hopeful
username=sa
userpwd=hopeful
```

(2) 创建用户处理链接的 DBHelper。

```java
package com.hopeful.db;

import java.io.InputStream;
import java.sql.Connection;
import java.sql.DriverManager;
import java.util.Properties;

public class DBHelper {
    private static String driver;
    private static String conStr;
    private static String username;
    private static String userpwd;

    /*
     * 初始化信息，将属性文件中的数据提取出来放入 4 个属性中
     */
    private static void init() throws Exception{
        Properties p = new Properties();
        InputStream is = DBHelper.class.getResourceAsStream("/jdbc.properties");
        p.load(is);
        driver = p.getProperty("driver");
        conStr = p.getProperty("conStr");
        username = p.getProperty("username");
        userpwd = p.getProperty("userpwd");
    }

    /*
     * 根据从属性文件获得的 4 个属性生成需要的 SQL 的连接对象
     */
    public static Connection getConn() throws Exception{
        init();
        Class.forName(driver);
        return DriverManager.getConnection(conStr,username,userpwd);
    }
}
```

(3) 专门为 AddressBook 创建对应的 Entity 和 DAO，用于将可能的操作分开，以提高重用性。

```java
package com.hopeful.entity;

public class AddressBook {
    private int abid;
    private int groupid;
    private String realname;
    private String phone;
    private String birthday;
    private String address;
    private String usersex;
    private String remarks;

    /*省略 getter()和 setter()方法*/
}
```

AddressBookDAO：

```java
package com.hopeful.dao;

import java.sql.Connection;
import java.sql.PreparedStatement;
import java.sql.SQLException;
import com.hopeful.db.DBHelper;

public class AddressBookDAO {
    public int updateAddressBook(String sql){
        Connection con = null;
        PreparedStatement ps = null;

        int num = 0;
        try {
            con = DBHelper.getConn();
            ps = con.prepareStatement(sql);
            num = ps.executeUpdate();
        } catch (Exception e) {
            System.out.println(e);
        } finally{
            try {
                if(ps != null){
                    ps.close();
                }
                if(con != null){
                    con.close();
                }
            } catch (SQLException e) {
                e.printStackTrace();
            }
        }
```

```
            return num;
        }
    }
```

(4) 其实这时还在拼接字符串，没有发挥 PreparedStatement 的特点。我们应该传入参数并加以处理。

```
public int updateAddressBook(String sql,Map<Integer,Object> psparam){
    Connection con = null;
    PreparedStatement ps = null;

    int num = 0;
    int i = 1;
    try {
        con = DBHelper.getConn();
        ps = con.prepareStatement(sql);
        for (Integer index : psparam.keySet()) {
            ps.setObject(index, psparam.get(index));
        }
        num = ps.executeUpdate();
    } catch (Exception e) {
        System.out.println(e);
    } finally{
        try {
            if(ps != null){
                ps.close();
            }
            if(con != null){
                con.close();
            }
        } catch (SQLException e) {
            e.printStackTrace();
        }
    }
    return num;
}
```

(5) 看一看如下的测试代码。

```
public static void main(String[] args){
    AddressBook ab = new AddressBook();
    ab.setGroupid(1);
    ab.setRealname("张三");
    ab.setPhone("13007188949");
    ab.setBirthday("1988-2-13");
    ab.setAddress("湖北省武汉市武昌区千家街2号");
    ab.setUsersex("男");
    ab.setRemarks("无");
    AddressBookDAO abd = new AddressBookDAO();
```

```
        Map<Integer,Object> map = new HashMap<Integer,Object>();
        map.put(1, ab.getGroupid());
        map.put(2, ab.getRealname());
        map.put(3, ab.getPhone());
        map.put(4, ab.getBirthday());
        map.put(5, ab.getAddress());
        map.put(6, ab.getUsersex());
        map.put(7, ab.getRemarks());

        String sql = "insert into addressbook" +
           "(groupid,realname,phone,birthday,address,usersex,remarks)"
           +" values(?,?,?,?,?,?,?)";
        abd.updateAddressBook(sql, map);
    }
```

◆ 第二阶段 ◆

练习 2：为通讯录系统添加登录、注册功能

【问题描述】

为通讯录添加用户注册及登录功能。

【问题分析】

在现有代码的基础上使用现有的 DBHelper 和框架结构，模仿之前的登录、注册功能的内容，为通讯录系统添加对应的功能。

【拓展作业】

为通讯录系统添加查询功能，要求如下。
- 在现有框架的基础上添加相应的功能。
- 能通过姓名查询。
- 实现按性别查询。
- 查询某天过生日的好友对应的信息。

单元十三

JDBC 应用实战

 课程目标

▶ 熟练掌握 JDBC 的使用

 **简 介**

本单元将引入一个例子来告诉大家在实际操作中应该如何处理 JDBC 的相关内容、引入 MVC 概念、使用配置文件以使数据库的链接信息独立出来等。此外,实现一个模拟邮箱收发系统的部分功能。

13.1 数据库部分

完成一个简单的邮件系统的数据库结构,如图 13-1 所示。

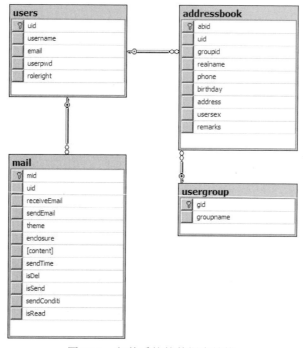

图 13-1 邮件系统的数据库结构

其中用户表存储用户的基本信息,如用户名、密码、邮箱等。用户分组存放通讯录中的人员,如家人、朋友等。通讯录表主要存放需要存储的好友信息,而邮件表主要存储邮件相关信息。

代码实现如下。

```
--为可能存在的 hopeful 数据库删除做准备,先使用 master 数据库
use master
go

--如果数据库 hopeful 存在即删除
if exists(select * from sys.databases where [name]='hopeful')
    drop database hopeful
```

```sql
go

--创建 hopeful 数据库
create database hopeful
go

--使用 hopeful 数据库
use hopeful
go

--如果用户信息表存在即删除
if exists(select * from sys.objects where [name]='users')
    drop table users
go

--创建用户信息表
create table users
(
    uid int identity primary key,           --编号
    username varchar(50),                   --用户名
    email varchar(100),                     --邮件地址
    userpwd varchar(50),                    --密码
    roleright int                           --权限  0 普通用户  1 管理员
)
go

--如果用户分组表存在即删除
if exists(select * from sys.objects where [name]='usergroup')
    drop table usergroup
go

--创建用户分组表
create table usergroup
(
    gid int identity primary key,
    groupname varchar(50)
)
go
--如果通讯录信息表存在即删除
if exists(select * from sys.objects where [name]='addressbook')
    drop table addressbook
go

--创建通讯录信息表
create table addressbook
(
    abid int identity primary key,          --编号
```

```
            groupid int references usergroup(gid),    --用户组 id
            realname varchar(50),                     --真实姓名
            phone varchar(11),                        --电话
            birthday datetime,                        --生日
            address varchar(200),                     --地址
            usersex varchar(4),                        性别
            remarks varchar(2000)                     --备注
)
go

--如果邮件信息表存在即删除
if exists(select * from sys.objects where [name]='mail')
        drop table mail
go

--创建邮件信息表
create table mail
(
        mid int identity primary key,
        uid int references users(uid),
        receiveEmail varchar(100),          --收件人地址
        sendEmail varchar(100),             --送件人地址
        theme varchar(100),                 --主题
          enclosure varchar(100),           --附件
        content varchar(100),               --邮件内容
          sendTime varchar(100),            --发送时间
         isDel int,                         --0 未删除 1 删除
         isSend int,                        --0 代表是收件 1 代表是送件
        sendConditi int,                    --0 代表发送失败 1 代表发送成功 2 代表存为草稿
         isRead int                         --0 代表未读 1 代表已读
)
go
```

13.2 逻辑实现

13.2.1 分析

  结合前面提及的内容，我们希望将现有的逻辑内容有效地组合以提高重用性，那么首先还是将数据库的链接部分通过 DBHelper 提取出来。通过之前很多代码的分析，我们会发现大多数数据库底层操作都很相似；有很多不同的处理方法，这里使用继承的处理方法。我们实现一个基础的父类，将所有基础的对于数据库的操作全部抽象到这个父类中，这样之后的其他需要这些操作的类全部继承父类，就直接拥有了对应的数据库操作。最后将前台界面的内容和后台数据库的操作通过一个结构层进行分离，就完成了对数据库操作的基

本分离，之后的处理中如果需要实现不同的内容，只需要替换其中的部分或者添加相应的内容即可。

13.2.2 分离数据库连接信息 DBHelper

代码如下：

```java
package com.hopeful.db;

import java.io.InputStream;
import java.sql.Connection;
import java.sql.DriverManager;
import java.util.Properties;

public class DBHelper {
    private static String driver;
    private static String conStr;
    private static String username;
    private static String userpwd;

    /*
     * 初始化信息，将属性文件中的数据提取出来，放入 4 个属性中
     */
    private static void init() throws Exception{
        Properties p = new Properties();
        InputStream is =
                DBHelper.class.getResourceAsStream("/jdbc.properties");
        p.load(is);
        driver = p.getProperty("driver");
        conStr = p.getProperty("conStr");
        username = p.getProperty("username");
        userpwd = p.getProperty("userpwd");
    }

    /*
     * 根据从属性文件获得的 4 个属性生成需要的 SQL 的连接对象
     */
    public static Connection getConn() throws Exception{
        init();
        Class.forName(driver);
        return DriverManager.getConnection(conStr,username,userpwd);
    }
}
```

13.2.3 提供基础操作的父类 BaseDAO

BaseDAO类主要是希望将各个DAO类可能使用的出现频率很高的操作抽象到父类中，这样一旦实现继承关系，每个子类都可直接使用这些方法。

```java
package com.hopeful.dao;

import java.sql.Connection;
import java.sql.PreparedStatement;
import java.sql.ResultSet;
import java.sql.ResultSetMetaData;
import java.sql.Statement;
import java.util.ArrayList;
import java.util.List;
import java.util.Map;

import com.hopeful.db.DBHelper;

public class BaseDAO {
    private Connection con;
    private Statement s;
    private PreparedStatement ps;
    private ResultSet rs;

    private Connection getConn() throws Exception{
        return DBHelper.getConn();
    }

    protected void close(){
        try {
            if(rs != null){
                rs.close();
            }
            if(s != null){
                s.close();
            }
            if(ps != null){
                ps.close();
            }
            if(con != null){
                con.close();
            }
        } catch (Exception e) {
            // TODO: handle exception
        }
    }
}
```

```java
protected int updateDBForPrepared(String sql,
                Map<Integer,Object> psparam){
    int num = 0;
    try {
        con = getConn();
        ps = con.prepareStatement(sql);
        for (Integer index : psparam.keySet()) {
            ps.setObject(index, psparam.get(index));
        }
        num = ps.executeUpdate();
    } catch (Exception e) {
        System.out.println(e);
    } finally{
        close();
    }
    return num;
}

protected List selectDBSetForPrepared(String sql, Map<Integer,Object> psparam){
    List list = new ArrayList();
    try {
        con = getConn();
        ps = con.prepareStatement(sql);
        for (Integer index : psparam.keySet()) {
            ps.setObject(index, psparam.get(index));
        }
        rs = ps.executeQuery();
        ResultSetMetaData rsmd = rs.getMetaData();
        int cols = rsmd.getColumnCount();
        while(rs.next()){
            List ls = new ArrayList();
            for (int i = 1; i <= cols; i++) {
                ls.add(rs.getObject(i));
            }

            list.add(ls);
        }
    } catch (Exception e) {
        System.out.println(e);
    } finally{
        close();
    }
    return list;
}
```

BaseDAO 类主要实现了两个方法，通过 PreparedStatement 对象将 SQL 语句中可能的参数通过设置方法 setXXX()动态放入。由于统一了使用的所有操作，为以后可能的连接池的使用创造了一定条件。

13.2.4 用于封装数据的 Mail 实体类

Mail 实体类主要封装整个操作中可能使用的与 Mail 相关的操作，希望在数据放入数据库之前就执行相关的简单类型的验证，并在相关操作中将原来普通的数据封装成某个 Mail 对象。

```
package com.hopeful.entity;

public class Mail {
    //主键
    private int mid;
    //与用户表的 uid 形成主外键关系
    private int uid;
    //收件人地址
    private String receiveEmail;
    //送件人地址
    private String sendEmail;
    //主题
    private String theme;
    //附件
    private String enclosure;
    //邮件内容
    private String content;
    //发送时间
    private String sendTime;
    //0 未删除 1 删除
    private int isDel;
    //0 代表收件 1 代表送件
    private int isSend;
    //0 代表发送失败 1 代表发送成功 2 代表存为草稿
    private int sendConditi;
    //0 代表未读 1 代表已读
    private int isRead;

    /*对应的 getter()和 setter()方法*/
}
```

13.2.5 继承了 BaseDAO 的 MailDAO 类

MailDAO 类主要负责处理与 Mail 表相关的所有操作，希望将与 Mail 表相关的所有数据库操作封装在这层结构中。

```java
package com.hopeful.dao;

import java.util.ArrayList;
import java.util.HashMap;
import java.util.List;
import java.util.Map;

import com.hopeful.entity.Mail;

public class MailDAO extends BaseDAO{
    //将 mail 的内容添加到数据库
    public int inserMail(Mail mail){
        String sql = "insert into " +
            "mail(uid,receiveEmail,sendEmail,theme,enclosure,content, " +
                "sendTime,isDel,isSend,sendConditi,isRead) "
            +"values(?,?,?,?,?,?,?,?,?,?,?)";
        Map<Integer,Object> map = new HashMap<Integer,Object>();
        map.put(1, mail.getUid());
        map.put(2, mail.getReceiveEmail());
        map.put(3, mail.getSendEmail());
        map.put(4, mail.getTheme());
        map.put(5, mail.getEnclosure());
        map.put(6, mail.getContent());
        if(mail.getSendTime().length() == 0){
            map.put(7, "getdate()");
        }else{
            map.put(7, mail.getSendTime());
        }
        map.put(8, mail.getIsDel());
        map.put(9, mail.getIsSend());
        map.put(10, mail.getSendConditi());
        map.put(11, mail.getIsRead());

        return updateDBForPrepared(sql, map);
    }

    //列出对应 uid 用户的所有收件箱邮件
    public List<Mail> getMailByUid(int uid){
        String sql = "select * from mail where uid = ?";
        Map<Integer,Object> map = new HashMap<Integer,Object>();
        map.put(1, uid);
        List list = selectDBSetForPrepared(sql, map);
        return getMailFromList(list);
    }

    private List<Mail> getMailFromList(List list){
        List<Mail> _list = new ArrayList<Mail>();
```

```java
            for (Object obj : list) {
                ArrayList al = (ArrayList)obj;
                Mail m = new Mail();
                m.setMid(Integer.parseInt(al.get(0).toString()));
                m.setUid(Integer.parseInt(al.get(1).toString()));
                m.setReceiveEmail(al.get(2).toString());
                m.setSendEmail(al.get(3).toString());
                m.setTheme(al.get(4).toString());
                m.setEnclosure(al.get(5).toString());
                m.setContent(al.get(6).toString());
                m.setSendTime(al.get(7).toString());
                m.setIsDel(Integer.parseInt(al.get(8).toString()));
                m.setIsSend(Integer.parseInt(al.get(9).toString()));
                m.setSendConditi(Integer.parseInt(al.get(10).toString()));
                m.setIsRead(Integer.parseInt(al.get(11).toString()));
                _list.add(m);
            }
            return _list;
        }
    }
```

这个类由公开方法(公有方法)getMailByUid()、inserMail()和封装方法(私有方法)getMailFromList()组成。其中私有方法主要用于将后台封装的公共的无范型集合转换成对应的 Mail 的有范型集合，而其他两个公有方法主要完成根据 uid 查询所有邮件和向 mail 表中插入邮件数据的功能。

13.2.6　继承了 BaseDAO 的 UsersDAO 类

UsersDAO 类主要负责处理与 Users 表相关的所有操作，希望将所有和 Users 表相关的数据库操作封装在这层结构中。由于在发送邮件时需要验证邮箱是否存在，所以这里需要用到 UsersDAO 类中的一个验证方法。

```java
package com.hopeful.dao;

import java.util.ArrayList;
import java.util.HashMap;
import java.util.List;
import java.util.Map;

public class UsersDAO extends BaseDAO{
    //通过用户的 mail 判断是否存在该用户。如果存在，返回该用户的 uid，否则返回-1
    public int check(String email){
        String sql = "select * from users where email=?";
        Map<Integer,Object> map = new HashMap<Integer,Object>();
        map.put(1, email);
        List list = selectDBSetForPrepared(sql, map);
```

```java
            if(list.size() == 0){
                return -1;
            }else{
                return Integer.parseInt(((ArrayList)list.get(0)).get(0).toString());
            }
        }

        /*与 users 表相关的其他操作*/
}
```

13.2.7 给显示层的 MailService 类提供数据

MailService 类主要为显示层准备数据，在得到显示层的信息后通过后台的 DAO 类完成相应的操作，并返回显示层可能需要的数据。

```java
package com.hopeful.service;

import java.util.ArrayList;
import java.util.List;

import com.hopeful.dao.MailDAO;
import com.hopeful.dao.UsersDAO;
import com.hopeful.entity.Mail;

public class MailService {
    private MailDAO md = new MailDAO();
    private UsersDAO ud = new UsersDAO();

    //得到与 uid 用户相关的所有邮件
    public List<List<Mail>> getAllMail(int uid){
        //从 MailDAO 返回与 uid 相关的所有邮件
        List<Mail> list = md.getMailByUid(uid);
        //准备返回存放所有邮件的集合
        List<List<Mail>> _list = new ArrayList<List<Mail>>();
        //收件箱
        List<Mail> _inbox = new ArrayList<Mail>();
        //发件箱
        List<Mail> _outbox = new ArrayList<Mail>();
        //已删除邮件
        List<Mail> _isdel = new ArrayList<Mail>();
        //草稿箱
        List<Mail> _roughpad = new ArrayList<Mail>();

        for (Mail mail : list) {
            if(mail.getIsDel() == 0){
                //未删除
```

```java
                    if(mail.getIsSend() == 0){
                        //收件箱
                        _inbox.add(mail);
                    }else{
                        //送件
                        if(mail.getSendConditi() == 2){
                            //草稿箱
                            _roughpad.add(mail);
                        }else{
                            //发件箱
                            _outbox.add(mail);
                        }
                    }
                }else{
                    //删除
                    _isdel.add(mail);
                }
            }

        _list.add(_inbox);
        _list.add(_outbox);
        _list.add(_isdel);
        _list.add(_roughpad);

        return _list;
    }

    //发送邮件
    public boolean sendMail(Mail mail){
        //通过界面层传入的 mail 对象中的接收 email，查看是否存在该邮箱
        int _uid = ud.check(mail.getReceiveEmail());

        //如果不存在该邮箱，返回 false，通知界面层发送失败
        if(_uid == -1){
            return false;
        }

        Mail _mail = new Mail();
        _mail.setUid(_uid);
        _mail.setReceiveEmail(mail.getSendEmail());
        _mail.setSendEmail(mail.getReceiveEmail());
        _mail.setTheme(mail.getTheme());
        _mail.setEnclosure(mail.getEnclosure());
        _mail.setContent(mail.getContent());
        _mail.setSendTime(mail.getSendTime());
        _mail.setIsDel(mail.getIsDel());
        _mail.setIsSend(0);
```

```
            _mail.setSendConditi(mail.getSendConditi());
            _mail.setIsRead(mail.getIsRead());

            md.inserMail(mail);
            md.inserMail(_mail);

            return true;
    }
}
```

MailService 类由于其中的发送邮件功能在发送前需要对接收用户的 email 进行验证并获得返回的 uid，所以其中也放置了一个私有的 UsersDAO 属性用来获取需要的操作。在验证完成后发送邮件和接收邮件，并最终通过调用 MailDAO 的对象操作完成相应的发送功能。

查询功能相对复杂些，因为需要将获得的数据分别放入不同的集合中供显示层使用，以此完成服务层的功能。

13.3 功能测试

13.3.1 测试发送邮件功能

生成对应的代码，测试发送邮件的功能。

```java
public static void main(String[] args) {
    MailService ms = new MailService();
    //设定登录的用户 uid 为 1
    List<List<Mail>> list = ms.getAllMail(1);
    //收件箱
    List<Mail> _inbox = list.get(0);
    //发件箱
    List<Mail> _outbox = list.get(1);
    //已删除邮件
    List<Mail> _isdel = list.get(2);
    //草稿箱
    List<Mail> _roughpad = list.get(3);

    System.out.println("收件箱：");
    for (Mail mail : _inbox) {
        System.out.println(mail.getMid()+" "+mail.getTheme()
            +" from:"+mail.getSendEmail());
    }

    System.out.println("发件箱：");
```

```java
            for (Mail mail : _outbox) {
                System.out.println(mail.getMid()+" "+mail.getTheme()
                    +" from:"+mail.getSendEmail());
            }

            System.out.println("草稿箱: ");
            for (Mail mail : _roughpad) {
                System.out.println(mail.getMid()+" "+mail.getTheme()
                    +" from:"+mail.getSendEmail());
            }

            System.out.println("删除邮件: ");
            for (Mail mail : _isdel) {
                System.out.println(mail.getMid()+" "+mail.getTheme()
                    +" from:"+mail.getSendEmail());
            }
        }
```

13.3.2 测试显示邮件功能

生成对应的代码，测试接收到登录用户的uid，返回对应用户的收件箱、发件箱、草稿箱以及删除邮件的信息。

```java
        public static void main(String[] args) {
            MailService ms = new MailService();
            Mail m = new Mail();
            m.setUid(1);
            m.setReceiveEmail("lisi@163.com");
            m.setSendEmail("zhangsan@163.com");
            m.setTheme("问候一声");
            m.setEnclosure("");
            m.setContent("最近可好？");
            m.setSendTime("2011-5-30");
            m.setIsDel(0);
            m.setIsSend(1);
            m.setSendConditi(1);
            m.setIsRead(1);

            System.out.println(ms.sendMail(m));
        }
```

经过测试，两个功能都可以正常运行，当然要想运行一个邮件系统，还需要完成其他很多功能，这里就不再一一描述了。如果大家感兴趣，可在现有框架上添加功能。通过操作就会发现，现有框架比我们原来直接将代码写在一起更便于扩展功能。

【单元自测】

1. JDBC 驱动程序的种类有( )种。
   A. 2　　　　　B. 3　　　　　C. 4　　　　　D. 5

2. 执行同构的 SQL，用( )；执行异构的 SQL 用( )；调用存储进程或函数用( )。
   A. CallableStatement　　　　B. Statement　　　　C. PreparedStatement

3. 接口 Statement 中定义的 execute()方法的返回类型是( )，含义是( )；executeQuery()方法返回的类型是( )；executeUpdate()返回的类型是( )，含义是( )。
   A. ResultSet　　　B. int　　　C. boolean
   D. 受影响的记录数量　　　　E. 有无 ResultSet 返回

4. JDBC 编程的异常类型分为( )。
   A. SQLException　　B. SQLError　　C. SQLWarning
   D. SQLFatal　　　　E. SQLTruncation

5. 如果要限制某个查询语句返回的最多的记录数，可通过调用 Statement 的方法( )来实现。
   A. setFetchSize()　　　B. setMaxFieldSize()　　　C. setMaxRows()

【上机实战】

上机目标

- 使用 JDBC 执行操作

上机练习

◆ 第一阶段 ◆

练习1：添加新学员

【问题描述】

某学院新生报到时要将学员信息插入数据库，学员信息包括编号、姓名、家庭地址、专业、宿舍等。请设计一个程序，实现对学员信息的添加。

【问题分析】

首先需要设计数据库，依照题目要求，可创建数据库 School，内有学员 Student 表，表的字段依照题目要求来设置。

然后选择数据库连接方式，我们选择直连。

使用Java实现面向对象程序设计

为便于操作数据库，我们尝试对 JDBC 进行简单封装。创建两个类：DBHelper 和 DBCommand。DBHelper 负责数据库的连接和关闭，DBCommand 负责更新、查询数据，并关闭结果集和语句资源。

【参考步骤】

(1) 创建数据库、表。

```sql
create database school
go
use school
go
create table student
(
    stu_id varchar(10) primary key,        --编号
    stu_name varchar(20) not null,         --姓名
    stu_addr varchar(100) ,                --地址
    stu_spec varchar(50) ,                 --专业
    stu_dorm varchar(50)                   --宿舍
)
go
insert into student values('100001','张三','武汉徐东','信息工程','101')
insert into student values('100002','李四','武汉徐东','信息工程','102')

select * from student
```

(2) 编写 JavaBean:StudentEntity。

```java
package online1;
/**
 * 学员实体，内有 5 个属性及对应的 getter()和 setter()方法
 * 包括可能用到的各种构造方法及 toString()方法，输出学员信息
 * @author hopeful
 *
 */
public class StudentEntity {
    //编号
    private String stu_id;
    //姓名
    private String stu_name;
    //家庭地址
    private String stu_addr;
    //专业
    private String stu_spec;
    //宿舍
    private String stu_dorm;
    public StudentEntity(){

    }
```

```java
    public StudentEntity(String stu_id){
        this.stu_id = stu_id;
    }
    public StudentEntity(String stu_id, String stu_name) {
        super();
        this.stu_id = stu_id;
        this.stu_name = stu_name;
    }

    public StudentEntity(String stu_id, String stu_name,
            String stu_addr,String stu_spec, String stu_dorm) {
        super();
        this.stu_id = stu_id;
        this.stu_name = stu_name;
        this.stu_addr = stu_addr;
        this.stu_spec = stu_spec;
        this.stu_dorm = stu_dorm;
    }
    public String toString(){
        return stu_id+","+stu_name+","+stu_addr+","
                +stu_spec+","+stu_dorm;
    }

    //……getter setter
}
```

(3) 编写 DBHelper。

```java
package online1;
import java.io.FileInputStream;
import java.io.IOException;
import java.sql.Connection;
import java.sql.DriverManager;
import java.util.Properties;

/**
 * 针对 service 提供连接，关闭连接
 *
 * @author hopeful
 *
 */
public   class DBHelper {
    // 属性字符串
    private static String driver;
    private static String url;
    private static String username;
    private static String password;
    private static Connection conn;
```

```java
/**
 * 默认构造方法
 */
private DBHelper() {

}
/**
 * 初始化各种 JDBC 数据库连接参数
 */
private static void init(){
    try {
        // 创建属性集对象
        Properties props = new Properties();
        // 载入输入流，读取文件
        props.load(new FileInputStream("jdbcInfo.properties"));
        driver = props.getProperty("jdbc.driver");
        url = props.getProperty("jdbc.url");
        username = props.getProperty("jdbc.username");
        password = props.getProperty("jdbc.password");
    } catch (IOException e) {
        e.printStackTrace();
    }
}
/**
 * 提供连接
 * @return 连接
 */
public static Connection getConn() {
    init();
    try {
        Class.forName(driver);
        conn = DriverManager.getConnection(url, username, password);
    } catch (Exception e) {
        e.printStackTrace();
    }
    return conn;
}
/**
 * 关闭连接
 */
public static void closeConn(){
    try {
        if(conn!=null){
            conn.close();
            conn = null;
        }
```

```java
        } catch (Exception e) {
            e.printStackTrace();
        }
    }
}
```

(4) 编写 DBCommand 类。

```java
package online1;

import java.sql.PreparedStatement;
import java.sql.ResultSet;
import java.sql.ResultSetMetaData;
import java.util.ArrayList;
import java.util.HashMap;
import java.util.Iterator;
import java.util.List;
import java.util.Map;

/**
 * 增删改查操作的入口，针对 DAO，提供了关闭 pstm()、rs()的方法
 * 可以扩充，使其支持批处理、事务、存储过程
 * @author hopeful
 *
 */
public class DBCommand {
    private static ResultSet rs;
    private DBCommand() {

    }

    /**
     * 增删改的操作入口
     * 接收语句 pstm 和参数集 paramsMap
     * @param pstm
     * @param paramsMap
     * @return 操作影响行数对应的数字，-1 表示出现异常
     */
    public static int execUpdate(PreparedStatement pstm,
            Map<Object, Object> paramsMap) {
        try {
            //对参数集进行迭代
            Iterator<Object> it = paramsMap.keySet().iterator();
            int i = 1;
            //将各个参数设置到语句中，此处全部采用 setObject 方式
            while (it.hasNext()) {
                pstm.setObject(i++, paramsMap.get(it.next()));
            }
```

```java
            //执行更新
            return pstm.executeUpdate();
        } catch (Exception e) {
            e.printStackTrace();
        }finally{
            close(pstm);
        }
        return -1;
    }

    /**
     * 带参数的查询入口
     * 返回值是 List,内含多个 map,一个 map 代表一行
     * @param pstm
     * @param paramsMap
     * @return List
     */
    public static List<Map<String, Object>>
            execQuery(PreparedStatement pstm,
        Map<Object, Object> paramsMap) {
        try {
            //将参数集迭代,并插入语句中的问号内
            Iterator<Object> it = paramsMap.keySet().iterator();
            int i = 1;
            while (it.hasNext()) {
                pstm.setObject(i++, paramsMap.get(it.next()));
            }
            //执行查询,得到结果集
            rs = pstm.executeQuery();
            //返回列表格式的结果集
            return readRs(rs);
        } catch (Exception e) {
            e.printStackTrace();
        }finally{
            close(rs);
            close(pstm);
        }
        return null;
    }

    /**
     * 无参数的查询入口
     * 返回值是 List,内含多个 map,一个 map 代表一行
     * @param pstm
     * @return list
     */
    public static List<Map<String, Object>>
```

```java
        execQuery(PreparedStatement pstm) {
    try {
        rs = pstm.executeQuery();
        return readRs(rs);
    } catch (Exception e) {
        e.printStackTrace();
    }finally{
        close(rs);
        close(pstm);
    }
    return null;
}
/**
 * 提供对 ResultSet 的解析
 * 将结果集的每行解析为 map，放入 list
 * @param rs
 * @return list
 * @throws Exception
 */
public static List<Map<String, Object>> readRs(ResultSet rs)
        throws Exception {
    List<Map<String, Object>> data =
            new ArrayList<Map<String, Object>>();
    //获得结果集元数据，如列名、列数等
    ResultSetMetaData rsmd = rs.getMetaData();
    //获得列数
    int columnCount = rsmd.getColumnCount();
    while (rs.next()) {
        Map<String, Object> row = new HashMap<String, Object>();
        for (int index = 1; index <= columnCount; index++) {
            //获得列名
            String columnName = rsmd.getColumnName(index);
            row.put(columnName, rs.getObject(columnName));
        }
        data.add(row);
    }
    return data;
}
/**
 * 关闭语句
 *
 * @param pstm
 */
public static void close(PreparedStatement pstm) {

    try {
```

```java
                if (pstm != null) {
                    pstm.close();
                    pstm = null;
                }
            } catch (Exception ex) {
                ex.printStackTrace();
            }
        }

        /**
         * 关闭结果集
         *
         * @param rs
         */
        public static void close(ResultSet rs) {
            try {
                if (rs != null) {
                    rs.close();
                    rs = null;
                }
            } catch (Exception ex) {
                ex.printStackTrace();
            }
        }
    }
```

此处注意两个带参数的方法 execUpdate()和 execQuery()，它们均带有两个参数，一个是语句对象 pstm，另一个是参数 map。由于我们将参数插入语句对象时，采用的是循环方式逐次插入的，而对于 HashMap 来说，是不保证顺序的，很可能造成问号和参数不对应的情况，所以应该用 LinkedHashMap 存储参数。

(5) 编写 StudentDAO。

```java
package online1;

import java.sql.Connection;
import java.sql.PreparedStatement;
import java.sql.ResultSet;
import java.sql.SQLException;
import java.util.LinkedHashMap;
import java.util.Map;

/**
 * PreparedStatement 测试
 *
 * @author hopeful
 *
 */
```

```java
public class StudentDAO {
    private Connection conn;
    private PreparedStatement pstm;
    private ResultSet rs;

    // 插入新学员
    public void insertNewStu(StudentEntity stu) {
        // 获得连接
        conn = DBHelper.getConn();
        try {
            // 创建一个基于该连接的语句对象
            pstm = conn.prepareStatement(
                        "insert into student values(?,?,?,?,?)");
            //创建参数 map
            Map<Object,Object> paramsMap =
                        new LinkedHashMap<Object,Object>();
            paramsMap.put("stu_id", stu.getStu_id());
            paramsMap.put("stu_name", stu.getStu_name());
            paramsMap.put("stu_addr", stu.getStu_addr());
            paramsMap.put("sut_spec", stu.getStu_spec());
            paramsMap.put("stu_dorm", stu.getStu_dorm());
            // 执行插入
            DBCommand.execUpdate(pstm, paramsMap);
        } catch (SQLException e) {
            e.printStackTrace();
        } finally {
            //关闭资源
            DBCommand.close(rs);
            DBCommand.close(pstm);
            DBHelper.closeConn();
        }
    }
}
```

DAO 通过调用 DBHelper 获得和关闭连接，通过给 DBCommand 传递语句和参数集得到执行结果。

(6) 编写测试类。

```java
package online1;
/**
 * 测试类
 * @author hopeful
 *
 */
public class Test {
    public static void main(String[] args) {
        StudentEntity stu = new StudentEntity("100010","赵四","湖南长沙","哲学","110");
        StudentDAO dao = new StudentDAO();
```

```
            dao.insertNewStu(stu);
    }
}
```

(7) 运行程序，数据被正常插入数据库。

◆ **第二阶段** ◆

练习2：学员信息管理

【问题描述】

重新设计练习1，实现对学员信息的增删改查，交换学员宿舍，并实现良好的可扩展性。

【问题分析】

为避免繁杂的连接、关闭、执行语句等操作，我们对其进行封装，把数据库的连接和关闭单独封装在一个类中，把语句的执行分成更新与查询两类放入单独的一个类。这样提高了代码的质量(练习1也是这么做的)。

同时，我们将业务Service和数据操作DAO分开来做，业务层Service通过调用DAO解决用户问题。DAO和数据库直接打交道，Service使用DAO时，要首先给其一个连接，方法调用完毕后关闭连接(这有利于事务的控制，如本例中对学员宿舍进行交换)。使用Service时，需要在实现类中定义所需的DAO。

所需要的类如图13-2所示。

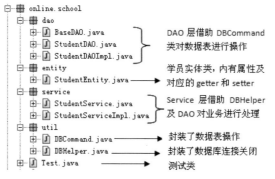

图13-2 school应用类组织图

流程图如图13-3所示。

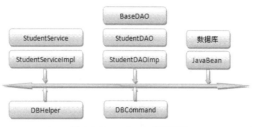

图13-3 school流程图

UML 图如图 13-4 所示。

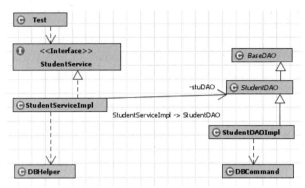

图 13-4　school UML 图

　　DBCommand 类封装了数据库的基本操作——更新和查询，并提供了清理结果集和语句对象的方法，供 DAO 使用。而 DBHelper 封装了数据库的连接和关闭方法，供 Service 调用。

　　为实现更好的扩展性，BaseDAO抽象类提供了接收连接和设置连接的方法以便进行数据操作，例如，本例中需要对Student表进行操作，创建StudentDAO抽象类继承BaseDAO。在StudentDAO中，只需要定义Student表的相关操作，而不需要再关心Connection的设置，不同的DAO抽象类均需要继承BaseDAO，实现代码复用。最终由StudentDAOImpl类继承StudentDAO，实现其内部的抽象方法。

　　StudentService接口定义了所有可能要完成的功能，而StudentServiceImpl 实现了StudentService接口，通过引用StudentDAO进行操作。

【参考步骤】
(1) 创建数据库、表。

```
create database school
go
use school
go
create table student
(
    stu_id varchar(10) primary key,--编号
    stu_name varchar(20) not null,--姓名
    stu_addr varchar(100) ,--地址
    stu_spec varchar(50) ,--专业
    stu_dorm varchar(50) --宿舍
)
go
insert into student values('100001','张三','武汉徐东','信息工程','101')
insert into student values('100002','李四','武汉徐东','信息工程','102')
select * from student
```

上述代码创建数据库、表，并在表中插入两条测试数据。

(2) 编写 StudentEntity.java、JavaBean。

```java
package online.school.entity;
/**
 * 学员实体，内有 5 个属性及对应的 getter()和 setter()方法
 * 包括各种可能用到的构造方法及 toString()方法，输出学员信息
 * @author hopeful
 *
 */
public class StudentEntity {
    //编号
    private String stu_id;
    //姓名
    private String stu_name;
    //家庭地址
    private String stu_addr;
    //专业
    private String stu_spec;
    //宿舍
    private String stu_dorm;
    public StudentEntity(){

    }
    public StudentEntity(String stu_id){
        this.stu_id = stu_id;
    }
    public StudentEntity(String stu_id, String stu_name) {
        super();
        this.stu_id = stu_id;
        this.stu_name = stu_name;
    }

    public StudentEntity(String stu_id, String stu_name,
            String stu_addr,   String stu_spec, String stu_dorm) {
        super();
        this.stu_id = stu_id;
        this.stu_name = stu_name;
        this.stu_addr = stu_addr;
        this.stu_spec = stu_spec;
        this.stu_dorm = stu_dorm;
    }
    public String toString(){
        return stu_id+","+stu_name+","+stu_addr+","+stu_spec
                +","+stu_dorm;
    }
    //getter 和 setter
}
```

(3) 为便于操作，将数据库连接、关闭整合到 DBHelper.java 中。

```java
package online.school.util;
import java.io.FileInputStream;
import java.io.IOException;
import java.sql.Connection;
import java.sql.DriverManager;
import java.util.Properties;

/**
 * 针对 service 提供连接，关闭连接
 *
 * @author hopeful
 *
 */
public    class DBHelper {
    // 属性字符串
    private static String driver;
    private static String url;
    private static String username;
    private static String password;

    private static Connection conn;

    /**
     *  默认构造方法
     */
    private DBHelper() {

    }
    /**
     * 初始化各种 JDBC 数据库连接参数
     */
    private static void init(){
        try {
            // 创建属性集对象
            Properties props = new Properties();
            // 载入输入流，读取文件
            props.load(new FileInputStream("jdbcInfo.properties"));
            driver = props.getProperty("jdbc.driver");
            url = props.getProperty("jdbc.url");
            username = props.getProperty("jdbc.username");
            password = props.getProperty("jdbc.password");
        } catch (IOException e) {
            e.printStackTrace();
        }
    }
    /**
```

```
     * 提供连接
     * @return 连接
     */
    public static Connection getConn() {
        init();
        try {
            Class.forName(driver);
            conn=DriverManager.getConnection(url, username, password);
        } catch (Exception e) {
            e.printStackTrace();
        }
        return conn;
    }
    /**
     * 关闭连接
     */
    public static void closeConn(){
        try {
            if(conn!=null){
                conn.close();
                conn = null;
            }
        } catch (Exception e) {
            e.printStackTrace();
        }
    }
}
```

DBHelper 类提供了业务层所需的数据连接及关闭，其中通过 Properties 类获得配置文件信息。该类服务于 service 层。

(4) 提供 DAO 层数据操作的抽象。将所有数据操作整合到一个类中。

```
package online.school.util;

import java.sql.PreparedStatement;
import java.sql.ResultSet;
import java.sql.ResultSetMetaData;
import java.util.ArrayList;
import java.util.HashMap;
import java.util.Iterator;
import java.util.List;
import java.util.Map;

/**
 * 增删改查操作的入口，针对 DAO，提供了关闭 pstm()、rs()的方法
 * 可以扩充，使其支持批处理、事务、存储过程
 * @author hopeful
 *
```

```java
 */
public class DBCommand {
    private static ResultSet rs;
    private DBCommand() {
        
    }
    
    /**
     * 增删改的操作入口
     *
     * @param pstm
     * @param paramsMap
     * @return 操作影响行数对应的数字，-1 表示出现异常
     */
    public static int execUpdate(PreparedStatement pstm,
            Map<Object, Object> paramsMap) {
        try {
            Iterator<Object> it = paramsMap.keySet().iterator();
            int i = 1;
            while (it.hasNext()) {
                pstm.setObject(i++, paramsMap.get(it.next()));
            }
            return pstm.executeUpdate();
        } catch (Exception e) {
            e.printStackTrace();
        }finally{
            close(pstm);
        }
        return -1;
    }
    
    /**
     * 带参数的查询入口
     * 返回值是 List，内含多个 map，一个 map 代表一行
     * @param pstm
     * @param paramsMap
     * @return List
     */
    public static List<Map<String, Object>>
            execQuery(PreparedStatement pstm,
        Map<Object, Object> paramsMap) {
        try {
            Iterator<Object> it = paramsMap.keySet().iterator();
            int i = 1;
            while (it.hasNext()) {
                pstm.setObject(i++, paramsMap.get(it.next()));
            }
```

```java
            rs = pstm.executeQuery();
            return readRs(rs);
        } catch (Exception e) {
            e.printStackTrace();
        }finally{
            close(rs);
            close(pstm);
        }
        return null;
    }

    /**
     * 无参数的查询入口
     * 返回值是 List，内含多个 map，一个 map 代表一行
     * @param pstm
     * @return list
     */
    public static List<Map<String, Object>>
            execQuery(PreparedStatement pstm) {
        try {
            rs = pstm.executeQuery();
            return readRs(rs);
        } catch (Exception e) {
            e.printStackTrace();
        }finally{
            close(rs);
            close(pstm);
        }
        return null;
    }
    /**
     * 提供对 ResultSet 的解析
     * 将结果集的每行解析为 map，放入 list
     * @param rs
     * @return list
     * @throws Exception
     */
    public static List<Map<String, Object>> readRs(ResultSet rs)
    throws Exception {
        List<Map<String, Object>> data =
                new ArrayList<Map<String, Object>>();
        //获得结果集元数据，如列名、列数等
        ResultSetMetaData rsmd = rs.getMetaData();
        //获得列数
        int columnCount = rsmd.getColumnCount();
        while (rs.next()) {
            Map<String, Object> row = new HashMap<String, Object>();
```

```java
            for (int index = 1; index <= columnCount; index++) {
                //获得列名
                String columnName = rsmd.getColumnName(index);
                row.put(columnName, rs.getObject(columnName));
            }
            data.add(row);
        }
        return data;
    }

    /**
     * 关闭语句
     *
     * @param pstm
     */
    public static void close(PreparedStatement pstm) {
        try {
            if (pstm != null) {
                pstm.close();
                pstm = null;
            }
        } catch (Exception ex) {
            ex.printStackTrace();
        }
    }

    /**
     * 关闭结果集
     *
     * @param rs
     */
    public static void close(ResultSet rs) {
        try {
            if (rs != null) {
                rs.close();
                rs = null;
            }
        } catch (Exception ex) {
            ex.printStackTrace();
        }
    }
}
```

DBCommand 类对 DAO 提供了支持，在 DAO 内对数据库的操作将调用 DBCommand 类中的相应方法，避免了 DAO 内代码冗余。另外提供了对结果集、语句的关闭方法。

(5) DAO 的编写。

```java
package online.school.dao;

import java.sql.Connection;
/**
 * 本抽象类提供所有 DAO 的公共部分：设置或获取连接
 * 每个 DAO 均需要继承本抽象类
 * @author hopeful
 *
 */
public abstract class BaseDAO {
    private Connection conn;
    /**
     * 设置连接
     *
     * @param conn
     */
    public void setConn(Connection conn){
        this.conn = conn;
    }
    /**
     * 获得连接
     * @return Connection
     */
    public Connection getConn(){
        return conn;
    }
}
package online.school.dao;

import java.util.List;
import online.school.entity.StudentEntity;
/**
 * 抽象类：数据库 student 表的访问，继承 BaseDAO
 * 本抽象类定义了关于访问 student 表的方法
 * @author hopeful
 *
 */
public abstract class StudentDAO extends BaseDAO{
    /**
     * 增加学员
     * @param stu
     */
    public abstract int addStudent(StudentEntity stu);
    /**
     * 删除学员
     * @param stu_id
```

```java
     * @return 删除是否成功
     */
    public abstract int delStudent(String stu_id);
    /**
     * 修改学员
     * @param stu
     * @return 修改是否成功
     */
    public abstract int updateStudent(StudentEntity stu);
    /**
     * 查找学员
     * @param stu_id
     * @return 查找到的学员，没找到返回 null
     */
    public abstract StudentEntity findStudent(String stu_id);
    /**
     * 取出所有学员
     * @return 学员集合
     */
    public abstract List<StudentEntity> getAllStudent();
}
package online.school.dao;

import java.sql.PreparedStatement;
import java.util.ArrayList;
import java.util.Iterator;
import java.util.LinkedHashMap;
import java.util.List;
import java.util.Map;

import online.school.entity.StudentEntity;
import online.school.util.DBCommand;
/**
 * DAO 的实现类，对学员表进行操作
 * 其内使用 DBCommand 的静态方法操作数据库
 * 实现了 BaseDAO 内的方法
 * @author hopeful
 *
 */
public class StudentDAOImpl extends StudentDAO {
    private PreparedStatement pstm;

    public StudentDAOImpl() {
    }

    public int addStudent(StudentEntity stu) {
        try {
```

```java
            //从连接创建 pstm
            pstm = this.getConn().prepareStatement("insert into student values(?,?,?,?,?)");
            //定义参数 map
            Map<Object,Object> paramsMap =
                    new LinkedHashMap<Object,Object>();
            paramsMap.put("stu_id", stu.getStu_id());
            paramsMap.put("stu_name", stu.getStu_name());
            paramsMap.put("stu_addr", stu.getStu_addr());
            paramsMap.put("stu_spec", stu.getStu_spec());
            paramsMap.put("stu_dorm", stu.getStu_dorm());
            //调用 DBCommand 的静态方法执行，并返回回结果
            return DBCommand.execUpdate(pstm, paramsMap);
        } catch (Exception e) {
            e.printStackTrace();
        }
        return -1;
    }

    public int delStudent(String stu_id) {
        try {
            pstm = this.getConn().prepareStatement(
                    "delete from student where stu_id = ?");
            Map<Object,Object> paramsMap =
                    new LinkedHashMap<Object,Object>();
            paramsMap.put("stu_id", stu_id);
            return DBCommand.execUpdate(pstm, paramsMap);

        } catch (Exception e) {
            e.printStackTrace();
        }
        return -1;
    }

    public StudentEntity findStudent(String stu_id) {
        StudentEntity stu = null;
        try {
            pstm = this.getConn().prepareStatement(
                    "select * from student where stu_id = ?");
            Map<Object,Object> paramsMap =
                    new LinkedHashMap<Object,Object>();
            paramsMap.put("stu_id", stu_id);
            List<Map<String,Object>> stuList =
                    DBCommand.execQuery(pstm, paramsMap);
            if(stuList.size()>0){
                stu = new StudentEntity();
                Map<String,Object> row = stuList.get(0);
                stu.setStu_id(row.get("stu_id").toString());
```

```java
                stu.setStu_name(row.get("stu_name").toString());
                stu.setStu_addr(row.get("stu_addr").toString());
                stu.setStu_spec(row.get("stu_spec").toString());
                stu.setStu_dorm(row.get("stu_dorm").toString());
            }
        } catch (Exception e) {
            e.printStackTrace();
        }

        return stu;
    }

    public List<StudentEntity> getAllStudent() {
        List<StudentEntity> stuList = new ArrayList<StudentEntity>();
        try {
            pstm = this.getConn().prepareStatement(
                        "select * from student");
            //获得结果集
            List<Map<String,Object>> list =
                    DBCommand.execQuery(pstm);
            //迭代
            Iterator<Map<String,Object>> it = list.iterator();
            //从 list 内提取每一行，放入 StudentEntity，最终放入 stuList
            while(it.hasNext()){
                Map<String,Object> row = it.next();
                StudentEntity stu = new StudentEntity();
                stu.setStu_id(row.get("stu_id").toString());
                stu.setStu_name(row.get("stu_name").toString());
                stu.setStu_addr(row.get("stu_addr").toString());
                stu.setStu_spec(row.get("stu_spec").toString());
                stu.setStu_dorm(row.get("stu_dorm").toString());
                stuList.add(stu);
            }
        } catch (Exception e) {
            e.printStackTrace();
        }
        return stuList;

    }

    public int updateStudent(StudentEntity stu) {
        try {
            pstm = this.getConn().prepareStatement("update student set stu_name=?,stu_addr=?,stu_spec=?,stu_dorm=? where stu_id=?");
            Map<Object,Object> paramsMap =
                    new LinkedHashMap<Object,Object>();
            paramsMap.put("stu_name", stu.getStu_name());
```

```java
                    paramsMap.put("stu_addr", stu.getStu_addr());
                    paramsMap.put("stu_spec", stu.getStu_spec());
                    paramsMap.put("stu_dorm", stu.getStu_dorm());
                    paramsMap.put("stu_id", stu.getStu_id());
                    return DBCommand.execUpdate(pstm, paramsMap);
            } catch (Exception e) {
                    e.printStackTrace();
            }
            return -1;
        }
}
```

DAO 层有两个抽象类及一个实现类，这和单元七中上机部分练习 2 稍有不同。在多表操作的情况下，我们需要对每一张表均创建一个 DAO。按照目前的设计，每一个 DAO 都需要获得一个连接，并对连接进行操作，所以有必要把连接提取出来，单独放在一个类中，即 BaseDAO。任何一个具体的 DAO 接口都需要继承 BaseDAO。

StudentDAO 抽象类继承 BaseDAO，定义了有关数据库中 student 表的操作方法。在 StudentDAOImpl 类中，实现了 StudentDAO 中的方法。注意所有操作都是通过 DBCommand 类的静态方法进行的：传递语句与参数对象。本例中，参数放在 LinkedHashMap 中以保持插入顺序，通过 DBCommand 的执行，返回执行结果。

(6) 编写 Service，指定提供的服务。

```java
package online.school.service;

import java.util.List;

import online.school.entity.StudentEntity;
/**
 * 接口：学员服务
 * 该接口是学员服务的定义
 * @author hopeful
 *
 */
public interface StudentService {
    /**
     * 增加学员
     * @param stu
     */
    public boolean addStudent(StudentEntity stu);
    /**
     * 删除学员
     * @param stu_id
     * @return 删除是否成功
     */
    public boolean delStudent(String stu_id);
    /**
```

```java
     * 修改学员
     * @param stu
     * @return 修改是否成功
     */
    public boolean updateStudent(StudentEntity stu);
    /**
     * 查找学员
     * @param stu_id
     * @return 查找到的学员，没找到返回 null
     */
    public StudentEntity findStudent(String stu_id);
    /**
     * 取出所有学员
     * @return 学员集合
     */
    public List<StudentEntity> getAllStudent();
    /**
     * 交换宿舍
     * @param stu1
     * @param stu2
     * @return 交换是否成功
     */
    public boolean exchangeDorm(String stu_id1,String stu_id2);
}
package online.school.service;

import java.util.List;
import online.school.dao.StudentDAO;
import online.school.dao.StudentDAOImpl;
import online.school.entity.StudentEntity;
import online.school.util.DBHelper;
/**
 * StudentService 的实现类
 * 实现了 StudentService 接口的方法
 * 由于 Service 层需要借助于 DAO 层的操作
 * 所以要在此定义所有需要用到的 DAO
 * @author hopeful
 *
 */
public class StudentServiceImpl implements StudentService{
    private StudentDAO stuDAO =new StudentDAOImpl() ;
    //如果还需要其他 DAO，均在此定义
    public StudentServiceImpl(){
    }

    public boolean addStudent(StudentEntity stu) {
        try {
```

```java
            stuDAO.setConn(DBHelper.getConn());
            return stuDAO.addStudent(stu)>0?true:false;
        } catch (Exception e) {
            e.printStackTrace();
        }finally{
            DBHelper.closeConn();
        }
        return false;
    }

    public boolean delStudent(String stu_id) {
        try {
            stuDAO.setConn(DBHelper.getConn());
            return stuDAO.delStudent(stu_id)>0?true:false;
        } catch (Exception e) {
            e.printStackTrace();
        }finally{
            DBHelper.closeConn();
        }
        return false;
    }

    public boolean exchangeDorm(String stu_id1,String stu_id2) {
        try {
            //此处使用了事务，应设置为手工提交
            stuDAO.setConn(DBHelper.getConn());
            stuDAO.getConn().setAutoCommit(false);
            StudentEntity stu1 = stuDAO.findStudent(stu_id1);
            StudentEntity stu2 = stuDAO.findStudent(stu_id2);

            String dorm = stu1.getStu_dorm();
            stu1.setStu_dorm(stu2.getStu_dorm());
            stu2.setStu_dorm(dorm);
            stuDAO.updateStudent(stu1);
            stuDAO.updateStudent(stu2);
            stuDAO.getConn().commit();
            return true;
        } catch (Exception e) {
            e.printStackTrace();
        }finally{
            DBHelper.closeConn();
        }
        return false;
    }

    public StudentEntity findStudent(String stu_id) {
        StudentEntity stu = null;
```

```java
        try {
            stuDAO.setConn(DBHelper.getConn());
            stu = stuDAO.findStudent(stu_id);
        } catch (Exception e) {
            e.printStackTrace();
        }finally{
            DBHelper.closeConn();
        }
        return stu;
    }

    public List<StudentEntity> getAllStudent() {
        List <StudentEntity>stuList = null;
        try {
            stuDAO.setConn(DBHelper.getConn());
            stuList = stuDAO.getAllStudent();
        } catch (Exception e) {
            e.printStackTrace();
        }finally{
            DBHelper.closeConn();
        }
        return stuList;
    }

    public boolean updateStudent(StudentEntity stu) {
        try {
            stuDAO.setConn(DBHelper.getConn());
            return stuDAO.updateStudent(stu)>0?true:false;
        } catch (Exception e) {
            e.printStackTrace();
        }finally{
            DBHelper.closeConn();
        }
        return false;
    }
}
```

(7) 框架搭建完毕，编写测试类。

```java
package online.school;

import java.util.Iterator;
import java.util.List;

import online.school.dao.StudentDAO;
import online.school.dao.StudentDAOImpl;
import online.school.entity.StudentEntity;
import online.school.service.StudentService;
```

```java
import online.school.service.StudentServiceImpl;
/**
 * 测试类，只需要调用服务即可
 * @author hopeful
 *
 */
public class Test {
    public Test(){
        
    }
    //迭代
    public static void show(List<StudentEntity> list){
        Iterator<StudentEntity> it = list.iterator();
        while(it.hasNext()){
            StudentEntity  stu = it.next();
            System.out.println(stu);
        }
        
    }
    
    public static void main(String[] args) {
        StudentService service = new StudentServiceImpl();
        StudentDAO dao = new StudentDAOImpl();
        service.setDao(dao);
        
        //查看现有学员
        System.out.println("all student:");
        List<StudentEntity> stuList = service.getAllStudent();
        show(stuList);
        //交换学员的宿舍
        service.exchangeDorm("100001", "100002");
        System.out.println("after exchange:");
        show(service.getAllStudent());
        //添加学员
        StudentEntity stu = new StudentEntity("100005","王五","北京","计算机","106");
        service.addStudent(stu);
        System.out.println("after add:");
        show(service.getAllStudent());
        //修改学员
        stu.setStu_addr("北京东城区");
        service.updateStudent(stu);
        System.out.println("after updated:");
        show(service.getAllStudent());
        //删除学员
        service.delStudent("100005");
        System.out.println("after deleted:");
```

```
            show(service.getAllStudent());
            //查找学员
            System.out.println("find 100001:");
            StudentEntity stu1   = service.findStudent("100001");
            System.out.println(stu1);
        }
    }
```

(8) 运行代码,结果如下。

```
all student:
100001,张三,武汉徐东,信息工程,101
100002,李四,武汉徐东,信息工程,102
after exchange:
100001,张三,武汉徐东,信息工程,102
100002,李四,武汉徐东,信息工程,101
after add:
100001,张三,武汉徐东,信息工程,102
100002,李四,武汉徐东,信息工程,101
100005,王五,北京,计算机,106
after updated:
100001,张三,武汉徐东,信息工程,102
100002,李四,武汉徐东,信息工程,101
100005,王五,北京东城区,计算机,106
after deleted:
100001,张三,武汉徐东,信息工程,102
100002,李四,武汉徐东,信息工程,101
find 100001:
100001,张三,武汉徐东,信息工程,102
```

测试 1
运行时异常和检查异常

提示

阅读本部分内容前，请尝试做以下事情：
- 阅读单元六中 6.6 节内容。
- 修改单元六中示例 6.6，将自定义异常类 UserDAOException 的父类修改为 RuntimeException，而不是 Exception。
- 修改 Test 类中的 main() 方法，将其内部的 try-catch 结构去掉，只保留"usrDAO.registUser(null);"
- 查看程序有没有错误。

Java 提供了两类主要的异常：运行时异常(Runtime Exception)和检查异常(Checked Exception)。所有检查异常是从 java.lang.Exception 类衍生出来的，而运行时异常则主要是从 java.lang.RuntimeException 或 java.lang.Error 类衍生出来的。

运行时异常的常用子类有 NullPointerException、IndexOutOfBoundsException、ArithmeticException 和 ClassCastException 等。

检查异常有 SQLException、IOException、AWTException 等。

在 Java 编程中，Sun 推荐利用检查异常处理程序中的错误。检查异常类直接或间接地继承了 java.lang.Exception，在继承树中不包含 java.lang.RuntimeException。检查异常使得代码中充满了 try...catch...finally 之类的语句，被很多人认为是对代码的一种"毒化"，所以，多数人的想法恰恰和 Sun 的建议相反，推荐使用运行时的异常处理机制。运行时异常类直接或间接地继承了 java.lang.RuntimeException，处理这种异常类的实例并不强制需要在代码中加入 try...catch 之类的语句，从而使代码变得清晰明了，增加了可读性。

从本质上看，检查异常代表了一种"可恢复"的问题，也就是说，出现异常后，程序还是可以继续运行下去的；而运行时异常则代表严重问题，即出现运行时刻异常，往往代表程序出现了严重问题，不能再继续运行。Sun 在设计 Java 语言时，就是出于这种考虑，推荐程序员使用检查异常的。如果我们把异常看成是一种对方法在调用中有可能出现的问题的一种声明，无疑检查异常在这时更能让代码的阅读者明确该方法的所有功能。检查异常的麻烦之处在于调用时繁杂的 try...catch...finally 语法。到底应该使用哪种异常，对此每个人都有不同的看法，而且在 Java 世界中总能引发很大的争议。我们在具体编码中，应该根据自身的运行环境和技术要求来确定。

例如，JDBC 中，我们设计了通用的更新、查询封装类。

```java
package online.school.util;

import java.sql.PreparedStatement;
import java.sql.ResultSet;
import java.sql.SQLException;

public class MyDBCommand {
    /**
     * 增删改的操作入口
     *
     * @param pstm
     * @param params
     * @return 操作是否成功
     */
    public boolean update(PreparedStatement pstm, Object[] params) {
        try {
            for (int i = 0; i < params.length; i++) {
                pstm.setString(i + 1, params[i].toString());
            }
            if (pstm.executeUpdate() > 0) {
                return true;
            }
        } catch (Exception e) {
            e.printStackTrace();
        }
        return false;
    }

    /**
     * 带参数的查询入口
     *
     * @param pstm
     * @param params
     * @return 结果集
     */
    public ResultSet exeQuery(PreparedStatement pstm, Object[] params) {
```

```
        try {
            for (int i = 0; i < params.length; i++) {
                pstm.setString(i + 1, params[i].toString());
                return pstm.executeQuery();
            }
        } catch (Exception e) {
            e.printStackTrace();
        }
        return null;
    }

    /**
     * 无参数的查询入口
     *
     * @param pstm
     * @return 结果集
     */
    public ResultSet exeQuery(PreparedStatement pstm) {
        try {
            return pstm.executeQuery();
        } catch (Exception e) {
            e.printStackTrace();
        }
        return null;
    }
}
```

在这段代码中,每个方法均包含 try-catch,但是,如果发生了异常,会影响程序的执行吗?不会。如果有异常,将会被捕捉(确切地说,捕捉到的应为 SQLException,为一个检查异常),然后继续执行:要么返回 false,要么返回 null。这就是检查异常的设计思想。

两种异常的不同之处表现在两个方面:机制上和逻辑上。

(1) 机制上

两种异常在机制上的不同表现在两点:①如何定义方法;②如何处理抛出的异常。

请看下面 CheckedException 的定义:

```
public class CheckedException extends Exception {
    public CheckedException() {
    }

    public CheckedException(String message) {
        super(message);
    }
}
```

以及一个使用 Exception 的例子:

```
public class ExceptionalClass {
```

```java
    public void method1() throws CheckedException {
        // ...
        throw new CheckedException("...出错了");
    }

    public void method2(String arg) {
        if (arg == null) {
            throw new NullPointerException("method2 的参数 arg 是 null!");
        }
    }

    public void method3() throws CheckedException {
        method1();
    }
}
```

你可能已经注意到了，两个方法 method1() 和 method2() 都会抛出 Exception，可是只有 method1() 做了声明。另外，method3() 本身并不会抛出 Exception，可它却声明会抛出 CheckedException。

在进行解释之前，先来看看这个类的 main() 方法：

```java
public static void main(String[] args) {
    ExceptionalClass example = new ExceptionalClass();
    try {
        example.method1();
        example.method3();
    } catch (CheckedException ex) {
    }
    example.method2(null);
}
```

在 main() 方法中，如果要调用 method1()，必须把这个调用放在 try/catch 程序块当中，因为它会抛出 CheckedException。

相比之下，当调用 method2() 时，则不需要把它放在 try/catch 程序块当中，因为它会抛出的 Exception 不是 CheckedException，而是 RuntimeException。会抛出 RuntimeException 的方法在定义时不必声明它会抛出 Exception。

现在，让我们再来看看 method3()。它调用了 method1() 却没有把这个调用放在 try/catch 程序块中。它是通过声明 method1() 会抛出 Exception 来避免这样做的。它没有捕获这个 Exception，而是把它传递下去。实际上，main() 方法也可以这样做，通过声明它会抛出 CheckedException 来避免使用 try/catch 程序块(当然我们反对这种做法)。

小结：

① 运行时异常。
- 在定义方法时不需要声明会抛出运行时异常。
- 在调用这个方法时不需要捕获这个运行时异常。

- 运行时异常是从 java.lang.RuntimeException 或 java.lang.Error 类衍生出来的。

② 检查异常。
- 定义方法时必须声明所有可能会抛出的检查异常。
- 在调用这个方法时，必须捕获它的检查异常，不然就得把它的 Exception 传递下去。
- 检查异常是从 java.lang.Exception 类衍生出来的。

(2) 逻辑上

从逻辑角度看，检查异常和运行时异常有不同使用目的。检查异常用来指示一种调用方能够直接处理的异常情况。而运行时异常则用来指示一种调用方本身无法处理或恢复的程序错误。

检查异常迫使你捕获它并加以处理。以java.net.URL类的构建器(constructor)为例，它的每一个构建器都会抛出MalformedURLException。MalformedURLException就是一种检查异常。设想一下，有一个简单的程序，用来提示用户输入一个URL，然后通过这个URL去下载一个网页。如果用户输入的URL有错误，构建器就会抛出一个Exception。既然这个Exception是检查异常，程序就可以捕获它并正确处理，如提示用户重新输入。

再看下面这个例子：

```
public void method() {
    int[] numbers = { 1, 2, 3 };
    int sum = numbers[0] + numbers[3];
}
```

在运行方法method()时会遇到ArrayIndexOutOfBoundsException(因为数组numbers的成员是从0到2)。对于这个异常，调用方无法处理/纠正。这个方法method()和上面的method2()一样，都是运行时异常的情形。上面已经提到，运行时异常用来指示一种调用方本身无法处理/恢复的程序错误。而程序错误通常是无法在运行过程中处理的，必须改正程序代码。

总之，在程序的运行过程中一个检查异常被抛出的时候，只有能够适当处理这个异常的调用方才应该用 try/catch 来捕获它。而对于运行时异常，则不应当在程序中捕获它。如果要捕获它的话，就会冒这样一个风险：程序代码的错误(bug)被掩盖在运行当中无法察觉。因为在程序测试过程中，系统打印出来的调用堆栈路径(StackTrace)往往使你更快找到并修改代码中的错误。有些程序员建议捕获运行时异常并记录在日志(log)中，笔者反对这样做。这样做的坏处是你必须通过浏览日志来找出问题，而用来测试程序的测试系统(如 Unit Test)却无法直接捕获问题并报告出来。

在程序中捕获运行时异常还会带来更多问题：要捕获哪些运行时异常？什么时候捕获？运行时异常是不需要声明的，你怎样知道有没有运行时异常要捕获？你想看到在程序中每一次调用方法时，都使用 try/catch 程序块吗？

测试 11 设计模式之"装饰器"模式

11.1 设计模式

很多时候，对于一个设计来说(软件、建筑或其他行业中的)，经验是至关重要的。好的经验给我们以指导，并节约我们的时间；坏的经验则给我们以借鉴，可以减少失败的风险。然而，从知识层面上讲，经验只是作为一种工作的积累而存在于个人的大脑中，很难被传授或者记录。为解决这样的问题，人们提出了所谓的"模式"概念。所谓模式，是指在一个特定背景下，反复出现的问题解决方案。模式是经验的文档化。

软件模式的概念现在比较广泛，涉及分析、设计、体系结构、编码、测试、重构等软件构造生命期中的各个部分。这里主要讨论的是设计模式，指的是在软件设计过程中反复出现的一些问题的解决方法。不过我们在提到设计模式时，一般都指GOF的经典图书《*Design Pattern*——*Elements of Reusable Object-Oriented Software*》中出现的 23 个模式，因而，它是具体地针对面向对象软件设计过程的。

从全局上看，模式代表了一种语言，一种被文档化的经验，甚至是一种文化，往往很多不方便描述，或者描述起来很复杂。用模式语言来说，会让听者产生心领神会的感觉。当然，这需要交流双方都能够很好地把握模式语言的含义。然而，这并不是一件容易的事情。模式在各个人的理解上往往存在差异，本测试旨在从具体的应用角度——Java 类库，来阐述设计模式。并结合具体例子，希望能加深大家对设计模式的理解。

11.2 Java IO 之装饰器模式

在使用 Java 中的 IO 类库时,是不是快要被它那些功能相似,却又绝对可称得上庞杂的类折磨得要发疯了?或许你很不明白为什么要编写功能相似的几十个类,这就是装饰器(Decorator)模式将要告诉你的了。

在 IO 处理中,Java 将数据抽象为流(Stream)。在 IO 库中,最基本的是 InputStream 和 OutputStream 两个分别处理输出和输入的对象(为便于叙述,这里只涉及字节流,字符流与其完全相似),但 InputStream 和 OutputStream 中只提供了最简单的流处理方法,只能写入/读出字符,没有缓冲处理,无法处理文件等。它们只提供最纯粹的抽象、最简单的功能。

如何添加功能,以处理更复杂的事情呢?你可能会想到用继承。不错,继承确实可以解决问题,但是继承也带来更大的问题,它对每一个功能,都需要一个子类来实现。比如,先实现了三个子类,分别用来处理文件、缓冲和写入/读出数据,但若需要一个既能处理文件,又具有缓冲功能的类呢?这时又必须再进行一次继承,重写代码。实际上,仅仅这三种功能的组合,就已经是一个很大的数字了,再加上其他功能,组合起来的 IO 类库,如果只用继承来实现的话,恐怕你真要被它折磨疯了。

Java IO 流的类结构如图 11-1 所示。

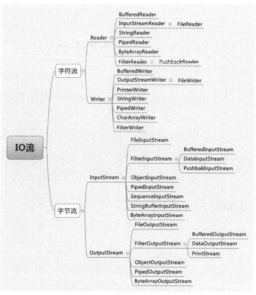

图 11-1 Java IO 流的类结构

装饰器(Decorator)模式可解决这个问题。Decorator 字面的意思是"装饰",在原有的基础上,每添加一个装饰,就可以增加一种功能,这就是装饰器的本意。例如,对于上面的问题,只需要 3 个装饰器类,分别代表文件处理、缓冲和数据读写 3 个功能,在此基础上所衍生的功能,都可以通过添加装饰来完成,而不需要繁杂的子类继承了。更重要的是,与继承机制相比,装饰器是动态的,可在运行时添加或去除附加功能,因而也就具有比继承机制更大的灵活性。

上面就是 Decorator 的基本思想，图 II-2 是 Decorator 模式的 UML 图。

```
          ┌─────────────┐
          │  Component  │◄──────────┐
          │ +operation()│           │
          └──────┬──────┘           │
                 △                  │
        ┌────────┴────────┐         │
┌───────────────┐  ┌─────────────┐  │
│ConcreteComponent│ │  Decorator  │◄┤-component
│ +operation()   │  │+operation() │  │
└───────────────┘  └──────┬──────┘  │
                          △
              ┌───────────┴───────────┐
     ┌─────────────────┐    ┌─────────────────┐
     │ConcreteDecoratorA│    │ConcreteDecoratorB│
     │-addedState       │    │+operation()     │
     │+operation()      │    │+addedBehavior() │
     └─────────────────┘    └─────────────────┘
```

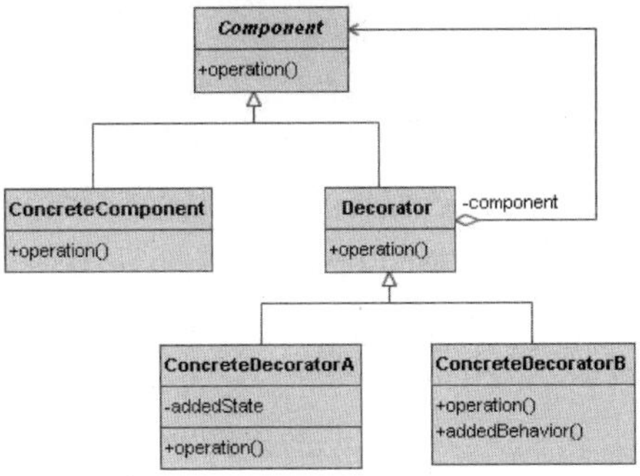

图 II-2　Decorator 模式的 UML 图

可以看到，一个 Decorator 与被装饰的 ConcreteComponent 对象有相同的接口，并且除了接口中给出的方法外，每个 Decorator 均有自己添加的方法，来添加对象功能。每个 Decorator 均有一个指向 Component 对象的引用，附加的功能被添加在这个 Component 对象上。而 Decorator 对象本身也是一个 Component 对象，因而它也能够被其他 Decorator 所修饰，提供组合的功能。

- Component：是组件和装饰的公共父类，它定义了子类必须实现的方法。
- ConcreteComponent：是一个具体的组件类，可以通过给它添加装饰来增加新的功能。
- Decorator：是所有装饰的公共父类，它定义了所有装饰必须实现的方法，同时，它还保存了一个对 Component 的引用，以便将用户的请求转发给 Component，并可能在转发请求前后执行一些附加动作。
- ConcreteDecorator A 和 ConcreteDecorator B：是具体的装饰，可用它们来装饰具体的 Component。

首先来看一段用来创建 IO 流的代码，以下是代码片段。

```java
try {
    OutputStream out = new DataOutputStream(new FileOutputStream(
            "test.txt"));
} catch (FileNotFoundException e) {
    e.printStackTrace();
}
```

这段代码对于使用过 Java 输入输出流的人来说再熟悉不过了，其中使用 DataOutputStream 封装了一个 FileOutputStream。这是一个典型的装饰器模式的使用，FileOutputStream 相当于 Component，DataOutputStream 就是一个装饰器。将代码做如下修改，将会更容易理解。

```java
try {
    OutputStream out = new FileOutputStream("test.txt");
    out = new DataOutputStream(out);
} catch (FileNotFoundException e) {
    e.printStackTrace();
}
```

由于FileOutputStream和DataOutputStream有公共的父类OutputStream，因此对对象的装饰对于用户来说几乎是透明的。下面就来看看OutputStream及其子类是如何构成装饰器模式的。

OutputStream是一个抽象类，它是所有输出流的公共父类，其源代码如下。

```java
public abstract class OutputStream implements Closeable, Flushable {
    ublic abstract void write(int b) throws IOException;
    …
}
```

它定义了write(int b)的抽象方法，这相当于装饰器模式中的Component类。

ByteArrayOutputStream、FileOutputStream和PipedOutputStream 3个类都直接从OutputStream继承，以ByteArrayOutputStream为例。

```java
public class ByteArrayOutputStream extends OutputStream {
    protected byte buf[];
    protected int count;

    public ByteArrayOutputStream() {
        this(32);
    }

    public ByteArrayOutputStream(int size) {
        if (size < 0) {
            throw new IllegalArgumentException("Negative initial size: " + size);
        }
        buf = new byte[size];
    }

    public synchronized void write(int b) {
        int newcount = count + 1;
        if (newcount > buf.length) {
            byte newbuf[] = new byte[Math.max(buf.length << 1, newcount)];
            System.arraycopy(buf, 0, newbuf, 0, count);
            buf = newbuf;
        }
        buf[count] = (byte) b;
        count = newcount;
    }
    …
}
```

它实现了OutputStream中的write(int b)方法，因此可用来创建输出流的对象，并完成特定格式的输出。它相当于装饰器模式中的ConcreteComponent类。

接着来看一下FilterOutputStream，代码如下。

```java
public class FilterOutputStream extends OutputStream {
```

```java
    protected OutputStream out;
    public FilterOutputStream(OutputStream out) {
        this.out = out;
    }
void write(int b) throws IOException {
        out.write(b);
    }
    …
}
```

同样，它也是从OutputStream继承。但它的构造函数很特别，需要传递一个OutputStream的引用并保存对此对象的引用，而如果没有具体的OutputStream对象存在，我们将无法创建FilterOutputStream。由于out既可以是指向FilterOutputStream类型的引用，也可以是指向ByteArrayOutputStream等具体输出流类的引用，因此使用多层嵌套方式，我们可为ByteArrayOutputStream添加多种装饰。这个FilterOutputStream类相当于装饰器模式中的Decorator类，它的write(int b)方法只是调用了传入的流的write(int b)方法，而没有做更多处理，因此它本质上没有对流进行装饰，所以继承它的子类必须覆盖此方法，以达到装饰目的。

BufferedOutputStream和DataOutputStream是FilterOutputStream的两个子类，它们相当于装饰器模式中的ConcreteDecorator，并对传入的输出流做了不同的装饰。以BufferedOutputStream类为例。

```java
public class BufferedOutputStream extends FilterOutputStream {
    …
    private void flushBuffer() throws IOException {
        if (count > 0) {
            out.write(buf, 0, count);
            count = 0;
        }
    }
    public synchronized void write(int b) throws IOException {
        if (count >= buf.length) {
            flushBuffer();
        }
        buf[count++] = (byte)b;
    }
    …
}
```

这个类提供了一个缓存机制，等到缓存容量达到一定字节数时才写入输出流。首先它继承了FilterOutputStream，并覆盖了父类的write(int b)方法，在调用输出流写出数据前都会检查缓存是否已满，如果未满，则不写。这样就实现了对输出流对象动态添加新功能的目的。

下面将使用装饰器模式，为IO写一个新的输出流。

11.3 新的输出流

了解了 OutputStream 及其子类的结构原理后,我们可以写一个新的输出流,来添加新功能。这里将给出一个新的输出流例子,它将过滤待输出语句中的空格符号。例如,需要输出'java io OutputStream',则过滤后的输出为'javaioOutputStream'。以下为 SkipSpaceOutputStream 类的代码。

```java
import java.io.OutputStream;
import java.io.FilterOutputStream;
import java.io.IOException;

/**
 *
 * new output stream, which will check the space character
 * and won't write it to the output stream.
 * @author Magic
 *
 */
public class SkipSpaceOutputStream extends FilterOutputStream {
    public SkipSpaceOutputStream(OutputStream out) {
        super(out);
    }

    /**
     * Rewrite the method in the parent class, and skip the space character.
     */
    public void write(int b) throws IOException {

        if (b != ' ') {
            super.write(b);
        }
    }
}
```

它从 FilterOutputStream 继承,并重写了它的 write(int b) 方法。在 write(int b) 方法中首先对输入字符进行检查,如果不是空格,则输出。

以下是一个测试程序。

```java
import java.io.BufferedInputStream;
import java.io.DataInputStream;
import java.io.DataOutputStream;
import java.io.IOException;
import java.io.InputStream;
import java.io.OutputStream;
```

```
/**
 *
 * Test the SkipSpaceOutputStream.
 *
 * @author Magic
 */

public class Test {
    public static void main(String[] args) {
        byte[] buffer = new byte[1024];
        InputStream in = new BufferedInputStream(new DataInputStream(System.in));
        OutputStream out = new SkipSpaceOutputStream(new DataOutputStream(System.out));
        try {
            System.out.println("Please input your words：  ");
            int n = in.read(buffer, 0, buffer.length);
            for (int i = 0; i < n; i++) {
                out.write(buffer[i]);
            }
        } catch (IOException e) {
            e.printStackTrace();
        }
    }
}
```

执行以上测试程序，将要求用户在console窗口中输入信息，程序将过滤掉信息中的空格，并将最终结果输出到console窗口，代码如下。

```
Please input your words：
a b c d e f
abcdef
```

II.4 实现自己的装饰器

为让各位更理解装饰器模式，特举一个简单例子。UML 图如图 II-3 所示。

我们希望萤火虫出门工作(work)时，不但能走，而且能飞，更要能打着灯笼飞。根据以上讲解，我们需要定义一个虫子接口(Bugs，Component 组件)，让萤火虫类(Lampyridae, ConcreteComponent 组件)实现虫子接口，并实现 work()方法。随后，为让萤火虫拥有更多功能，特定义一个抽象类 Decorator 继承 Bugs 接口，在抽象类中，拥有 Bugs 接口的引用，并使用带 Bugs 参数的构造方法初始化，即它能够接收任意 Bugs 对象作为参数而对本抽象类中的 Bugs 赋值。另外，除了 work()方法外，还增加了一个抽象的飞行(fly())方法，而且在 work()方法内调用了 fly()方法。这意味着：一旦子类继承了该抽象类，首先需要实现 fly()方法，其次，如果让子类对象工作，不但会工作(work)，而且会飞行(fly)。程序有两个类继承了 Decorator 类。

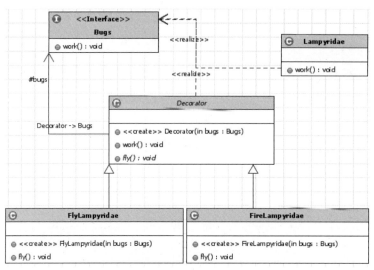

图 II-3　萤火虫 UML 图

各个类的具体内容如下。

```
package com.hopeful.lesson6.decorator;
/**
 * 虫子接口
 * @author hopeful
 *
 */
public interface Bugs {
    //昆虫工作
    public void work();
}
package com.hopeful.lesson6.decorator;
/**
 * 萤火虫
 * @author hopeful
 *
 */
public class Lampyridae implements Bugs {
    //工作
    public void work() {
        System.out.println("萤火虫蹦蹦跳跳出了家门！");
    }
}
package com.hopeful.lesson6.decorator;
/**
 * 装饰者，用于给基本组件(Lampyridae)添加功能
 * @author hopeful
 *
 */
public abstract class Decorator implements Bugs{
```

```java
    //保留接口引用
    protected Bugs bugs;
    //构造方法，可接受任意虫子
    public Decorator(Bugs bugs){
        super();
        this.bugs = bugs;
    }
    //将新功能加入工作范围
    public void work(){
        bugs.work();
        fly();
    }
    //添加的功能
    public abstract void fly();
}
package com.hopeful.lesson6.decorator;
/**
 * 功能：飞
 * @author hopeful
 *
 */
public class FlyLampyridae extends Decorator{
    public FlyLampyridae(Bugs bugs){
        super(bugs);
    }
    //功能1：天上飞
    public void fly(){
        System.out.println("萤火虫在天上自由自在地飞！ ");
    }
}
package com.hopeful.lesson6.decorator;
/**
 * 功能：开灯飞
 * @author hopeful
 *
 */
public class FireLampyridae extends Decorator {
    public FireLampyridae(Bugs bugs){
        super(bugs);
    }
    //功能2：打开灯飞
    public void fly() {
        System.out.println("天太黑了，萤火虫打开灯飞!");
    }
}
package com.hopeful.lesson6.decorator;
/**
```

```
 * 测试类
 * @author hopeful
 *
 */
public class Test {
    public static void main(String[] args) {
        FireLampyridae flylamp = new FireLampyridae(new FlyLampyridae(new Lampyridae()));
        flylamp.work();
    }
}
```

运行程序，结果如图 II-4 所示。

图 II-4　运行结果

请各位整理出程序运行的思路(可通过 debug 模式跟踪流程)。

如果需要给萤火虫添加新功能，只需要再定义新的装饰器即可。例如，再通过上例中的方法增加一个名为 BeepDecorator 的抽象类，其有 BeepLampyridae 的子类。

```
package com.hopeful.lesson6.decorator;

public abstract class BeepDecorator implements Bugs{
    //保留接口引用
    protected Bugs bugs;
    //构造方法，可接受任意虫子
    public BeepDecorator(Bugs bugs){
        super();
        this.bugs = bugs;
    }
    //将新功能加入工作范围
    public void work(){
        bugs.work();
        beep();
    }
    //添加的功能：叫
    public abstract void beep();
}
package com.hopeful.lesson6.decorator;

public class BeepLampyridae extends BeepDecorator{
    public BeepLampyridae(Bugs bugs){
```

```
        super(bugs);
    }

    public void beep() {
        System.out.println("萤火虫哼起欢快的小曲！ ");
    }
}
```

修改 Test 类如下。

```
package com.hopeful.lesson6.decorator;
/**
 * 测试类
 * @author hopeful
 *
 */
public class Test {
    public static void main(String[] args) {
        //注意包装的顺序和之前不同，但基本的萤火虫实现类始终处于最内层
        BeepLampyridae flylamp = new BeepLampyridae
(new FlyLampyridae(new FireLampyridae(new Lampyridae())));
        flylamp.work();
    }
}
```

运行程序，得到了我们想要的结果，如图 II-5 所示。

图 II-5　运行结果

装饰模式的优缺点。

优点：

- 提供比继承更大的灵活性。
- 使用不同的装饰组合可以创造出不同行为的组合。
- 需要的类的数目减少。

缺点：

- 灵活性带来比较大的出错可能。
- 产生更多对象，给查错带来困难。

在 java.io 包中，不仅 OutputStream 用到了装饰器设计模式，InputStream、Reader、Writer 等都用到了此模式。而作为一个灵活的、可扩展的类库，JDK 中使用了大量的设计模式，如 Swing 包中的 MVC 模式、RMI 中的 Proxy 模式等。对于 JDK 中模式的研究不仅能加深对模式的理解，而且有利于更透彻地了解类库的结构和组成，帮助我们编写更高质量的程序。

测试 III ODBC 数据源的创建及使用

通过 ODBC 访问数据源的流程如图 III-1 所示。

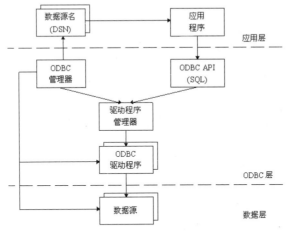

图 III-1　ODBC 访问数据源的流程图

应用程序要访问一个数据库，首先必须用 ODBC 管理器注册一个数据源，管理器根据数据源提供的数据库位置、数据库类型及 ODBC 驱动程序等信息，建立起 ODBC 与具体数据库的联系。这样，只要应用程序将数据源名提供给 ODBC，就能建立起与相应数据库的连接。

数据源的创建过程如下。

(1) 打开 Windows 控制面板，打开"管理工具"界面，如图 III-2 所示。

图 III-2 "管理工具"界面

(2) 打开数据源(ODBC)管理器，如图 III-3 所示。

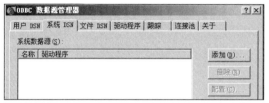

图 III-3 数据源管理器

(3) 单击"添加"按钮，选择 SQL Server，如图 III-4 所示。

图 III-4 添加系统数据源

(4) 创建新数据源，名称自定，服务器自由选择，在此选择本地服务器，如图 III-5 所示。

图 III-5 配置数据源名称及数据库服务器

(5) 根据情况选择 WinNT 本地登录，或输入用户名密码登录 SQL Server，如图 III-6 所示。

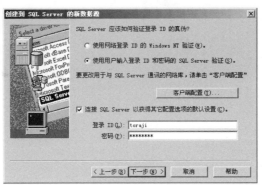

图 III-6　选择连接方式

(6) 选择默认登录的数据库，如图 III-7 所示。

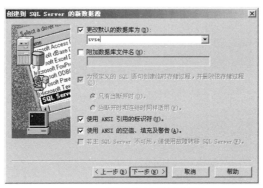

图 III-7　更改默认的数据库

(7) 依次单击"下一步""完成"按钮，对数据源进行测试，如果测试成功，说明配置成功了，如图 III-8 所示。

图 III-8　测试数据源

(8) 在 Java 程序中创建连接时，使用如下方式。

```
public Connection getConn(){
    try {
        Class.forName("sun.jdbc.odbc.JdbcOdbcDriver");
conn = DriverManager.getConnection("jdbc:odbc:mydatasource","toraji","123456");
    } catch (ClassNotFoundException e) {
        e.printStackTrace();
    }catch(SQLException e){
```

```
            e.printStackTrace();
        }
    return   conn;
}
```

测试 IV
JDBC 性能大比拼

在单元十二中 JDBC 的学习过程中，可以看到，在学习新知识期间，其实一直灌输着一种思想，那就是如何调整编码，使 JDBC 具有更高的性能。通过使用预备语句、事务、批量更新、存储过程及属性文件，步步提升性能。

不过各位要清晰地认识到，任何一个程序，不是一定要做到最优的，这期间可能会照顾到功能的完善，也会照顾到程序的简洁，大多数情况下我们会在两者之间选择一种平衡。另外，有些同学走入过度优化的误区，如学到批处理更新，就急匆匆对一条更新语句加入批处理。所以对于这些优化，需要考虑它们适用的情况，而且，优化是多方位的，单单是 Java 方面的优化也是不够的，还需要对数据库设计进行优化，可能还涉及内存管理、软件架构等。这些都需要大量的实战经验与踏实的学习态度，否则很多情况下会出现顾此失彼的情况。例如，可能已经把其他方面的优化做到极致，但用了一条糟糕的 SQL 语句，那么所有功夫都白搭了。

下面本着务实的态度，对 Statement、PreparedStatement、批处理等行为做出一个测试，由于所处的开发环境、性能、复杂度等的局限，该结果并不能表明推理在任何情况下一定是完全正确的，只求抛砖引玉，希望大家平时也能对自己不了解或不熟悉的内容做更进一步的尝试。

所有测试类包的层次结构如图 IV-1 所示。

使用Java实现面向对象程序设计

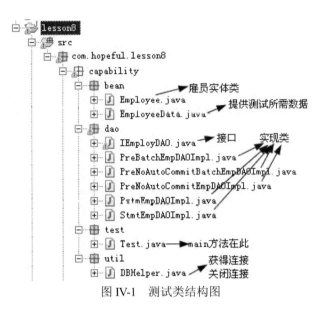

图 IV-1 测试类结构图

首先准备好测试数据。

```
package com.hopeful.lesson8.capability.bean;
/**
 * 雇员类
 * @author hopeful
 *
 */
public class Employee {
    private int e_id;
    private String e_name;
    private String e_addr;
    private int e_age;
    public Employee(){

    }
    public Employee(String e_name, String e_addr, int e_age) {
        this.e_name = e_name;
        this.e_addr = e_addr;
        this.e_age = e_age;
    }
    public Employee(int e_id, String e_name, String e_addr, int e_age){
        this.e_id = e_id;
        this.e_name = e_name;
        this.e_addr = e_addr;
        this.e_age = e_age;
    }
    //4 个私有属性对应的 getter()、setter()方法

}
```

Employee类非常简单，只是提供了与数据库对应的 4 个私有属性及对应的setter()和

getter()方法，其中，e_id为雇员编号，在数据库中是标识列。另外，为便于创建对象，还提供了3个不同的构造方法。

运行程序所需的测试数据。

```java
package com.hopeful.lesson8.capability.bean;

import java.util.ArrayList;
import java.util.List;

/**
 * 进行测试所需的数据(50 000 条)
 * @author hopeful
 *
 */
public class EmployeeData {
    public static List<Employee> allEmp() {
        List<Employee> empList = new ArrayList<Employee>();
        for (int i = 0; i < 50000; i++) {
            empList.add(new Employee("name_"+i, "武汉", 20));
        }
        return empList;
    }
}
```

EmployeeData类提供一个名为allEmp()的静态方法，返回包含50 000个Employee对象的List列表。

其次，为便于测试，我们提供一个帮助类DBHelper，专门负责打开和关闭连接，位于com.hopeful.lesson8.capability.util 包下。

```java
package com.hopeful.lesson8.capability.util;

import java.io.FileInputStream;
import java.io.IOException;
import java.sql.Connection;
import java.sql.DriverManager;
import java.util.Properties;

/**
 * 提供连接
 *
 * @author hopeful
 *
 */
public class DBHelper {
    // 属性字符串
    private static String driver;
    private static String url;
```

```java
    private static String username;
    private static String password;

    private static Connection conn;

    // 默认构造方法
    private DBHelper() {

    }
    //初始化各种 JDBC 数据库连接参数
    private static void init(){
        try {
            // 创建属性集对象
            Properties props = new Properties();
            // 载入输入流，读取文件
            props.load(new FileInputStream("jdbcInfo.properties"));
            driver = props.getProperty("jdbc.driver");
            url = props.getProperty("jdbc.url");
            username = props.getProperty("jdbc.username");
            password = props.getProperty("jdbc.password");
        } catch (IOException e) {
            e.printStackTrace();
        }
    }
    // 提供连接
    public static Connection getConn() {
        init();
        try {
            Class.forName(driver);
            conn = DriverManager.getConnection(url, username, password);
        } catch (Exception e) {
            e.printStackTrace();
        }
        return conn;
    }
    //关闭连接
    public static void closeConn(){
        try {
            if(conn!=null){
                conn.close();
                conn = null;
            }
        } catch (Exception e) {
            e.printStackTrace();
        }
    }
}
```

该类提供了两个公共方法，getConn()用于获得一个连接，而closeConn()用于关闭连接。
另外，由于各种测试非常类似，所以我们提供了一个接口IEmployDAO，每种具体的测试都需要实现该接口的insertEmp(List<Employee>empList)方法，也就是说，inertEmp方法接收EmployData提供的数据，对List进行迭代并将所有雇员添加到数据库中。

```java
package com.hopeful.lesson8.capability.dao;

import java.util.List;

import com.hopeful.lesson8.capability.bean.Employee;
/**
 * DAO 接口
 * @author hopeful
 *
 */
public interface IEmployDAO {
    //添加雇员
    public void insertEmp(List<Employee> empList);
}
```

具体测试类编写完毕后，需要一个Test类运行测试。

```java
package com.hopeful.lesson8.capability.test;

import com.hopeful.lesson8.capability.bean.EmployeeData;
import com.hopeful.lesson8.capability.dao.IEmployDAO;
import com.hopeful.lesson8.capability.dao.PreBatchEmpDAOImpl;
/**
 * 运行测试
 * @author hopeful
 *
 */
public class Test {
    public static void main(String[] args) {
        IEmployDAO empDAO = new StmpEmpDAOImpl();
        empDAO.insertEmp(EmployeeData.allEmp());
    }
}
```

"万事俱备，只欠东风"。我们现在着手创建IEmployDAO的实现类，首先来看最普通的Statement对象的使用。

情形1 Statement

代码如下。

```java
package com.hopeful.lesson8.capability.dao;
```

```java
import java.sql.Connection;
import java.sql.SQLException;
import java.sql.Statement;
import java.util.Iterator;
import java.util.List;

import com.hopeful.lesson8.capability.bean.Employee;
import com.hopeful.lesson8.capability.util.DBHelper;

/**
 *
 * @author hopeful
 *
 */
public class StmtEmpDAOImpl implements IEmployDAO {
    private Connection conn;
    private Statement stmt;

    // 插入新雇员
    public void insertEmp(List<Employee> empList) {
        //获得一个连接
        conn = DBHelper.getConn();
        try {
            //计时器开始
            long beginTime = System.currentTimeMillis();
            //迭代器
            Iterator<Employee> it = empList.iterator();
            //迭代，将所有对象保存至数据库
            while (it.hasNext()) {
                Employee emp = it.next();
                //根据连接创建 Statement 对象
                stmt = conn.createStatement();
                //执行语句
                stmt.executeUpdate("insert into employ values('"
                        + emp.getE_name() + "','" + emp.getE_addr() + "','" + emp.getE_age() + "')");
            }
            //计时器结束
            long endTime = System.currentTimeMillis();
            System.out.println("total time: "+(endTime-beginTime));
        } catch (SQLException e) {
            e.printStackTrace();
        }finally{
            this.closeResources();
        }
    }
    //关闭语句
```

```java
    public void closeResources() {
        try {
            if (stmt != null) {
                stmt.close();
                stmt = null;
            }
        } catch (Exception e) {
            e.printStackTrace();
        }
        //关闭连接
        DBHelper.closeConn();
    }
}
```

将 Test 类中 new 后面改写为 StmtEmpDAOImpl()，为得到更准确的数据，运行 5 次程序，共插入雇员 25 万条，所耗时间(毫秒)分别如下。

```
total time: 29219
total time: 27766
total time: 25938
total time: 28922
total time: 28656
```

情形 2 PreparedStatement

新建一个类，使用 PreparedStatement，我们也重复使用了 pstm 语句对象(只写出了方法体)。

```java
// 插入新雇员
public void insertEmp(List<Employee> empList) {
    conn = DBHelper.getConn();
    try {
        long beginTime = System.currentTimeMillis();
        Iterator<Employee> it = empList.iterator();
        pstm = conn.prepareStatement("insert into employ values(?,?,?)");
        while (it.hasNext()) {
            Employee emp = it.next();
            pstm.setString(1, emp.getE_name());
            pstm.setString(2, emp.getE_addr());
            pstm.setInt(3, emp.getE_age());
            pstm.executeUpdate();
        }
        long endTime = System.currentTimeMillis();
        System.out.println("total time: "+(endTime-beginTime));
    } catch (SQLException e) {
        e.printStackTrace();
```

```
        }finally{
            this.closeResources();
        }
    }
```

运行 5 次，记录结果如下。

```
total time: 23391
total time: 23562
total time: 22485
total time: 22547
total time: 23422
```

可以看到速度有所提高。

情形 3　PreparedStatement，开启事务

代码如下。

```
// 插入新雇员
public void insertEmp(List<Employee> empList) {
    conn = DBHelper.getConn();
    try {
        conn.setAutoCommit(false);
        long beginTime = System.currentTimeMillis();
        Iterator<Employee> it = empList.iterator();
        pstm = conn.prepareStatement("insert into employ values(?,?,?)");
        while (it.hasNext()) {
            Employee emp = it.next();
            pstm.setString(1, emp.getE_name());
            pstm.setString(2, emp.getE_addr());
            pstm.setInt(3, emp.getE_age());
            pstm.executeUpdate();
        }
        conn.commit();
        long endTime = System.currentTimeMillis();
        System.out.println("total time: "+(endTime-beginTime));
    } catch (SQLException e) {
        try {
            conn.rollback();
        } catch (SQLException e1) {
            e1.printStackTrace();
        }
        e.printStackTrace();
    }finally{
        this.closeResources();
    }
}
```

结果如下。

```
total time: 7922
total time: 7594
total time: 7640
total time: 7547
total time: 7609
```

情形4 PreparedStatement，使用批处理(开启事务)

代码如下。

```java
// 插入新雇员
public void insertEmp(List<Employee> empList) {
    conn = DBHelper.getConn();
    try {
        conn.setAutoCommit(false);
        long beginTime = System.currentTimeMillis();
        Iterator<Employee> it = empList.iterator();
        pstm = conn.prepareStatement("insert into employ values(?,?,?)");
        while (it.hasNext()) {
            Employee emp = it.next();
            pstm.setString(1, emp.getE_name());
            pstm.setString(2, emp.getE_addr());
            pstm.setInt(3, emp.getE_age());
            pstm.addBatch();
        }
        pstm.executeBatch();
        conn.commit();
        long endTime = System.currentTimeMillis();
        System.out.println("total time: "+(endTime-beginTime));
    } catch (SQLException e) {
        try {
            conn.rollback();
        } catch (SQLException e1) {
            e1.printStackTrace();
        }
        e.printStackTrace();
    } finally {
        this.closeResources();
    }
}
```

结果如下。

```
total time: 2765
total time: 2359
total time: 2422
total time: 2344
total time :2484
```

综合以上测试，结果如表 IV-1 所示。

表 IV-1　测试结果

	Statement	PreparedStatement	prestmt 开启事务	prestmt 使用批处理
第一次	29219	23391	7922	2765
第二次	27766	23562	7594	2359
第三次	25938	22485	7640	2422
第四次	28922	22547	7547	2344
第五次	28656	23422	7609	2484
平均	28100.2	23081.4	7662.4	2474.8

由上表可见，在重复插入大量数据时，PreparedStatement 性能要比 Statement 好一些，提高了将近 20%。速度最快的是使用批处理(要确保一个批处理作为一个事务执行)，快了 10 倍以上。

不过，鉴于事务的本质(ACID)，并不是在任意时候都需要使用事务，要根据具体情况使用事务或批处理。本例也只是测试其性能，实际应用不大可能有 50 000 条语句的事务执行的。因为使事务大小保持较小可以获得更好的并发性能。例如，如果启动手动事务并在一个拥有 20 000 行的表中修改 10 000 行，则事务运行过程中，所有其他用户都将完全无法访问此表中一半的行数据，即使他们只是读取数据也不例外。但将修改量降至 2000 行后，则其他用户可以访问表中 90%的行数据。

各位也可以针对不同的环境、语句、数据量进行测试，得到自己的执行结果。例如，只针对1000条数据的更新、删除、查找等均可说明问题。需要注意的是，要保证 PreparedStatement的语法结构一致(用问号代替不同的部分)。请将测试结果填入表IV-2～表 IV-5中。

表 IV-2　1000 条数据更新结果

	Statement	PreparedStatement	prestmt 开启事务	prestmt 使用批处理
第一次				
第二次				
第三次				
第四次				
第五次				
平均				

表 IV-3　1000 条数据插入结果

	Statement	PreparedStatement	prestmt 开启事务	prestmt 使用批处理
第一次				
第二次				
第三次				
第四次				
第五次				
平均				

表 IV-4　1000 条数据删除结果

	Statement	PreparedStatement	prestmt 开启事务	prestmt 使用批处理
第一次				
第二次				
第三次				
第四次				
第五次				
平均				

表 IV-5　1000 条数据查找结果

	Statement	PreparedStatement	prestmt 开启事务	prestmt 使用批处理
第一次				
第二次				
第三次				
第四次				
第五次				
平均				